THE ILLUSTRATED HISTORY OF SNIPING

狙击图文史

从17至21世纪，用图片和文字描绘军事技术演进轨迹

影响人类战争的400年

[英] 帕特·法里（Pat Farey） 马克·斯派瑟（Mark Spicer）◎著

傅建一◎译

金城出版社
GOLD WALL PRESS

图书在版编目（CIP）数据

狙击图文史：影响人类战争的400年：彩色精装典藏版 / (英) 帕特·法里 (Pat Farey)，(英) 马克·斯派瑟 (Mark Spicer) 著；傅建一译．—北京：金城出版社，2018.5
书名原文：The Illustrated History of Sniping
ISBN 978-7-5155-1670-7

I. ①狙… II. ①帕…②马…③傅… III. ①狙击步枪-军事史-世界 IV. ① E922.12

中国版本图书馆 CIP 数据核字 (2018) 第 074655 号

狙击图文史
JUJI TUWENSHI

作　　者	[英] 帕特·法里　马克·斯派瑟
译　　者	傅建一
责任编辑	朱策英
开　　本	710 毫米 × 1000 毫米　1/16
印　　张	34.5
字　　数	464 千字
版　　次	2018 年 8 月第 1 版
印　　次	2018 年 8 月第 1 次印刷
印　　刷	三河市腾飞印务有限公司
书　　号	ISBN 978-7-5155-1670-7
定　　价	168.00 元

出版发行	**金城出版社** 北京市朝阳区利泽东二路 3 号　邮编：100102
发 行 部	(010) 84254364
编 辑 部	(010) 64271423
投稿邮箱	gwpbooks@yahoo.com
总 编 室	(010) 64228516
网　　址	http://www.jccb.com.cn
电子邮箱	jinchengchuban@163.com
法律顾问	北京市安理律师事务所　(电话)18911105819

译　序

在中文里，“狙击”一词并非近代以来的新生事物，《史记·留侯世家》云：“秦皇帝东游，良与客狙击秦皇帝博浪沙中，误中副车。”这段文字记载的是张良刺秦一事，刺客用一柄大铁锤暗中埋伏、伺机袭击，行动方式类似于如今的狙击，只是武器和袭击距离不同。而在英文中，根据较普遍的一种说法（另一说见本书第一章），狙击（sniping）一词源于历史上驻印英军的一种猎鸟活动——猎取对象是沙锥属的鹬鸟（snipe），行动灵敏，警惕性高，因而猎手往往需要具备高超的枪法和隐蔽技巧才能得手。由此可见，在英文中，狙击自诞生之初便与狩猎息息相关。事实上，早期的狙击手有不少都是猎人出身，只是当时，他们所扮演的角色与如今的狙击手不尽相同，有时甚至仅仅充当普通的线列步兵。

从 17 世纪中叶到 19 世纪早期，欧洲的步兵战术主要建立在滑膛枪的集群使用上，即相关影片中常见的“排队枪毙”战术。不过，正如滑膛枪和刺刀的出现改变了步兵战术一样，伴随着线膛枪和瞄准装置的出现，狙击手的前身——猎兵、散兵、神枪手等，也开始逐渐活跃于历史舞台，推动了步兵战术的演进。

在美国独立战争（1775—1783）时期，狙击战术得到了大规模使用。以美国大陆军中的汤普森来复枪营为例，该部队装备的宾夕法尼亚步枪（也称肯塔基步枪）是当时最精良的枪械之一，能在200—300米的距离上有效打击敌人，而英军装备的滑膛枪在有效射程（不到100米）和射击精度上均相形见绌。此外，美军神枪手还会优先射击英国军官、军士和炮兵等重要战略目标，对英军的指挥体系造成了沉重打击，加速了战争胜利进程。英军也被迫思变求新，开始征募来复枪手，在本场战争和此后的战事中担负散兵或神枪手的角色。在这一历史时期，传统军人之中存有某种骑士精神的余晖。他们相信，军人应当光荣地立于战场，直面敌人，以集群线列的相互齐射决出胜负，将自己的性命交予运命。但善于隐蔽、伺机而动、枪法精准的狙击手的出现，却打破了这种规则，令一方被动挨打却难以有效还击。因此，直到二战时期，狙击手都曾被一些人当作“不光彩的刺客”。然而，“兵者，诡道也”，无论是春秋时期的宋楚泓之战，还是美英1812年战争，都证明了一点：在血与火的战场上固守教条，无异于作茧自缚。

本书内容基本按时间顺序展开，前三章覆盖了17世纪至第二次世界大战的近代时期，作者为帕特·法里（Pat Farey），第四章则覆盖了二战后至伊拉克战争的当代时期，作者为马克·斯派瑟（Mark Spicer）。从滑膛枪到线膛枪（来复枪），从机械瞄具到夜视仪，从鲜红军衣到伪装迷彩，从法国-印第安人战争到伊拉克战争，本书不仅讲述了枪械狙击的发展史，还用一个个鲜活的战例串联起了狙击装备、狙击战术、伪装手段和狙击手角色的发展历程，并配有丰富的历史档案图片和战争重演照片。

翻译永远是个学习和精进的过程。对于书中出现的人名、地名、术语和其他细节，我尽可能地查阅了中外资料，但因相关知识储备有限，如有疏漏之处，还请读者见谅，并不吝指出。

在本书的翻译和校对过程中，我首先要感谢本书策划人朱策英提出的翻译思路和修改意见，他细致的工作态度和饱满的工作热情让初涉图书翻译的我受益匪浅。同时，我还在枪械术语方面得到了邓苗先生的帮助，在澳洲华裔狙击手 Billy Sing 的姓氏译法上得到了朱东贤先生的帮助，在此对他们深表感谢。最后，我还要感谢我的妻子对本书翻译工作的支持以及在文字润色上提供的帮助。

傅建一

2018 年 4 月于榕城

1968年10月14日，在越南战争“南京行动”（Operation Nanking）期间，美国海军陆战队第4团（4th Marines）1营D连的一名狙击手正在持枪观瞄敌军动向。

伊拉克战场上的美军狙击手。（马克·斯派瑟供图）

目录
CONTENTS

“加利福尼亚乔”（California Joe），真名楚门·黑德（Truman Head）。他是联邦军[1]波托马克军团中最富传奇色彩的人物之一，效力于海勒姆·伯丹[2]上校麾下。

前　言

据说，在二战期间，盟军每消灭 1 名敌人就要消耗约 2.5 万发子弹。在越南战争期间，美军更是要打出 20 万发子弹才能击毙 1 名北越战斗人员。然而，现代狙击手每击杀 1 名敌军平均仅需约 1.3 发子弹。狙击手历来是、可能也仍将是最为经济有效的军事资源之一。

对于如何定义一名真正的狙击手，人们莫衷一是。任何能在远距离击中标靶的步枪手都具有成为狙击手的潜质，但良好的射击术仅仅是一名狙击手必须具备的诸多能力之一，虽然这无疑是个不可或缺的因素。

或许，对狙击手最基本的认知应当来自那些受害者。如果有人对你开枪，而你却看不见他，那么对你而言，对方即为狙击手。但对方实际上可能是名训练有素的射击能手（marksman），带了把装有瞄准镜的步枪，把你列为目标；又或许对方只是名端着制式步枪的普通步兵，从不远的隐蔽处幸运放了几枪。即便是官方记录和战地记者，也倾向于这种观点。美国内战时期，许多邦联军[3]阵亡者的照片都被联邦方报刊打上了“神枪手”（sharpshooter）的标签。自然，二战期间及二战以来的报纸，也常将任意来袭枪弹报导为“狙击火

到维多利亚时代中期，英国陆军已向全军配发线膛武器，并在射击训练上取得了长足的进步——这是个开始，但培养狙击手需要的不仅仅是精准射击训练。（理查德 · 克拉克 [Richard Clark] 供图）

力”，原因仅仅在于战地记者看不见敌人。

新闻报刊将任意一名阵亡枪手拔高为“狙击手”的事实，真切反映了公众内心对狙击手的认知状态。狙击手可取人性命而不被发现，还可将你列为他（她）的下一个牺牲品……对士兵和平民而言，最骇人的情况之一，便是自己有可能如此沦为狙击手的目标。

因此，人们对狙击手反应不一，上至英雄崇拜（若狙击手为己方效力，并且战果得到宣传），下到深恶痛疾（若他是敌人）；还有些部队对狙击手并不那么热衷，即使他们是自己人……

事实上，现代军事狙击手是身怀多技的专家，既有射击能手的好枪法和侦察兵的野外技能（fieldcraft），又如训练有素的观察者般目光敏锐、判断专业。他必须能够进入和保持有利位置，而这个位置可能靠近敌阵或处于敌后，同时他还要使自己不被敌方发现，因此，通晓伪装和其他隐蔽方法十分关键。狙击手还必须能够观察敌方，专业而准确地汇报所见——这是狙击手或侦察兵扮演的种种关键角色之一，从 18 世纪法国-印第安人战争 [4] 中的罗杰斯突击队 [5] 到伊拉克和阿富汗的现代冲突皆然。狙击手必须能够准确评估目标，判定当下与敌交战是否有利。随后，他必须有足够的耐心和精力等待时机，开枪射击，确保弹无虚发。最后，同样重要的是，一旦任务完成，他必须能够使自己和团队从危险地带全身而退。

本书前几章覆盖了从 17 世纪直至一战初期的历史时期，从中你会注意到，在军事冲突时期，技艺娴熟的猎人是如何应募加入各种军队，在对敌交战中施展天赋，为己方带来身心优势的。但是，在 20 世纪随后至今的岁月里，军事狙击手很少

美国内战时期，虽然南北双方均配发了在射程和精度上远超滑膛枪的来复枪（线膛枪），但大多数战斗沿用的还是拿破仑战术——对敌群队列轮番齐射，随后发起白刃冲锋，直至一方崩溃。（罗伊·戴恩斯 [Roy Daines] 供图）

如今，狙击手的武器和装备技术有了突飞猛进的发展，使他们如虎添翼。图中，一名狙击教员正在使用徕卡（Leica）激光测距仪，该装备能准确测定目标距离，误差在 ±1 码（约 0.91 米）内；教员左侧是一支安于三脚架上的里奥波特（Leupold）40 倍观瞄镜。（马克·斯派瑟供图）

再从猎人（或其他平民射击能手）中招募，原因仅仅是这类人已寥寥无几。许多国家发生了社会剧变，社会基础从农村变为城市，限制平民枪支所有权的法律也纷纷出台（尤其在欧洲）。实际上，一战以后的欧洲士兵大多在参军前未曾接触过步枪，这意味着，多数从普通士兵中涌现出的狙击手将从零开始受训。

不过，猎人的技能依然重要，必须学习。即使到了今天，志愿参加狙击训练的部队通常应当已经上过侦察课（或至少懂得一些侦察技巧的相关知识），这实际上是猎人野外技能的现代版。

两次世界大战期间，配瞄准镜、精度更高的步枪首次广泛应用于接受过全套狙击训练的专业部队中。

狙击自然不仅仅关乎射击术，也不仅仅在于一名现代军队狙击手必须掌握的许多其他能力，这些技能皆可习得。最终，狙击手必须杀人或致损，与此同时还要密切观察目标，这就将他与他的许多步兵和炮兵战友区分开来。创立美国海军陆战队狙击学校的吉姆·兰德（Jim Land）上尉，曾在越南与美军顶尖狙击手共事过。对于前面这一终极要素，他如此评价道：“当你透过瞄准镜望去，首先看见的是那双眼睛。对一个影子、一个轮廓开枪，和对一双眼睛开枪迥然不同。令人吃惊的是，把瞄准镜对准某人，首先扑入眼帘的却是他们的眼睛。很多人在那个时刻下不了手（扣动扳机）。”

同样的情况也会发生在经验尚浅的猎人身上；他们可以学会如何定位、循迹追踪、潜行跟踪猎物，学会如何做出最后的计算和调整来瞄准目标……但在开枪的一瞬间，他们的心态将决定他们能否保持足够的冷静和沉着——有的人说是“超然”——来扣动扳机，夺取性命。这种深植于人性的脆弱——对蓄意夺取生命的反感——不是个易于克服的障碍，并且可能是狙击手和猎人面临的最大挑战。

本书之中，我们会关注 18 世纪中叶至今的军事狙击史，而在此之前，我们会先将目光投向狙击手的发展与来复枪、先进光学器材、伪装以及战术的演进之间的紧密关系——从 18 世纪将狩猎技巧和日常工具改用于战场的边民，到训练完备、使用高科技装备和极度专业化武器的现代狙击手。我们还会着眼于狙击手不断演进的角色：从神枪手、侦察兵、散兵[6]，到统治一战战壕、神出鬼没的射击能手，从二战中狙击手和反狙击手的战术和宣传价值，再到今日技艺精湛的专业远程步枪手。

我们会看到狙击战术如何发生了改变。例如，单兵神枪手

身着吉利服（Ghillie Suit）的狙击手几乎能完全“隐身”。为了抵近识别目标，狙击手需要掌握多种狙击技能，其中包括伪装和隐蔽。识别目标后，无论是选择跟踪目标或是埋伏等待，狙击手仍要保持隐蔽，时间常常是许多小时，直到时机来临，才开枪射击。（马克·斯派瑟供图）

的运用后来演变为1名观瞄手加1名射手的2人小组，再演变为如今在特定情况下采用4人或6人小队的理念。

尽管在有些人看来，恐怖分子、叛乱分子及犯罪分子狙击手并非真正的狙击手，但本书还是会一并考虑他们的作用，并思考反制措施。

回顾历史，一个反复出现的主题是，每当眼下的战争结束，军队常常会搁置远程射击训练和其他狙击技能教学，直到下场战争开始之际才恢复原状。这种情形还会殃及高效狙击装备的发展和供应，在许多过往冲突中，只有当需求在痛苦中凸显时，这些问题才会得到解决。直到近期，军方的这种态度才有所转变，特别是自过去10年左右以来，狙击手在国际警务和反恐行动中的强势回归。

另一个值得注意的主题是，早期神枪手和此后训练有素的狙击手选择目标的方式。他们首先会解决直接的战术威胁，其次是高价值战略目标。如果机会出现，他们永远会射击军官、军士（Non-Commissioned Officer，简称NCO）、炮兵、通信兵、运输工具等等，意图在于破坏敌指挥链、解除炮兵威胁、混乱敌军、降低士气、切断补给线。

现代狙击手的任务几乎一模一样，不过如今，他们有能力用大口径远程步枪摧毁关键设备，如通信和雷达设备。他们也越来越多地作为步兵的支援单位使用，从固定位置提供远程掩护火力，同时留意敌军动向，搜集情报，并在必要时呼叫迫击炮、火炮或空中支援。

如今，狙击手还会在“赢得人心”[7]任务中发挥作用，这类任务旨在令本地居民更有安全感，让他们站在己方这边。例如，英军狙击手曾在中东展开过一次行动，解决严重困扰当地居民的危险野犬，西方媒体对该行动的细节进行了特别报导。此外，其他有关狙击手的正面新闻报道如今也频频见诸媒体——如果不把二战时期苏联对狙击手“超级战士”的宣扬考虑在内的话，狙击手的事迹可谓得到了前所未有的宣传。

随着越来越多现代狙击装备的问世，如 .50 口径[8] 超远程步枪、激光测距仪和夜视装备，反狙击措施也取得了新进展。以“空气置换追踪”为原理的狙击手探测设备已逐渐投入使用，一同投入使用的还有其他类型的设备。不过，和其他武器的开发一样，随着武器制造商、战术家和狙击手们不断找到新的反制途径和方法，这些装备将呈“蛙跳式”交替发展。

无论人们如何看待这一群极为特殊的战士，有一点是肯定的：无论训练有素的狙击手是单独或成队行动，他们仍将是强有力的工具，仍将是现代军事机器中最高效的资源；并且，从目前来看，他们仍将长久保持这一地位。

注释

[1] 联邦军，即北军，指美国南北战争（又称美国内战）时美利坚合众国（简称联邦）的军队。如无特别说明，本书注释均为译者所加，后文同。

[2] 海勒姆·伯丹（Hiram Berdan），美国工程师、发明家、军官、神枪手，在南北战争中曾任联邦军上校，指挥当时有名的两个神枪手团（联邦第1和第2神枪手团），对后世的狙击作战产生了深远影响。

[3] 邦联军，即南军，指美国南北战争时美利坚联盟国（简称邦联）的军队。

[4] 法国–印第安人战争（French-Indian Wars），或魁北克所称的征服战争（法语：La guerre de la Conquête），是1754年至1763年间英国和法国在北美的一场战争，许多印第安部族在这场战争中与法国结盟，攻打英国。

[5] 罗杰斯突击队（Roger's Rangers），法国–印第安人战争期间由罗伯特·罗杰斯少校成立的一支劲旅，是如今美军游骑兵（或突击兵）部队的前身。

[6] 在过去步兵普遍采取密集队形的时代，常会在整体队形的前方和侧面一段距离间安排散兵（skirmisher）部队。其作用在于敌我双方主力交锋前，先以远程攻击对敌军造成损害，而使其队列受损分散；同时也可以在采取同样战术的敌军攻势中掩护己方主力部队。除了攻击敌人外，散兵也常常担负起侦察和包围敌人的工作。

[7] “赢得人心”（Hearts and Minds），源于越南战争期间南越和美国政府所实行的战略和计划，旨在赢得越南民众的支持，帮助己方击败越南南方民族解放阵线（越共）。

[8] 当提及枪械口径时，英文及专业语境中常常省略0及单位（英寸）。因此，.50口径指此枪的口径为0.50英寸（12.7毫米）。为保持这一传统，无特殊情况时，本书均沿用此法表示。

致　谢

本书作者及出版商谨向曾为本书做出贡献的个人和组织表示感谢，特别是以下诸位：

Steve Broadbent，Michael Butterfield（Queens Rangers [王后突击队]，queensrangers.captain@talk21.com），Bob Chalk，Richard Clark（www.mayhemphotographics.co.uk），Andy Colborn/Graham Mitchell（Second Battle Group [第二战斗群]，sbg1@mistral.co.uk），Roy Daines（SoSkan [南方散兵协会]，RDPixs@aol.com），Carsten Edler，Neil Hoddle（Berdan Sharpshooters UK [伯丹神枪队，英国]，info@ussharpshooters.co.uk），Graham Lay，John Norris（john.norris3@btinternet.com）。

John C. Pearce（Infantry Regt. von Goeben, No. 28 [第 28 "冯·戈本" 步兵团]，Ir28vongoeben@hotmail.com），Gareth Sprack/Steve Neville（Great War Society [一战学会]），gareth@glsprack.fsnet.co.uk），Michael Yardley。

第 95 来复枪团（95th Rifles）的一名步枪手。在英国陆军中，第 95 来复枪团是第一支全面淘汰滑膛枪、换装贝克步枪（Baker Rifle）的部队，也是第一支以绿色制服取代红色军衣的部队。最重要的是，这支部队不仅武器一流、枪法精准，还被鼓励在战场上自主行动。（理查德 · 克拉克供图）

第一章

17世纪—19世纪初：狙击手的孕育和诞生

正如本书后文所述，现代狙击手需要扮演多重角色，掌握一系列专业技能。但是，在枪炮时代早期，狙击手的前身多为射击能手，大致说来，就是能以一定精度稳稳命中标靶（mark）或目标者，其枪法优于普通士兵。不过，工欲善其事，必先利其器，直到来复枪管（线膛枪管）问世，他们才拥有了合适的武器。因此，狙击手的历史不可避免地与来复枪[1]的发展联系在一起，而且在某种程度上，也同来复枪的前身——滑膛枪有关。

狙击手的前身大多仅为射击能手，即能击中所瞄目标者。（罗伊·戴恩斯供图）

滑膛枪时代

自火药武器的威力被发现以来，人们一直在努力提升火器性能及其使用者的技能。对于精度和射程这两大“圣杯”的求索，一直与狙击手这种专业战士的发展并驾齐驱。

自 17 世纪中叶至 19 世纪早期，欧洲的步兵战术主要建立在滑膛枪的集群使用上。虽然这类武器射程有限、精度低下，但仍得到了广泛应用。因为，只要与当时的战术正确结合，它们依然是有效的武器。步枪手若要对敌人造成重大杀伤，就必须让目标进入武器的有效射程，而且，敌军队列也会紧密靠拢至近乎并肩而立——这么做是为了确保火力密集，但也会因此沦为大靶子。

两军对垒时，双方线列步兵先是站立等待，在此期间，他们往往会遭到敌军火炮的招呼，而后才会向彼此进军，直至仅仅相距 100 码（91 米）左右。届时，他们才会获准按齐射口令轮番开火，尽可能杀伤敌方。齐射分 3 排进行，1 排开火、1 排装弹、1 排预备开火，可在 1 分钟内向敌方倾泻 6 至 7 轮齐射火力。

最终，某方会发起白刃冲锋。攻方线列试图尽快穿越敌军火力范围，以最小代价直扑敌阵，与守方短兵相接，以期攻破敌线，迫敌败走。或者，守方火力会阻遏攻方前进，迫其撤退。如此战法会带来惨重的伤亡，但是，除参战兵力以外，决定胜负的往往是恐惧与纪律之间的关键平衡。

理智之人之所以看似能直面死亡或躯体的残毁，乃至欣然赴死，原因在于训练和军纪。违抗或抛弃军人职责的严重后果，使他们克服了临敌时的胆怯。他们之中想必有许多人笃信某个事业、某个国家，乃至某个职业，在某些时候，这份信念也许会鼓舞英雄事迹的出现。不过，在面对敌人时，绝大多数人心中半是肾上腺素迸发下的跃跃欲战，半是近乎恐惧的惶惶不安。但是，平日里的训练已将他们锻造为服从命令、恪尽职守的军人，无论发生什么，他们都会坚守阵线。

虽然以滑膛枪集群队列进行面对面战斗的作战方式得到了普遍接受，在欧洲尤为如此，但也有一些军队开始认识到其他武器和战术的优势。

法国–印第安人战争

18 世纪，东北美地区发生了两场主要战争——法国–印第安人战争（1754—1763）和美国独立战争（1775—1783）。这两场战争为步兵战术的改变播下了细小的种子，在侦察兵和散兵的使用上尤为如此，不过在至少百年内，绝大多数战斗仍将以传统方式进行。

从某种程度上而言，在法国–印第安人战争中，双方战术的决定因素在于参战地域的广阔性和某些边境定居点的分散性。因此，除了英法双方军队爆发的大规模激战外，地方民兵间也发生了许多小战斗。双方都雇佣印第安人充实兵力：英国与易洛魁联盟（Iroquois Confederacy）结盟，法国则握有阿尔冈昆人（Algonquin）、渥太华人（Ottawa）、奥吉布瓦人（Ojibwa）、肖尼人（Shawnee）以及其他部族的支持。

英法双方均把突袭作为一种主要战略——他们的学习对象既包括印第安盟友，又包括欧洲裔殖民地猎人和设陷阱捕兽者，后两者的生活方式与印第安人十分相似。法国人鼓励乃至率领印第安人发动突袭，攻击偏远的英国镇区和边境居民点，迫使定居者离开内陆。英国人则还以颜色，洗劫与法国结盟的印第安村落，摧毁他们的家园和食物供给。这些突袭常常动用至多数百人的小部队，其中一些部队由编制 60 人的突击连队组成，成员均为熟稔野外生存技能和枪法的边民。

此类部队中，最有名的或许当属罗杰斯突击队。这支突击队由罗伯特·罗杰斯少校组建于1756年，队员身着独特的绿军装。他们的战法建立在“罗杰斯突击准则”上，虽非当时的常规，却格外行之有效。罗杰斯招募手下只看本事，他对印第安人和获释奴隶的运用震惊了正规军指挥官们。罗杰斯突击队配备有滑膛枪、印第安战斧（tomahawk）和军用匕首，以枪法精湛闻名。不过，根据罗杰斯突击准则的建议，突击队在受袭时似乎应在近距离开火，但突击准则同时也建议突击队员卧倒或采取跪姿，缩小自身目标面积，从隐蔽处开火。

英法双方的这种战法大概相当于如今的游击战术：长途机动，避开优势敌军，用“打了就跑”（hit-and-run）的突袭战术摧毁敌方定居点，消灭定居者或将其逐出家园，在平民中散播恐惧和混乱。

于是，现代散兵与侦察战术的两个要点便首度出现在了战争中，为现代狙击手更为专业的角色奠定了基础。对上述突袭小队而言，为了避敌锋芒、击敌之虚，掌握伪装和野外技能十分关键。当然，这些技能也是北美印第安人的生存之本，是捕猎和设置陷阱时的必备。因此，与英法正规军鲜明乃至花哨的军装相反，为了不引人注目，殖民地民兵及其印第安盟友仅着以绿色和棕色为主的朴素伪装衣，材质为染色羊毛或棉布，抑或兽皮。他们所穿夹克的边缘和袖部往往镶有穗边，使身体轮廓更加模糊。

野外技能包括：熟悉环境，利用环境进行掩护，在行动时避人耳目，以及最重要的一点——预判敌人所在，避免误入埋伏，同时能将同一片战场为我所用，与敌交战。在这些特别的战斗中，野外技能的另一关键要素是随地补给的能力。虽然北美地区当时盛产鲜鱼、野味和蔬菜，但收获它们需要技巧。原住民们深谙野外技能，许多殖民地居民也

棕贝丝步枪

从18世纪到19世纪早期，应用最广的步兵武器当属燧发式滑膛枪。俗称“棕贝丝”（Brown Bess）的英军陆用型滑膛枪及其衍生枪型，便是个中典范。

从1722年到1838年，“棕贝丝”各型步枪先后服役于英国陆军。其中，来复枪型的制式口径均为.75英寸，卡宾枪型的制式口径均为.65英寸。“棕贝丝”长管陆用型（Long Land Pattern）步枪全长62英寸（157厘米），枪管长46英寸（117厘米）；短管陆用型（Short Land Pattern）步枪枪管长42英寸（107厘米）。短管陆用型虽也较长，但并不笨重。1797年，“棕贝丝”印度型（India Pattern）步枪列装部队，原因是该枪型制造较易，成本较低，但它后来被新陆用型（New Land Pattern）步枪所取代。和当时的多数军用滑膛枪一样，棕贝丝步枪也具有光滑的大口径枪膛，使装弹更为快速简便——特别是当枪管经多次射击而有所堵塞时。不过，也正是因为这个原因，若子弹咬合不牢，发射时便会在枪管内乱撞，以微小的偏差出膛，影响射击精度。因此，从现代意义上而言，此枪只可

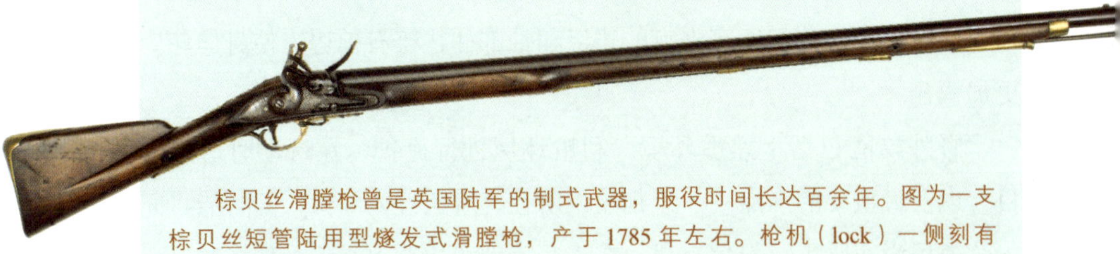

棕贝丝滑膛枪曾是英国陆军的制式武器，服役时间长达百余年。图为一支棕贝丝短管陆用型燧发式滑膛枪，产于1785年左右。枪机（lock）一侧刻有“Tower”[2]一词，另一侧的“GR”[3]铭文上刻有一顶皇冠；击铁（cock）为鹅颈型，腕托处的铭牌后印有数字“55”；枪管上刻有“WH”字样。（图片来源：澳大利亚战争纪念馆，编号REL-24670）

被视为近距离武器。19世纪的种种测试表明，即使是那些标准化程度更高、有效射程仅为100码（91米）左右的新型滑膛枪，也存在着射击精度低下、子弹出膛后失速过快的问题。而在18世纪的战场环境中，伴随着硝烟、喧嚣、部队行进和肾上腺素等因素（以及普遍缺乏训练的状况），一名普通士兵必须枪法如神（或鸿运当头），才能在百码之外一枪中的。

除却这些情况，当棕贝丝步枪在理想情形下使用时，它仍可谓是一支精准的滑膛枪。在特定条件下，例如采用准确测定的装药量和嵌合紧密的布衣弹[4]，现代前装枪[5]专家能够以棕贝丝滑膛枪的复制品达到惊人的射击准确度，在150码（137米）开外命中一人大小的目标。

棕贝丝步枪的优点在于简约坚固的设计、相对低廉的成本和战场上的易用性，军纪严明的部队可以每分钟开火2到3轮。虽然就单兵武器而论，棕贝丝步枪有失准确，但若要论向敌军密集队列集火齐射，它却着实高效。因此，棕贝丝步枪得以在英国陆军中服役百余年。

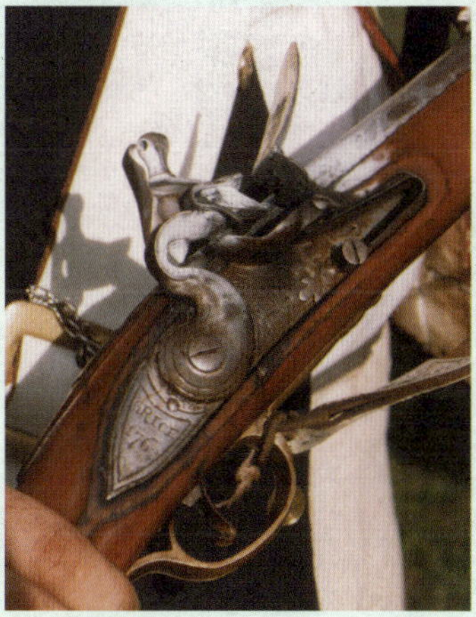

近窥开火后的棕贝丝步枪枪机——注意击铁、L形火镰（frizzen）和枪管处的烬渣，这是由击发时的爆燃闪光所致。

直到19世纪早期，欧洲的步兵战术仍以滑膛枪的集群使用为基础。（理查德 · 克拉克供图）

英军突击队的穿着和战法类似他们的主要敌人——忠于法国的印第安部落和设陷阱捕兽者。图中演员的装束复现了法国-印第安人战争中典型的突击队员。

法国–印第安人战争中，多数战士配备的是滑膛枪，但也有一些人装备精准得多的来复枪。（图片来源：卡尔佩珀义勇兵 [英国]）

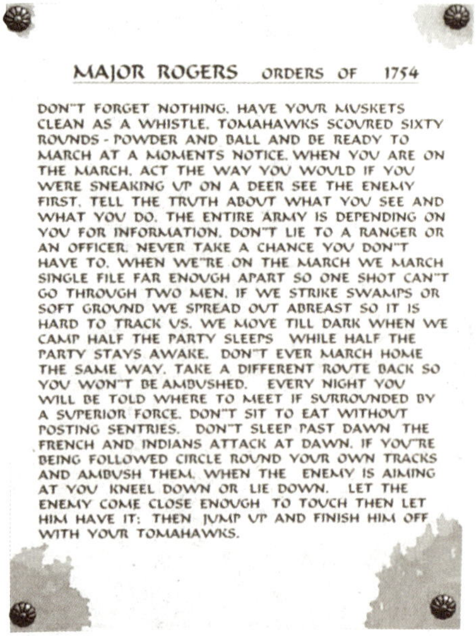

MAJOR ROGERS ORDERS OF 1754

DON'T FORGET NOTHING. HAVE YOUR MUSKETS CLEAN AS A WHISTLE. TOMAHAWKS SCOURED SIXTY ROUNDS - POWDER AND BALL AND BE READY TO MARCH AT A MOMENTS NOTICE. WHEN YOU ARE ON THE MARCH. ACT THE WAY YOU WOULD IF YOU WERE SNEAKING UP ON A DEER SEE THE ENEMY FIRST. TELL THE TRUTH ABOUT WHAT YOU SEE AND WHAT YOU DO. THE ENTIRE ARMY IS DEPENDING ON YOU FOR INFORMATION. DON'T LIE TO A RANGER OR AN OFFICER. NEVER TAKE A CHANCE YOU DON'T HAVE TO. WHEN WE'RE ON THE MARCH WE MARCH SINGLE FILE FAR ENOUGH APART SO ONE SHOT CAN'T GO THROUGH TWO MEN. IF WE STRIKE SWAMPS OR SOFT GROUND WE SPREAD OUT ABREAST SO IT IS HARD TO TRACK US. WE MOVE TILL DARK WHEN WE CAMP HALF THE PARTY SLEEPS WHILE HALF THE PARTY STAYS AWAKE. DON'T EVER MARCH HOME THE SAME WAY. TAKE A DIFFERENT ROUTE BACK SO YOU WON'T BE AMBUSHED. EVERY NIGHT YOU WILL BE TOLD WHERE TO MEET IF SURROUNDED BY A SUPERIOR FORCE. DON'T SIT TO EAT WITHOUT POSTING SENTRIES. DON'T SLEEP PAST DAWN THE FRENCH AND INDIANS ATTACK AT DAWN. IF YOU'RE BEING FOLLOWED CIRCLE ROUND YOUR OWN TRACKS AND AMBUSH THEM. WHEN THE ENEMY IS AIMING AT YOU KNEEL DOWN OR LIE DOWN. LET THE ENEMY COME CLOSE ENOUGH TO TOUCH THEN LET HIM HAVE IT: THEN JUMP UP AND FINISH HIM OFF WITH YOUR TOMAHAWKS.

罗杰斯少校的“突击准则”。

不例外，不过，仍有不少欧洲新移民对此一窍不通，最后在生存所需应有尽有的环境中因饥饿或自我暴露而死。

虽然突袭部队大都装备着多种多样的滑膛枪，但也有一些人配备来复枪（线膛枪）。滑膛枪与来复枪的区别仅仅在于：后者的枪膛内刻有螺旋凹槽（膛线 / 来复线），而且常与“布衣弹”配合使用。布衣弹的原理是将子弹包于润滑过的小布片中，从而与枪膛紧密嵌合，使用者需要从枪口用力向下杵弹，将其一路推向枪管底部。比起普通滑膛枪，来复枪的装弹需要花费更多时间和精力（以及一点技巧）。而且，与滑膛相比，来复枪膛的膛线会很快被火药残渣和铅屑堵塞，需要频繁清洁。不过，这些麻烦都是值得的，因为在开火时，与枪膛紧密嵌合的子弹会沿着螺旋形膛线发生旋转，每一发均能稳定出膛，大大提升了射程和精度。即便如此，为了一击成功，来复枪手仍需耗费不少工夫。

来自镇区的民兵往往没有私人武器，普遍配发的是滑膛枪，由于老化或磨损，这些枪支有时要劣于正规部队配备的滑膛枪。与仅仅配备滑膛枪的民兵相比，拥有私人来复枪的边民和其他志愿兵优势明显。来复枪比滑膛枪贵得多，因此，如果有人用的是来复枪，那么这把枪往往是他自己的，而且他八成也明白怎么用。

不过，考虑到滑膛枪的局限性，一些使用私人滑膛枪的人也能成为

魁北克战役中，蒙哥马利将军阵亡——W. 凯特莱纳斯（Ketterlinus）的版画作品，1808 年依据约翰·特朗布尔（John Trumbull）的油画创作。这幅作品的有趣之处在于，画面左下方的侦察兵和散兵身着穗边鹿皮装，手里却握着带刺刀的滑膛枪。

出色的射手。尽管滑膛枪管中没有可使子弹旋转的膛线，但若采用布衣弹，普通滑膛枪的射击精度也能得到大幅提升。在这一时期，许多殖民地居民在打猎时都用布衣弹装填滑膛枪，提升射击精度。打猎时，子弹装填快慢与否无关紧要；但到了战场上，火力强度却至关重要，于是快速装弹便显得尤为关键。

在大型战役中对阵敌军主力时，己方的各支突击连队及类似部队便会担负侦察任务，负责跟踪、观察和报告敌军行踪。此外，他们还担负着散兵任务，采取小规模埋伏和侵扰战术，游走于敌军滑膛枪齐射火力范围外，或者保持隐蔽，同时用精准的武器瞄准射击，杀伤敌人。这些战士和他们手握钢枪的红衣战友一样战意高昂，但却选择了色调毫不起眼的穿着，采用了生存概率最大的战法。

美国独立战争

如今我们眼中的狙击战术，很可能始于美国独立战争时期——射手先甄选一名敌方重要目标，然后瞄准射击，同时还要保持隐蔽，或与敌方保持一定距离，使其难以报复。“狙击”（sniping）一词在当时很可能尚未出现，但根据另一种说法，该词诞生于1770年左右，由当时在印度猎取鹬鸟[6]（此鸟很难打中）的英军士兵发明。不过，一些东盎格利亚[7]地区的居民坚称该词源自当地诸岛，仅指从隐蔽处射击，而且几乎自鸟枪出现之日起便沿用至今。

不论法国-印第安人战争中的民兵是否把“狙击”一词挂在嘴边，他们都开创了现代狙击手的数项技能，后来的美国独立战争则确立了这些技能的地位，它们从此开始纳入正规部队体系。

美国独立战争早期，第二届大陆会议[8]曾批准组建数支来复枪连，总兵力达1000人左右，隶属于大陆军（Continental Army）。这些部

燧发式前装枪的装弹与“跟随瞄准”

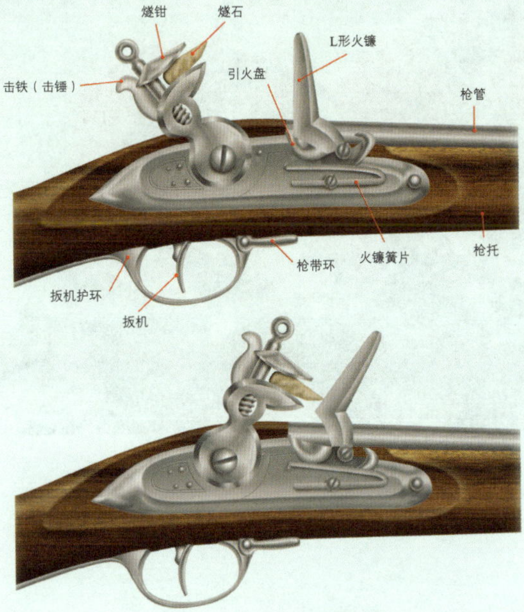

装弹完毕、击铁扳起、等待击发时的燧发装置（上），和击发中的燧发装置（下）。击发过程：夹有燧石的击铁敲开L形火镰，现出引火盘；燧石向下刮磨火镰的交叉纹面，擦出火花；火花纷纷落入引火盘，点燃引火药；引火药爆燃的火花穿过点火孔（touch hole），点燃滑膛枪管内的主火药。

除弗格森步枪等屈指可数的例子外，18世纪的军用枪支均属前装枪——滑膛枪和来复枪皆然，这意味着枪手必须从枪口填弹。当时，普通步兵连队配发的是滑膛枪。

这些步枪通常会用“纸药筒”（paper cartridge）进行装弹，纸药筒内装有一粒铅制弹丸和黑火药（有烟火药）。滑膛枪的装弹过程为：先将燧发式枪机（击铁）扳回至半待击状态（half-cock），确保装弹时不会误触扳机，提前引爆火药；而后，咬去纸药筒尾，往引火盘里倒少许火药，扣下L形火镰，盖住引火药；随后，将其余火药倒下枪口，再把嵌合松散的铅

几名英国掷弹兵正向棕贝丝滑膛枪的引火盘中洒火药。（理查德·克拉克供图）

用于滑膛枪装弹的纸药筒，内含火药和弹丸。

弹丢进去；然后，把空纸药筒塞入枪口，用推弹杆把弹丸和火药推向枪管底部（后膛末端），其中，空纸药筒的作用是充当固定子弹的填塞物；这一步完成后，再把推弹杆塞回枪管下。枪手准备开火时，会将击铁扳至全待击状态（full cock），再扣下扳机。

人们在向军用滑膛枪装弹时，需先咬去纸药筒尾部，把火药倒进枪管，再丢入弹丸。（理查德·克拉克供图）

对于燧发枪而言，从扣下扳机，到子弹离膛，有数个不同阶段：扣下扳机，触发击铁簧片，释放击铁，击铁的燧钳夹有一小片燧石；击铁敲下，燧石撞向钢制L形火镰，迸出一阵火花，同时将L形火镰推向前上方，现出引火盘；火花落入引火盘，点燃其中的少量火药，爆燃的火花穿过枪膛里的小点火孔，点燃主火药，送子弹出膛。这一听似冗长的过程在实际射击中也并不短暂，从扣下扳机，到子弹离膛，其间花费的时间比现代枪械长得多。于是，"跟随瞄准"（follow through）的技巧应运而生。"跟随瞄准"具体指枪手在扣下扳机后要继续瞄准目标1秒左右，确保子弹完全出膛，正确飞向目标。当双方步兵以滑膛枪互相齐射时，这一技巧不太重要，但当枪手以来复枪瞄准一个特定目标时，不论枪支的射击精度如何，这一技巧都很关键。"跟随瞄准"是个重要思路，即使在高射速武器大行其道的今天，依然是射击术及其教学中的重要一环。

队的主要任务是用准确的远程来复枪火力侵扰敌军步兵，削弱乃至瓦解他们的士气。美国人认识到，来复枪手们不仅能让敌人付出血的代价，他们的远程火力还能逐渐打垮普通英军士兵的信心。美国人还意识到，英国军事当局虽然继续倚仗滑膛枪，但也清醒地看到了来复枪潜在的强大火力。

威廉·汤普森（Willam Thompson）上校指挥的汤普森来复枪营[9]下辖12个连，战士来自宾夕法尼亚、马里兰和弗吉尼亚的乡村腹地，

一支肯塔基长步枪（来复枪）的复制品。这种步枪曾为独立战争中的美国神枪手所用。（意大利 Davide Pedersoli 枪械公司供图）

在入伍前已是猎人和神枪手，是训练有素的边民。而令他们如虎添翼的是，来复枪团[10]全员装备宾夕法尼亚步枪（如今也称肯塔基步枪），这无疑是当时最精良的枪械之一。

用任何来复枪都能弹无虚发的秘诀，在于找到恰当的装药量，然后一以贯之——时至今日，这依然是使用宾夕法尼亚步枪的诀窍所在。顶级神枪手会为自己的步枪找到最有效的装药量，然后准确测定，使每一枪的装药量相同。枪手会先从一包火药中筛出火药细粉，用于填装引火盘，提升引燃效果，减少点火孔处的烬渣。此外，这种枪还配有子弹模具，因此子弹的实际直径和重量可以保持恒定。

一旦神枪手决定对某个距离进行归零校正[11]，便会根据无风之日的风偏来调节照门[12]，确定水平中心；调节方法是轻敲（或滑动）照门——照门位于枪管的燕尾式导轨上。然后再挫低准星片，设定归零距离的射角。通过各种距离下的练习，射手能够判断任意既定距离下的步枪射角。

面对这样一支全团装备远程步枪的大陆军部队，英国陆军的步枪火力将首次落于下风，因为前者的步枪要精良得多。在枪法尚可的射手手中，宾夕法尼亚长步枪能轻松地在 200 码（183 米）的距离上击中多数人体大小的目标，一些射击能手还能在更远距离上做到这一点。倘若射手能正确判定射距和射角，便能在更远距离外攻击大型目标，比如 300

“狙击”一词据说源自射击鹬鸟的运动——鹬鸟是种飞行迅速的小型鸟类。(图片来源：美国国会图书馆 [LoC])

码（274 米）外的一群军官或一排步兵。

远程来复枪火力还被用于反制火炮带来的巨大威胁。神枪手们会一一射杀敌方炮兵，令炮兵连哑火，或迫其撤出有效轰击范围。在一次战斗中，仅一个英军炮兵连的 48 名炮手，就被美军来复枪手打死打伤 36 人。(从美国独立战争到第二次世界大战，在逾一个半世纪的时间里，轻型火炮和狙击手之间的对决一直是个反复出现的主题。)

尽管英国军方难以接受“瞄准军官”的想法，但对于美军神枪手们而言，把英军军官列为特定打击目标已是常用策略——当英军军官接

宾夕法尼亚长步枪

这种燧发式来复枪轻便修长、优雅美观，源自18世纪早期的宾夕法尼亚州兰开斯特县（Lancaster County），发明者大概是位名叫马丁·麦林（Martin Meylin）的瑞士枪匠。后来，当地许多制枪师的工坊中都产有此枪。

虽然每位枪匠都会在原始设计中加入自己的设计元素和特点，但一把典型宾夕法尼亚步枪的重量应介于7至9磅间（3.18—4.08千克），全长约为58至62英寸不等（147.3—157.5厘米），故名“长”步枪。这种步枪的来复枪管可达46英寸（116.8厘米）乃至更长，膛线通常可以在枪管内旋转一整周。长长的枪管使准星和照门相距更远，有助于提升射击精度。

不论是在民用还是军用场合，这种步枪都有被日夜携带的需要，因此特地造得轻便。宾夕法尼亚长步枪的平均口径为.45英寸（11.43毫米），但实际口径可能从.40到.50英寸不等。为了提升射击精度，此枪始终采用布衣弹。枪托尾部嵌有一个小布片盒，采用黄铜制的翻盖或滑盖，用于存放布衣弹所需的润滑布片。宾夕法尼亚步枪有时也叫肯塔基步枪，这一称呼与其发源地无关；真正的原因是：在1812年战争[13]中，一个肯塔基团曾凭此枪在新奥尔良战役（Battle of New

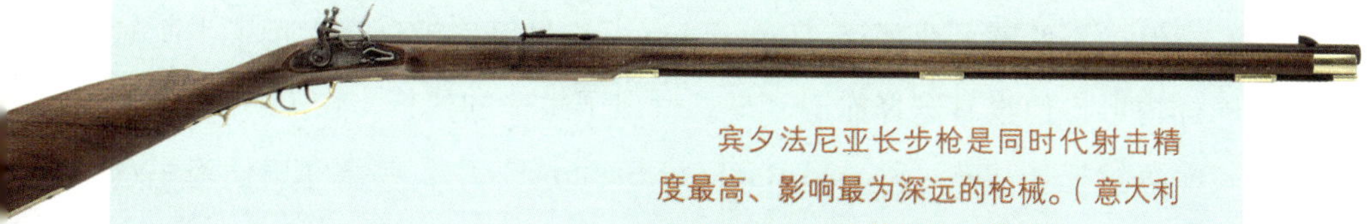

宾夕法尼亚长步枪是同时代射击精度最高、影响最为深远的枪械。（意大利Davide Pedersoli枪械公司供图）

Orleans）中立下赫赫战功——这一次，遭殃的又是英国人。

在美国独立战争时期，这种步枪一开始完全由手工制作，大到枫木枪托，小到枪机螺丝，均是如此，因此每支步枪都略有不同。这种步枪代表着当时的技术巅峰，因此对定居者而言颇为昂贵。但是，还有什么投资能比得上一把既能保护自己，又能为家人提供食物的好枪呢？无怪乎枪主们都十分珍视自己的步枪。

二连三地在远程枪弹前倒下时，这一点已再明显不过。对大大小小的军官而言，这想必是种令人惶惶不安的新概念。在 1781 年的考彭斯战役（Battle of Cowpens）中，面对步步推进的英军，指挥防御的丹尼尔·摩根（Daniel Morgan）准将命令来复枪手们“瞄准戴肩章者”——这显然是下令先打军官……时至今日，这一策略仍为狙击手们所青睐。战役结束时，英军阵亡 100 人左右，其中军官多达 39 名，这是个极不平衡的数字。一支以训练、纪律和精确调动为运转体系的军队，无法承受军官和军士如此高的阵亡率。

英军少校乔治·汉格（George Hanger）是位有名的枪械和弹道学专家，他也曾经历过类似的惊魂一刻。当时，他和一名同僚遭到了美军神枪手的攻击，而据他判断，那名枪手远在 400 码（366 米）开外。一颗来复枪弹自二人间穿过，打死了他们身后号手的马。就在那名枪手锁定他们之前，他们明智地选择了撤退……

但是，西蒙·弗雷泽（Simon Fraser）将军就没这么幸运了，面对同样情形，他没有选择撤退，最终付出了生命的代价。在 1777 年的第二次萨拉托加战斗（Second Battle of Saratoga）中，弗雷泽出任英军总指挥，与此同时，美军最高指挥部也将他列为特定打击目标。弗雷泽

18 世纪末，英军步兵配备的（棕贝丝）滑膛枪，这种枪在射程和射击精度上均逊于来复枪。不过，英军步兵还装备有刺刀和短剑，在短兵相接时十分有用。

普通美军步兵通常装备滑膛枪和刺刀，和英军步兵类似。

1775年4月19日，列克星敦战役（Battle of Lexington）。在这幅同时代的作品中，藏身树间的美军神枪手正在射杀英军掷弹兵——虽然距离被画得过近。请注意前景中负伤倒地的英军军官。（图片来源：美国国会图书馆）

本人备受交战双方尊重，在10月7日，也就是战斗当天，他身跨灰色骏马，所到之处，麾下部队无不热烈欢呼，因而容易辨认。他的现身显然使英军士气大振，于是，丹尼尔·摩根麾下的步枪连得令，寻机射杀弗雷泽。这项任务落在了一名宾夕法尼亚小伙子的肩上，他叫蒂莫西·墨菲（Timothy Murphy），是连队中的顶尖射手。虽然神枪手们会自发选择军官作为优先射击目标，但自法国-印第安人战争以来，由军队高层下令射杀敌方知名高级军官的情况，还是头一回出现。

丹尼尔·摩根和摩根神枪队

当大陆会议于1775年成立大陆军时，各殖民地的志愿兵也接到号召，组建10个连，每连100名步枪手。丹尼尔·摩根受命指挥两个弗吉尼亚神枪手连之一，连队成员大部分装备了射击精准的宾夕法尼亚步枪。该连在波士顿之围（Siege of Boston）中首次参战，就以狙击火力重创了英军和亲英守军，故得名“摩根神枪队”（Morgan's Sharpshooters）。

据说，“摩根神枪队”的入伍测试是：在百步之外击中真人大小的英王乔治头像，而且必须首发即中。这一传闻或许尚有争议，但无论何时，只要有机会，摩根的手下都会得到鼓励，优先射击军官、军士以及其他重要战略目标，例如炮兵，随后才会把注意力转向普通士兵。“摩根神枪队”还参与了对加拿大的失败入侵。在魁北克战役（Battle of Quebec）中，当美军指挥官蒙哥马利将军阵亡后，英军包围了入侵美军的残部，摩根和部分手下一同被俘。这次失利或许宣告了

伯戈因将军（General Burgoyne）在萨拉托加（Saratoga）投降。此画由约翰·特朗布尔绘。请注意右前方身着浅色边疆衣的丹尼尔·摩根。

首支“摩根神枪队”的终结，但在英美双方交换战俘后，指挥官摩根很快归队。1777年年初，摩根重新加入大陆军，率领一支500人的步枪队。这500名步枪手大多来自他的家乡弗吉尼亚，整场战争期间，他们作为轻步兵和散兵参与了许多战斗。例如，在弗里曼农场战役（Battle of Freeman's Farm）中，面对步步推进的英军轻步兵，摩根的手下打中了每一名英军军官，迫使英军撤退；而在第二次萨拉托加战役中，摩根下达了一个著名命令——命令神枪手蒂莫西·墨菲击毙弗雷泽准将。后一事件不仅对英军撤退起到了推动作用，

丹尼尔·摩根的版画像，依据阿隆索·查普尔（Alonzo Chappel）所作油画创作。注意摩根所穿的浅色穗边服。

伯纳斯特·塔尔顿上校，由乔舒亚·雷诺兹（Joshua Reynolds）爵士绘于1782年左右。1781年，在南卡罗来纳州的考彭斯，塔尔顿率领的英军惨败给丹尼尔·摩根麾下的正规和非正规军联合部队。

还最终导致伯戈因（Burgoyne）将军带领麾下英军投降，令英军蒙受重创，使美方士气大振。1779 年，摩根在晋升无望下辞去军职，但经劝说，又在一年后重返军队，领准将衔，再次执掌轻步兵。1781 年，在南卡罗来纳州的考彭斯，摩根虽未按军令行事，但却在直接对阵中大破伯纳斯特·塔尔顿（Banastre Tarleton）上校指挥的英军。塔尔顿上校是美国反英分子的眼中钉，以对手下败敌“毫不留情”的冷酷做法而闻名（虽然这一罪状仍有争议）[14]。摩根的战术简单又巧妙，他让步枪手们打了就跑，把英军引向己方民兵大部队阵前，并使其侧翼暴露，由后续部队进行突击。塔尔顿麾下的 1000 多名英军或死或俘，几乎全军覆没。

据说，墨菲爬上了一棵树的树杈，以便更好地观察目标，或者也可能是为远程射击寻找更好的射角。他的第一枪打中了弗雷泽准将的马鞍，第二枪洞穿了弗雷泽胯下战马的马颈。对英军而言，弗雷泽显然是被射手盯上了，但出于职责，他仍固执地拒绝撤退。到了这时，墨菲已然瞄准完毕，他的第三枪让弗雷泽受了致命伤，随后又用第四枪击倒了弗雷泽的副官，弗朗西斯·克勒克（Frances Clerke）爵士。

墨菲装备的是立式双管宾夕法尼亚步枪（枪管一上一下），这或许可以解释为何他的第二枪和第四枪都如此精准，更何况他的目标还骑着马，可能一直在移动。步枪的装弹需要时间，因此双管枪的优势在于，神枪手可以先发一枪，如若失手，便可立即调整瞄准，再发一枪。但无论如何，能在据称超过 300 码（274 米）的距离外击倒目标，无疑是件骄人的射击成就。

饱受美军射手之苦的不只有军官。在波士顿之围中，就有许多普通英军士兵和水手命丧于周围山冈飞来的枪弹。在一封写给乔治国王的信中，英军将领何奥（Howe）勋爵把宾夕法尼亚步枪称作“叛乱分子的可怕之枪”。

不久之后，英军也开始征募自己的来复枪手。英军从每个团（辖10个连）各抽调1个连，作为“轻装连”（light company）或散兵进行训练和装备，再辅以突击部队，比如主要从亲英者中招募的“王后突击队”（Queen's Rangers），或是从正规英军中遴选出的“弗雷泽特选射手连”（Fraser's Company of Select Marksmen）。

这些突击部队还可担任散兵或神枪手，但他们中只有少数人装备了来复枪。英军来复枪手的另一个来源是（德国）黑森雇佣兵，其中包括一些职业耶格[15]，即猎兵。他们使用的来复枪相对较短，由中欧密林中的狩猎武器改进而来。虽然这种武器的射击精度得到了普遍认可，但与宾夕法尼亚步枪相比，它的口径更大，枪管和瞄准基线（准星和照门间的距离）更短，因而射程有限。两相对照，当面对装备有宾夕法尼亚步枪的美军神枪手时，猎兵们的下场往往可想而知。

虽然耶格步枪有着上述缺点，但为了装备新晋的射手部队，英军还是订购了1000支以此为基础的改进型步枪，即P1776来复枪（Pattern 1776 Rifle）。此枪枪管长30.5英寸（77.5厘米），口径为.62英寸，由枪匠威廉·格赖斯（William Grice）设计。格赖斯的公司和其他三家（英格兰）伯明翰制枪商——马赛厄斯·巴克公司（Mathias Barker）、高尔顿父子公司（Galton & Sons）和本杰明·威利茨公司（Benjamin Willlets）——负责生产800支该型步枪，另外还有200支耶格步枪购自德国汉诺威。

美国独立战争中，最优秀的英军步枪手或许当属帕特里克·弗格森（Patrick Ferguson）上尉。他不仅是一等一的射手，还发明了

革新性的弗格森后膛装弹式来复枪。弗格森的发明建立在法国肖梅特（Chaumette）螺丝后膛装置的基础之上，每分钟能准确射出 4 到 6 枪。

在观摩了这一速射武器的实际演示后，英王乔治三世委任弗格森招募一支 100 人的散兵队，全员装备革命性的后装式来复枪，弗格森很可能动用自己的资金买下了这些枪。弗格森在可供选拔的顶尖射手中仔细遴选，组建自己的队伍。和专业步枪手一样，弗格森的队伍也身穿绿色制服。

弗格森本人已经证明，他的步枪能够反复击中 200 码远的标靶，其折叠照门的可调射距为 100 码至 500 码。然而，他却因未开的一枪，错过了改变战争和历史进程的绝佳机会。这一著名事件发生于布兰迪万河战役（Battle of Brandywine）前夕，弗格森步枪队参与的第一场战斗中。当弗格森和 3 名手下在英军兵锋前执行散兵任务时，他们发现了两名骑在马背上的敌军军官。据他们后来描述，一名美国军官身穿蓝黄相间的大陆军军服，另一名军官则一身法国轻骑兵装束。弗格森回忆道，在那两名军官策马离开射程之前，他本可以轻松地往他们背上送去 6 发子弹，但他不准手下开枪，他自己也不会做朝人背后开枪这种没

1775 年左右，摩根步枪队中的一名来复枪手。注意他手中的宾夕法尼亚风格长管步枪，身上的原住民式装束，以及脸上的战斗油彩。（图片来源：军事历史图库 [Military & Historical Image Bank]；唐·特罗亚尼 [Don Troiani] 绘）

大约 1776 年，一名黑森–卡塞尔猎兵（Hesse Cassel jäger）。这些猎兵来自欧洲日耳曼诸邦，是专业的森林战士和来复枪手，受雇于英军。（图片来源：军事历史图库；唐·特罗亚尼绘）

弗雷泽特选射手连

为了应对美军突袭部队"打了就跑"的突袭攻击，英军采取了一些反制措施，尤其是在美国独立战争之初。亚历山大·弗雷泽（Alexander Fraser）上尉是名经过法国–印第安人战争历练的老兵，此外，他还是西蒙·弗雷泽将军（萨拉托加战役中殁于蒂莫西·墨菲枪下）的侄子。亚历山大·弗雷泽擅长将步枪手作为轻步兵使用，并于1776年成立了一支专业散兵连。连队成员来自驻扎于加拿大的各团，都是弗雷泽所能网罗到的一流射手。这支连队被称为"弗雷泽特选射手连"，或英军突击队（British Rangers），成员均经过仔细挑选，配备来复枪或滑膛枪。其中，他们的来复枪既可能缴获自魁北克的军械库，也可能来自首批抵美的英国来复枪。

弗雷泽连队和亲英的易洛魁盟友密切协作，不仅吸收了这些土著勇士的森林技能和散兵技巧，还掌握了严明纪律下的远程射击能力，替代原先对阵敌正规军时采用的近距离齐射战法。整个独立战争期间，弗雷泽特选射手连作战英勇，战功彪炳，但却在伯戈因将军灾难性的萨拉托加战役中蒙受损失。1778年后不久，弗雷泽连队残部被分散编入其他轻步兵部队。

有风度的事。

在数日后的战役中，弗格森不幸负伤，右肘碎裂。住院期间，他得知自己放跑的那名美国军官基本可以肯定是大陆军总司令乔治·华盛顿，而那名"法国"轻骑兵军官的身份依然成谜，因为当时在布兰迪万

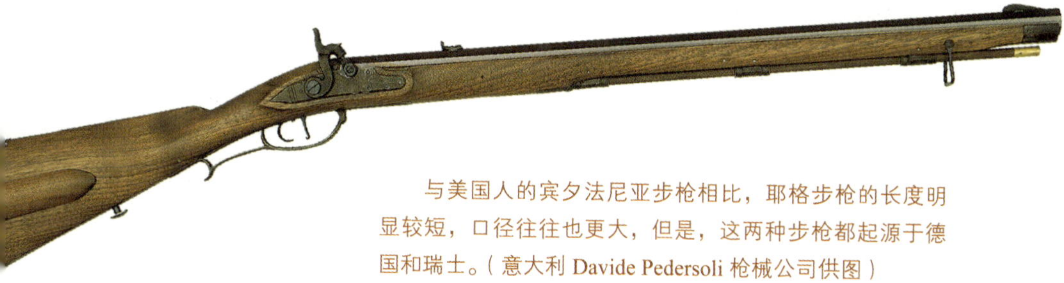

与美国人的宾夕法尼亚步枪相比，耶格步枪的长度明显较短，口径往往也更大，但是，这两种步枪都起源于德国和瑞士。（意大利 Davide Pedersoli 枪械公司供图）

河附近并无法国骑兵，但他有可能是华盛顿的副官——波兰骑兵军官普瓦斯基（Pulaski）伯爵。

弗格森负伤后，他麾下的来复枪队也随之解散。但弗格森此后继续在这场战争中发挥作用，指挥轻装部队和亲英民兵，直到 1780 年阵亡于国王山（King's Mountain）。

弗格森拒绝向转身撤退的华盛顿开枪一例，象征着职业军人阶层中骑士精神的余晖。在美国独立战争中，这一精神在普通士兵身上也有反映。然而，时移世易。传统军队曾经相信，军人应当光荣地立于战场，直面敌人，听从号令向敌军方向齐射，以此决出胜负。从某种程度上来说，这一观念也解释了为何许多普通士兵对狙击手怀有模棱两可的态度，时至今日，这种矛盾心理依然存在。当一方集结队列对敌开火时，敌方也会以相同方式回敬，在这种对等情况下，运气因素永远存在，一名战士是否中弹很大程度上取决于“战争之运”。但是如今，战士们却有可能在遭到敌方步枪手攻击时无法还以颜色——或是由于对方匿影藏形，或是由于自己不在有效射程内。对普通士兵而言，这既让人恐惧，又令人沮丧，也在一定程度上解释了一些步枪手被擒获后遭受的恶劣对待。

王后突击队

在美国独立战争期间，英国陆军准许一些团从拥护英国王室的殖民地民众中招募兵员，王后突击队便是其中之一。之所以如此命名，是为了向英王乔治三世的妻子夏洛特王后致敬。这是英国陆军中第一个身着绿色制服的团，也是第一个拥有来复枪分队的团。之所以采用绿色制服，起初是为了与身着红衣的正规军和地方正规军做出区分。到了战争后期，改换红衣才成了特殊轻步兵和其他地方部队的标志。

多数王后突击队队员使用的是棕贝丝滑膛枪，但仍有半个连装备了来复枪，这在当时的英国陆军中屈指可数。（图片来源：卡尔佩珀义勇兵［英国］）

王后突击队队员身着绿夹克，头戴皮帽，配备各种黑色军用品。（图片来源：卡尔佩珀义勇兵[英国]）

1776年8月，王后突击队于纽约成立，创始人是著名的罗伯特·罗杰斯上校，他是法国–印第安人战争中罗杰斯突击队的指挥官。王后突击队身穿绿色夹克，头戴羽饰皮帽，配备各种黑色军用品。在武器方面，轻装连（见配图）配备短管陆用型滑膛枪，另有半个连（军帽上的羽饰不同）装备了来复枪，枪型大概是英制P1776来复枪。罗杰斯上校离任后，突击队的指挥官更迭频繁，直到1777年，约翰·格雷夫斯·西姆科（John Graves Simcoe）少校出任指挥官。独立战争期间，王后突击队先后转战了纽约、南卡罗来纳和弗吉尼亚等多个殖民地，连战连捷。1781年，战争结束时，王后突击队在加拿大解散。

西姆科后来写道："……对配备黑色军用品的轻装部队来说，绿色是最合适不过的颜色，而且，如果在春天穿上绿制服，到了秋天它便会和秋叶一同褪色，在远处依旧难以分辨。"（SKG3[16]历史学家迈克尔·巴特菲尔德[Michael Butterfield]供稿）

在某些情况下，步枪手可能处于劣势，在面对大量训练有素的步兵时尤为如此。如果迎面袭来的正规部队能挨过步枪手们的首轮火力，便可能会有足够的时间逼近他们，在近距离以滑膛枪集火齐射，甚至在步枪手还来不及重新装弹时发起白刃冲锋。只要采取"开火—冲锋"的战术，组织有序的职业步兵完全能够承受敌人一至两轮的齐射，并保持前进。在这种情形下，步枪手将不堪一击，因为宾夕法尼亚步枪是民兵武器，无法上刺刀。这些步枪手要么可以

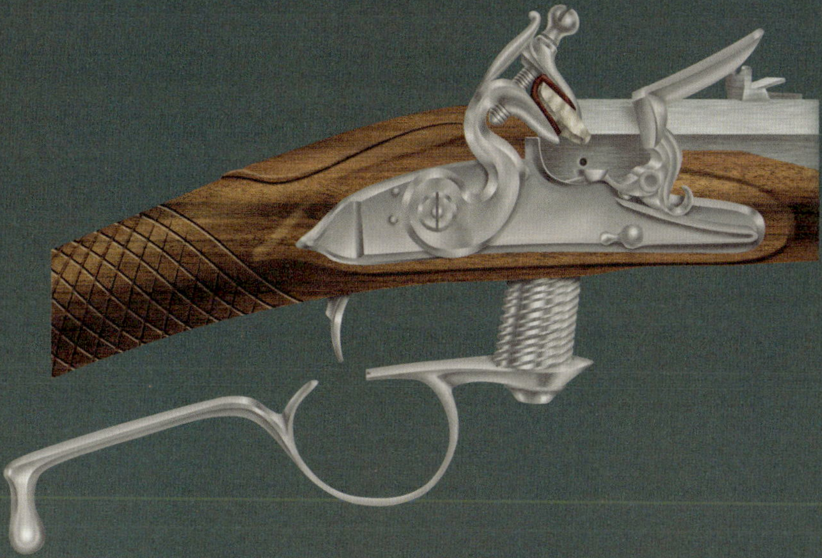

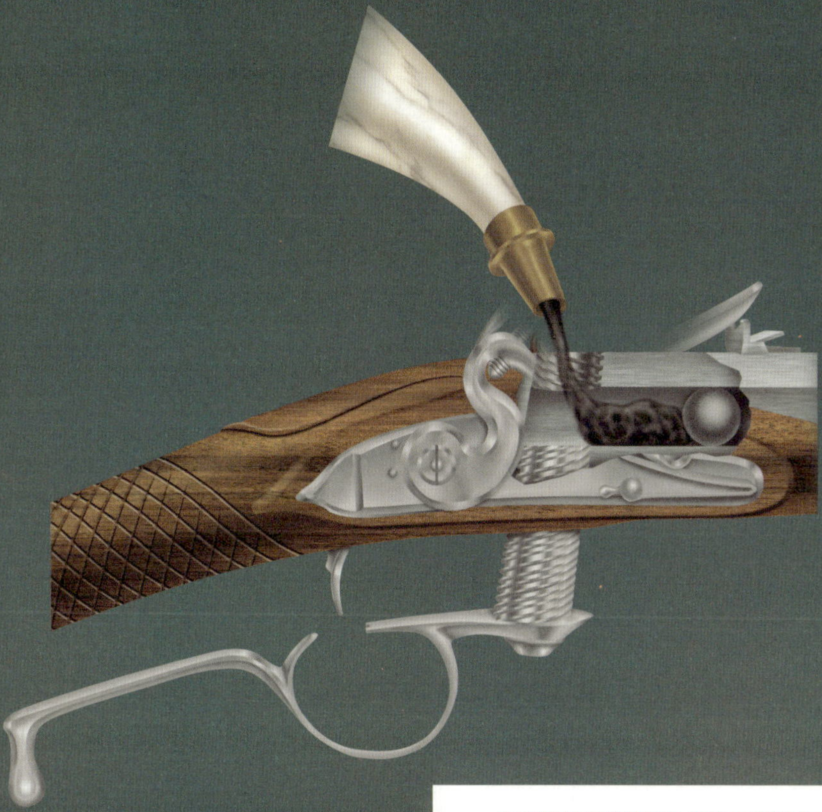

采用螺丝后膛装置的弗格森后装式步枪。上图：将扳机护环旋转一整圈，露出后膛末端。下图：如剖面图中所示，打开后膛后，先填入一颗弹丸，再倒入定量火药，然后旋回扳机护环，闭合后膛。然后，弗格森步枪便可像普通燧发枪一样开火。

乔治·华盛顿在多切斯特高地（Dorchester Heights）。此画由吉尔伯特·斯图尔特（Gilbert Stuart）绘。由于英军神射手帕特里克·弗格森上尉拒绝对华盛顿开枪，任他骑马离去，华盛顿幸运地保住了一命。（图片来源：美国国会图书馆）

据说，当华盛顿被弗格森发现时，他身边还有一名法国轻骑兵，但后者很可能是他的副官波兰伯爵卡齐米日·普瓦斯基——这幅普瓦斯基的版画像由H. B. 霍尔（Hall）创作。

试着用印第安战斧和军用匕首进行自卫，要么就只能逃之夭夭。在战斗中，若密集队形的白刃冲锋成功冲入敌军步枪手阵线，结果便会是一场屠杀。

执行狙击任务的枪手还有一个弱点——当他们从隐蔽处开火时，轰响的枪声、火药的爆闪和一股硝烟，都会立刻暴露他们的位置，敌人会朝硝烟的大致方向集火齐射。对隐身草木间的狙击手而言，即便敌人用的是精度低下的军用滑膛枪，但大量滑膛枪弹飞射而来的霰弹式攻击依然十分可怕，因为只要有一颗子弹打中他，那么这一枪瞄得准不准也无卡姆登战役（1780）以及德·卡尔布（de Kalb）之死。这幅版画依据阿隆索·查普尔的油画创作。美军来复枪手在重新装弹期间防御脆弱，极易遭到白刃冲锋或被骑兵击溃。

所谓了。

虽然美军神枪手和散兵为美国独立战争的胜利做出了重要贡献，但实际上，他们在反英部队中的比例还不到 5%。美国之所以能在独立战争中击败英国，归根到底靠的是大陆军常规部队及组织有序的民兵，靠的是滑膛枪和刺刀这两种主要武器，靠的是两军对阵的常规战斗模式。

战争甫一结束，步枪手在特定情形下的突出作用，特别是作为轻步兵使用时的卓越表现，似乎通通被英国和美国政府抛在了脑后。两国再未组织起大规模的来复枪作战部队，直至 18、19 世纪之交。

滑膛枪的没落

到了 18、19 世纪之交，战争中的主要战术和装备仍然和过去 100 年间大致相同：步兵并肩而立，形成密集的集群队列，以滑膛枪和刺刀为主要武器，再辅以炮兵和骑兵支援。不过，英军的军事思路还是出现了一些不大不小的变化——轻装部队的重要性开始得到关注。1797 年，英国军方决定为第 60 团（此前叫第 62 皇家美洲团，后更名为国王皇家来复枪队）新增一个来复枪营。当时，英法两国仍处于战争状态。当欧洲各国于 1792 年形成的第一次反法同盟瓦解后，英国是唯一仍处于战备状态的反法同盟国家。法国的威胁时刻笼罩着英国，直至 1815 年拿破仑兵败滑铁卢。常言道，“需求乃发明之母”[17]，但只有到了战争时期，此话方显得无比真实。

英国军方还同意组建一个“来复枪试验队”（Experimental Corps of Riflemen），主要从英国本土征召兵员，装备新式来复枪。经过伍利奇兵工厂[18]的多次试验，贝克步枪（来复枪）脱颖而出，成为最合适的武器。

1800年，来复枪试验队被编为第95（来复枪）步兵团，受库特–曼宁汉（Coote-Manningham）将军[19]指挥。不同于身着红衣的线列步兵团，第95团身着绿色军服，这种颜色的军服也将成为英军来复枪手的标志。

第95团的战士们将再次扮演散兵的角色，但在此时，他们更像是英军在美国独立战争中遭遇的来复枪手。他们将以松散队形（open order）进行战斗，在必要时自主行动，并善用掩护。最重要的是，他们必须练出世界一流的枪法。对于一支专业步枪队而言，这一点似乎不言而喻，但在此之前，英国陆军还从未重点强调过单兵射击术。而今，军方希望第95来复枪团的小伙子们能练出一手好枪法，并鼓励他们在打靶比赛中积极竞争。

从1800年到1850年，第95来复枪团参与了世界各地的战斗，其中包括在哥本哈根的尼尔森舰队上充当海军陆战队狙击手。不过，他们的成名之战，大概当属在葡萄牙和西班牙打响的半岛战争（1808—1814），以及滑铁卢战役（1815）。

1807—1808年，法军攻陷英国盟友葡萄牙和西班牙，英国随即派遣阿瑟·韦尔斯利将军（即后来的威灵顿公爵）率军支援。由于交战地点位于伊比利亚半岛，这场战争被称为“半岛战争”。

半岛战争的作战形式较为机动，作战地区也往往十分贫瘠，不易补给，因此轻步兵战术和游击战术在这里如鱼得水。事实上，游击战（guerrilla warfare）一词便诞生于此——西班牙和葡萄牙的非正规“游击队员”（guerrilleros）不断骚扰法军补给队，破坏法军通信，使法国难以维持对这两个国家的控制。

战争伊始，第95团和第60团5营合并成一个来复枪旅。作为轻装部队，该旅任全军先锋，并于1808年率先在葡萄牙登陆。在半岛战争的初期战斗中，各来复枪营并肩战斗，在奥比都斯（Obidos）打响了战

若神枪手暴露了自己的位置，便可能招致敌方齐射火力的枪林弹雨。（理查德·克拉克供图）

进攻萨凡纳（1779 年 10 月 8 日），A. I. 凯勒（Keller）绘。虽然神枪手们战绩不俗，但与同时期的其他所有战争一样，美国之所以能最终在独立战争中取胜，靠的是合格战士的滑膛枪齐射、火炮、白刃冲锋以及称职的将领。（图片来源：美国国会图书馆）

在拿破仑战争中，英军步兵的制式武器仍是棕贝丝燧发式滑膛枪。

争的第一枪，不过后来，部队进行了改编，第 60 团的轻装连分散到其他各旅，担负侦察和散兵任务。

第 95 团后来在英格兰补强了几个连，但由于战争的总体走势对英军不利，英军的补给也即将耗尽，因此被迫撤退，法军则紧追其后。在撤退中，第 95 团担任英军后卫部队，也正是在这次行动中，该团来复枪手托马斯·普伦基特（Thomas Plunkett）完成了传奇一击，在 300 码外以卧姿[20]射杀了拿破仑最为器重的年轻将领之一——奥古斯特·科尔贝（Auguste Colbert）将军。在约翰·摩尔（John Moore）爵士的指挥下，第 95 团参加了科伦纳（Corunna）一役，成功配合友军牵制住了 2 万名法军，让兄弟部队得以顺利登船撤返英格兰，不过，指挥官摩尔在此次行动中阵亡。

到 1809 年夏，第 95 团在葡萄牙、西班牙和荷兰与法军重燃战火。1810 年 2 月，第 95 团的 4 个连约 200 人进驻巴尔巴·德尔·普埃尔科[21]，守卫阿圭达河（River Agueda）上的一座桥。此前，这里已发生过几场小战斗，彼得·奥黑尔（Peter O'Hare）上尉率一个来复枪连负责警戒桥梁。这一地区还有一支 3000 多人的法国旅，旅长弗雷（Ferey）将军决定对桥发动夜袭。约 600 名“沃提谢”散兵[22]和掷弹兵组成了夺桥攻击部队，另有约 1500 名法军作为后备部队待命。

当晚天气恶劣，在夜幕的掩护下，法军迅速除掉了两名在外围放哨的英军来复枪手，但其中一人开了一枪。枪声警告了 13 名位于桥梁和山顶间的来复枪手，他们迅速撤往连队其他成员驻扎的山顶教堂，且战且退，他们的战友随后加入战局，居高临下向法军开火。

在这个风狂雨骤的黑夜中，身着深绿军服的英军来复枪手很难被瞄准，但法军的白色交叉背带却很显眼，就算在黑暗中也能看清——事实上，英军来复枪手常常以此作为标靶。

在整个拿破仑时代[23]，步兵在战斗中仍然并肩而立，集体开火、行军。注意图中人身上的白色交叉背带，这对来复枪手而言是绝佳的标靶。

第60步兵团（1830年后更名为国王皇家来复枪队）

1755年，法国–印第安人战争期间，布拉多克（Braddock）将军率领一支英国红衣军，与弗吉尼亚民兵（由乔治·华盛顿上校指挥）联合作战。途中，一支规模小得多的法军和印第安人联合部队伏击了他们，伏击部队采用的是更加适合东北美密林环境的游击战术。1756年，英军汲取教训，成立了第62（皇家美洲）团，协助北美13个殖民地抵御此类袭击。第62

第60团5营的来复枪手（拿破仑时代）。该营官兵的辨识特征包括绿色制服上的红镶边，以及军用水壶上的部队番号。（理查德·克拉克供图）

团下辖4个营共1000人，成员以北美殖民地居民和英国志愿兵为主，但也包括一些经验丰富的森林和山地战士，他们来自奥地利、德国和瑞士。1757年，该团番号变更为第60（皇家美洲）团。

该团军官亨利·布凯（Henri Bouquet）是名瑞士职业军人，他着手将麾下部队（第60团1营）打造成一支能在印第安人的土地上与之对抗的部队。他成功地做到了这一点，在整个法国–印第安人战争期间，第1营既能胜任轻步兵和散兵，又能在常规战斗中作为线列步兵参战。1759年，第60团各营转战魁北克，后又于1763年参加了庞蒂亚克战争（Pontiac's War），接着又参加了美国独立战争，此外还曾征战于美洲以外的地区。

1797年，第60团新增了第5营，营长为弗朗西斯·德·罗滕博格（Francis de Rottenburg）男爵。第5营全员装备来复枪，许多成员要么曾是中欧各国的猎人，要么是为英国人效劳的德裔亲英殖民地居民。1800年后，该营的来复枪手们装备了贝克步枪，身穿红色镶边的绿夹克。这群衣着独特的战士在拿破仑战争中首次参战，便以轻步兵的身份大获成功，最终，该团其余的滑膛枪轻装连也升级成了来复枪连。

不久，第60团又迎来了第二个来复枪营（第6营），该营在半岛战争中效力于威灵顿公爵麾下。在1812年战争中，第60团又增加了第7来复枪营。拿破仑战争后，该团更名为约克公爵属来复枪队（The Duke of York's Own Rifle Corps），1830年又更名为国王皇家来复枪队。

第 95 团（来复枪旅）的战士们以射术、散兵战术和绿色制服闻名。（理查德·克拉克供图）

在这场激战中，发生了一件用步枪“发射”推弹杆的真实逸事。据来复枪手威廉·格林（William Green）口述，当时“有3个这样的丑大个”向他和搭档冲来，双方“距离不到10码”。格林称，这时他尚未装填完毕，于是被迫把子弹和推弹杆一齐发射出去，射杀了其中1名法军，他的搭档也打死了1人。随后，格林从一名受伤的战友那儿捡起一把步枪，继续战斗。

尽管战况艰难，来复枪手们仍然坚守战阵。最终，贝克威思（Beckwith）中校带领两个来复枪连的援军赶到。他们的及时增援阻遏了法军的攻势，迫使后者向山下退去，穿过桥梁撤回大本营。在这次战斗中，负责守卫的4个连中有3个连直接参战，还有1个连作为后备，结果是，第95团以区区150名来复枪手，击退了600名法军“精锐”的进攻。法军伤亡100多人，而第95团仅阵亡7人，伤15人。

法军同样拥有专业轻步兵和突击部队（assault troop），但极少装备来复枪。（理查德·克拉克供图）

来复枪手被鼓励学习射击术，掌握不同射姿，包括跪姿、坐姿和卧姿。（理查德·克拉克供图）

1/95

这一仗进一步巩固了第95团的善战威名，也为来复枪手的实战效用提供了一个范例，证明他们在近身战斗中也能有很好的表现。这主要得益于贝克步枪从一开始就是为了军事用途而设计的，因而设有刺刀卡榫，但在过去，许多神枪手的民用来复枪并没有这一设计。实际上，贝克步枪的剑形刺刀本身就是件厉害的兵器。与军用滑膛枪相比，贝克步枪明显要短一截，这在“一寸长一寸强”的白刃战中十分不利。于是，贝克步枪的刺刀设计得较长，弥补了这一弱点。这种刺刀刃长24英寸(61厘米)，上有握柄和护手，可以单独作为短剑使用。当然，对于一名专业的远程射手而言，如果到了要用兵刃进行“近战”的地步，已经是近得过头了。

整个半岛战争期间，不论是在一般战斗中，还是在散兵战、侦察敌情和用准确的远程来复枪火力侵扰敌军等专门任务中，轻装师（Light Division）的来复枪手们都证明了自己的价值。在军官的传授下，他们学会挑选重要目标，逐一射杀敌方军官、鼓手和号手（通信兵），自然也少不了敌方炮兵。在1808年8月20日的维梅罗战役（Battle of Vimeiro）中，来复枪手们以准确的远程火力消灭了法军炮兵和马匹，使法军火炮被俘；而在其他战斗和围城战中，由于狙击火力的不断骚扰，法军火炮几乎一炮未开。

或许，任何对于英国陆军早期来复枪手的称颂之词，都比不上法军名将苏尔特元帅的一番话：“英军第60团有一个营，装备的是短管来复枪；战士皆因射术不凡而入选；他们执行侦察任务，并受命在作战中射杀军官，特别是校级和将级军官。这种开战和杀敌模式对我们十分不利。我们的军官伤亡惨重，往往几仗过后，部队就无法正常运转。我看到，在昨天，有些营的官兵减员比达到了1比8！我还看到，有些营虽然只剩下两三名军官，但战士减员却还不到六分之一。”

当拿破仑时代的军队向战场进军时，他们紧密排列的阵形会成为唾手可得的目标，他们身上的白色交叉背带又会成为绝佳的标靶。（理查德·克拉克供图）

来复枪手用筒状军帽（shako）架枪卧射。（理查德·克拉克供图）

贝克步枪（步兵来复枪）

18 世纪末，英国陆军一直在寻找合适的武器，用于装备一支来复枪部队（即后来的“来复枪旅”）。为了达成这一目标，1800 年 2 月 4 日，英方在伍利奇兵工厂组织了一场国际选拔赛，最终获胜的方案是一种前装式来复枪，设计者名叫伊齐基尔·贝克（Ezekial Baker），是伦敦东区（East End of London）白教堂路（Whitechapel Road）上的一名枪匠。此枪枪管内有 7 条膛线，仅旋转四分之一周，而同时代的设计多采用四分之三周的膛线旋转角。贝克的设计思路是，在减少摩擦的同时，让子弹获得足够的旋转，稳定出膛。

这一方案的最终成品全长 45.25 英寸（115 厘米），重 9 磅（4 千克），.625 口径的枪管长 30 英寸（76 厘米），配有固定式瞄具。此枪发射铅制弹丸，与润滑过的布片配合使用，因此，枪托尾部右侧还嵌有一个布片盒。此枪还配发了一支（牛角制）火药筒，末端附有截断装置（cut-off），确保装药量（约为弹丸重量的三分之一）准确。

贝克步枪射击准确，能够在至少 200 码远处击中一人大小的目标，在这个距离上，枪手瞄准的是敌人的交叉背带。与棕贝丝滑膛枪约 60 码（55 米）的准确射程[24]相比，这是个巨大的进步。

相比于制式滑膛枪，贝克步枪较为短小灵活，唯一的缺点在于装弹时间更长；虽然在紧急情况下，可以改用现成的制式火药药筒，配合未包布片的裸弹使用，加快装弹速度，但射击精度

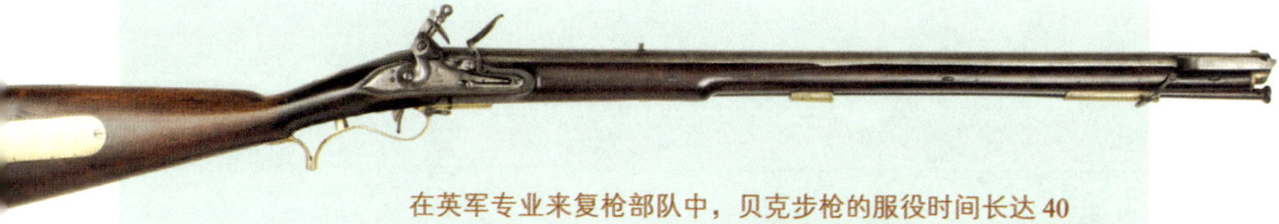

在英军专业来复枪部队中，贝克步枪的服役时间长达40年。图中的枪型产于1823年后，枪机一侧刻有“Tower”一词，另一侧的“GR”铭文上刻有一顶皇冠，但没有军用武器的验讫印记。枪管由伊·贝克（E BAKER）公司制造，装有固定式柱状瞄具，枪口处设有棒状刺刀卡榫（bayonet bar）。枪托为分体式，嵌有一黄铜制布片盒。（图片来源：澳大利亚战争纪念馆，编号REL-04959.001）

也会有所下降。贝克步枪在英军服役近40年，直到被采用撞击式枪机（percussion lock）的布伦瑞克步枪（Brunswick Rifle）所取代。在漫长的服役史中，它的身影遍及许多国家，甚至还曾在阿拉莫之战中为墨西哥军队所用。贝克步枪的许多衍生枪型均服役于英国志愿兵部队，此外还有一些运动枪型问世。

第95来复枪团（1816年后更名为“来复枪旅”）

该部队的前身是诞生于1800年的来复枪试验队，是第一支装备贝克步枪的部队。1802年，来复枪试验队加入战斗部队，更名为第95来复枪团。1803年，第95团加入了第43和第52轻步兵团。在库特–曼宁汉将军和约翰·摩尔爵士指挥期间，第95团按来复枪手和轻装部队训练手册进行训练，

虽然来复枪手擅长执行散兵和侦察任务，但他们有时也充当正规步兵。（约翰·诺里斯供图）

手册的作者是第60团第5（来复枪）营的指挥官——上校德·罗滕博格男爵。

虽然第95团并非海军陆战队，但仍有一些成员曾参与海战，是这方面的先驱。1801年，在哥本哈根海战（Battle of Copenhagen）中，纳尔逊率领的舰只摧毁了丹麦舰队，第95团部分成员作为射击能手参战。在整个19世纪初期，第95团都是最繁忙的部队之一，该团不仅参加了在西班牙和德国的战斗，还远征南美对抗西班牙，参与了一场开始成功却最终流产的行动。

在发生于西、葡两国境内的半岛战争中，第95团参与了大多数主要战斗，其中最著名的一次是担任后卫部队掩护英军撤向科伦纳港。

半岛战争期间，第 95 团最有名的单兵战例，大概当属来复枪手托马斯·普伦基特的传奇一击。在第 95 团担任后卫部队掩护英军撤向科伦纳期间，来复枪手普伦基特盯上了一名骑着马的法军军官，后者正在催促部下加快速度，追赶撤退的英军。普伦基特躺在地上，把贝克步枪架在大腿上，又用脚拉紧枪带（sling），让步枪更稳定，然后扣下了扳机……法军军官当场落马，一命呜呼。一名号手策马前去援救，但普伦基特已重新装弹完毕，看准时机再发一枪，将其击毙。第二枪的命中证明第一枪绝非侥幸。后来发现，阵亡的法军军官乃奥古斯特·科尔贝将军。普伦基特的两枪射程均超过 300 码，而且两名受害者均是头部中弹。

在来复枪手普伦基特的著名战例中，他以图示射姿在 300 码外一枪击毙了法国将领奥古斯特·科尔贝。

在滑铁卢战役中，第 95 团 1 营和 2 营，以及 3 营的两个连，共约 1300 名官兵，再次受威灵顿公爵指挥。他们参加了四臂村（Quatre Bras）、拉海圣（La Haye Sainte）以及其他地方的战斗，虽然战绩斐然，却未能充分发挥实力。战役结束时，第 95 团共计伤亡 35 名军官、482 名士兵。

1816 年后，第 95 来复枪团更名为来复枪旅。第 95 团预示了一种截然不同的现代军旅形式，并引入了狙击手的基本技能——选择重要战略目标，使之成为正规部队的战术。在这些方面，或许没有任何一支英国陆军部队能与之相提并论。

耶格猎兵、沙瑟尔猎兵、卡萨多尔猎兵、提海耶散兵和沃提谢散兵[25]

欧洲列强的早期来复枪手多为猎人出身，来复枪是他们主要的谋生工具。这些猎人的射术和潜行跟踪技能非常适合执行专业军事任务，在绝大多数步兵仅配备滑膛枪的情况下尤为如此。作为雇佣军，耶格猎兵来自多个欧洲国家，包括德国、瑞士、奥地利、荷兰、波兰和波罗的海诸国，有的为英国卖命，有的则受雇于法国麾下。在半岛战争中，葡萄牙的卡萨多尔猎兵与英军轻步兵和葡萄牙 / 西班牙游击队并肩作战，对抗法军。沙瑟尔步猎兵（Chasseurs à pied）为法军精锐，通常因射术精湛而被征召入伍，但和英军中类似的轻步兵部队一样，许多沙瑟尔猎兵装备的是滑膛枪，而非来复枪。提海耶散兵是招募自法国和意大利多地的专业神枪手，他们也承担轻步兵侦察

虽然一些欧洲猎兵因射术和野外技能出众而被征召入伍，但他们中的许多人仅仅装备有滑膛枪，而非来复枪。此外，一些猎兵充当的是线列步兵，而非轻步兵。（理查德·克拉克供图）

任务。沃提谢（意为“跳跃者”“腾跃者”）散兵也是经过遴选的法军神枪手，法军各团均配有一个沃提谢散兵连，执行轻步兵任务。虽然上述部队均属精锐，集猎兵和神枪手的身份于一身，与轻步兵的角色看似完美契合，但是，许多此类部队在大型战役中仅仅作为普通步兵使用。

海上神枪手

射手们并非总在陆上发挥作用。在风帆时代，帆索间的神枪手也是不可小觑的角色。虽然大部分远距离海战是由舰炮完成的，但当双方舰只靠得足够近时，舰员便可加入近距离战斗，于是，滑膛枪或来复枪的“狙击”好戏便时时上演。从18世纪末到19世纪初，英国海军主要动用装备了棕贝丝滑膛枪的海军陆战队，不过，在1801年的哥本哈根海战中，英国海军也调动了第95团的来复枪手助阵。

在美国独立战争中，美国海军在海岸和舰只上部署了来复枪手和海军陆战队，抵抗英国海军，防卫海岸城镇。舰船上的

海军中将纳尔逊勋爵是史上最著名的狙击受害者之一。（图片来源：沃利斯 [Wallis & Wallis] 拍卖行）

水兵们往往无可隐蔽，当他们身处索具上时，更是暴露无遗。到1812年战争时，美国和英国海军都授意射手把军官列为特定射击目标。

海上狙击最有名的受害者，也许是海军中将霍雷肖·纳尔逊（Horatio Nelson）勋爵。在1805年的特拉法尔加海战（Battle of Trafalgar）中，法国海军陆战队员罗伯特·基里玛（Robert Guillemard）从法舰“敬畏”号（Redoutable）的索具上打出一枪，命中位于英军旗舰“胜利”号（HMS Victory）后甲板上的纳尔逊将军。

这一枪打得并不远，滑膛枪弹仅仅蹿出大概50英尺（15米），就击中了纳尔逊，向下穿过他的肩、肺和脊柱。纳尔逊随后被抬入下层甲板接受治疗，但于事无补。几小时后，这位英国最伟大的英雄之一在痛苦中死去。

纳尔逊之死让法国人取得了一个小小的胜利，但法国还是输掉了这场海战，葬送了海军舰队，使法国皇帝拿破仑和拿破仑战争最终走向失败。

与拿破仑战争的宏大规模相比，发生于北美的1812年战争充其量只能算作小插曲。不过，在步枪战术的发展史上，这场常被遗忘的战争却同样重要，甚至可能更胜一筹。英国侵略军（至少包括1个来复枪营）不仅遭遇了装备私人来复猎枪的美国民兵和神枪手，还需面对装备了军用M1803步枪（来复枪）的正规步兵。

这场战争的惨败使英军学到了重要一课，那就是，让指挥官暴露在来复枪射程之内，无异于请他们吃枪子儿。在这场相对短暂的战争

军官或炮兵群是神枪手们的首选目标。

中，英军的伤亡人员包括许多高级军官，如少将艾萨克·布洛克（Isaac Brock）爵士和罗伯特·罗斯（Robert Ross）少将，二人均是出类拔萃的军人，但遗憾的是，他们因袭了英军军官身先士卒的传统。在1815年1月8日的新奥尔良战役中，7000名英国红衣军对阵4000名美军(其中半数是枪法娴熟的来复枪手)，结果英军大败，伤亡名单包括：战役总指挥、中将爱德华·帕肯汉（Edward Pakenham）爵士，少将塞缪

尔·吉布斯（Samuel Gibbs）爵士和约翰·基恩（John Keane）爵士，帕特森（Patterson）上校和戴尔（Dale）上校，伦尼（Rennie）、戴比格（Debbieg）、琼斯（Jones）、方斯（Faunce）和布鲁克（Brooke）中校，甚至级别较低的军官也没能幸免——美军的来复枪首先击倒了约翰·惠特克（John Whittaker）少校，他被美军肯塔基来复枪分遣队指挥官阿代尔（Adair）上校指定为射杀目标。在这一战例中，一句“瞄准戴肩章

新奥尔良战役中，帕肯汉阵亡。此画由 F. O. C. 达利（Darley）绘于 1860 年左右。在新奥尔良战役中，枪法娴熟的美军来复枪手让英军死伤惨重，他们先是冷静地干掉容易辨认的军官，其中包括威灵顿公爵的连襟——英军总指挥、中将爱德华·帕肯汉爵士，然后才把精准的火力转向那些级别较低的军官。（图片来源：美国国会图书馆）

军官的行头包括护喉颈甲（图中不可见）、金色吊穗肩章和独特的军帽。在 1812 年战争中，美军神枪手借助它们识别目标。（约翰·诺里斯供图）

和护喉[26]者”的建议，让美军神枪手们有的放矢，因为英军军官花哨的军衔标志很好辨认。

以军官为特定目标显然是个相当奏效的战略，最终被纳入“正当”（legitimate）战术之列，就连那些饱受其苦的英法军官也开始使用它。与“时灵时不灵”的滑膛枪相比，拥有可调式瞄具的来复武器可以精确瞄准，这是一种愈发不容忽视的优势。同样重要的，还有观念的转变——军队开始意识到，士兵需要接受相应训练，掌握一手好枪法，并学会甄别目标，从而获得最大的战术潜力。如果一名来复枪手射术精准，那么他就能选择最有利的打击目标，令敌方折损重要军官，破坏敌军的协调力和凝聚力，最终使之战败——这便是英军从新奥尔良战役中得到的教训。

在拿破仑战争和1812年战争之后，毋庸置疑的是，战争的本质已经发生变化，滑膛枪正逐渐退出历史舞台，为了赢得优势，所有部队都将换装来复枪，并通过训练达到良好的射击水平。

注释

[1] 来复枪（rifle），又译为“线膛枪”，前者为音译，后者为意译；另外也可笼统译为“步枪”。在日常生活中，来复枪常被用于指代开一枪拉一下的泵动式霰弹枪（属于滑膛枪），这实际上是一种误称。准确地说，来复枪指的是枪管内具有膛线（rifling）的步枪。下文中，在滑膛枪仍未淡出历史舞台的语境里，“rifle”一词基本译为“来复枪”，原因有二：首先，是为了统一起见——一些英美部队的中文译名中沿袭了“来复枪”的译法，并已约定俗成；其次，与译为“步枪”相比，采用“来复枪”的译法可突出其与滑膛枪的区别（尤其是在18、19世纪）。

[2] 此处的“Tower”指伦敦塔（Tower of London）。伦敦塔其实是座城堡，曾作为

英国皇家宫殿、军械库、堡垒、国库、铸币厂、宫殿、天文台、避难所和监狱使用。

[3] Georgius Rex 的缩写，指当时在位的英王乔治三世。

[4] 布衣弹（patched ball），详见本章后文。

[5] 前装枪（muzzleloader），又名前膛枪，指弹药由枪口装入，也是一种滑膛枪。后装枪（breechloader）的弹药则由后膛装入。

[6] 鹬鸟（snipe），行动灵活迅捷的水滨鸟类。

[7] 东盎格利亚（East Anglia），盎格鲁人在5世纪末叶建立的盎格鲁–撒克逊王国，它的领土范围大体相当于如今英国的诺福克郡和萨福克郡。

[8] 第二届大陆会议（Second Congress）。大陆会议是1774年至1789年间英属北美13个殖民地以及后来美利坚合众国的立法机构，共举行了两届。

[9] 汤普森来复枪营（Thompson's Rifle Battalion）建立之初仅辖9个连（1775年）。

[10] 汤普森来复枪营为该部队历史称谓，后于1776年更名为宾夕法尼亚第1团（1st Pennsylvania Regiment）。

[11] 所谓归零校正或归零（zero），是指根据预定距离（归零距离 [zero distance]）对步枪的瞄具进行调整，使在该距离上发射的子弹能准确命中目标。一旦在某一距离归零完毕，只要按照枪械瞄具上的刻度略做调整，便会让其他距离下的射击也能够命中目标。

[12] 照门（rear sight），枪械后瞄准具，与准星相互构成瞄准基线，用以瞄准。常见的照门类型包括缺口式照门（可与表尺结合）和觇孔式照门。

[13] 1812年战争（War of 1812），又称第二次独立战争，指1812至1815年美英两国间发生的战争。

[14] 后世对塔尔顿的评价不一，不少美国学者指责他手段残忍，如1780年在“沃克斯华屠杀”中被指大肆屠杀愿意投降的革命军，因而在后世取得“血腥塔尔顿”（Bloody Tarleton）及“卡罗莱纳屠夫”（The Butcher of the Carolinas）等负面称号。

[15] 耶格，德语词“Jäger”的音译，意为“猎人”，军事语境中可理解为猎兵。最

早的耶格猎兵部队出现于 1631 年，由当时的黑林–卡塞尔伯爵威廉五世组建。相似的还有法国的沙瑟尔猎兵（Chasseurs）、葡萄牙的卡萨多尔猎兵（Caçadores）和意大利的卡恰托里猎兵（Cacciatori）等。

[16] SKG3 的全称为“Society of King George the Third”（乔治三世国王学会）。

[17] 需求乃发明之母（Necessity is the mother of invention），英国谚语。

[18] 伍利奇兵工厂（Woolwich Arsenal），即英国皇家兵工厂。英国著名足球俱乐部阿森纳（Arsenal FC），就是这家兵工厂的工人们在 1886 年成立的。

[19] 原文为将军（general）。库特–曼宁汉的确切军阶为副官长（adjutant-general），名字中的连字符亦遵循原文，若原文无误，则有可能是复姓，即“库特”和“曼宁汉”分别来自此人父母的姓氏。

[20] 原文为俯卧姿（prone position），疑有误。另一说为仰卧姿（supine position），本书下文中有普伦基特射击姿势的图示和说明文字，与此说相符。

[21] 巴尔巴・德尔・普埃尔科（Barba Del Puerco），西班牙地名。

[22] “沃提谢”（Voltigeur）散兵，即法国散兵，作用与英军中的散兵（skirmisher）类似。“Voltigeur”意为“跳跃者”，源于该部队创立之初被训练为能跃上骑兵所骑的马背后方，以便更快地进入战场。

[23] 拿破仑时代（Napoleonic period/era），指从拿破仑・波拿巴取得政权到他失败的这段历史时期（1799—1815）。

[24] 准确射程（accuracy range），指枪支能准确射中目标的射程。

[25] 耶格猎兵（Jäger），即德国（以及瑞士、奥地利等国的）猎兵；沙瑟尔猎兵（Chasseur），即法国猎兵，“Chasseur”在法语中指猎人；卡萨多尔猎兵（Caçador），即葡萄牙猎兵，“Caçador”在葡萄牙语中指猎人；提海耶散兵（Tirailleur），指在法国和意大利各地招募的散兵；沃提谢散兵（Voltigeur），即法国散兵。

[26] 护喉（gorget）曾是中世纪板甲中的护喉部分，18 世纪以后逐渐成为饰物，尤其是军装上象征身份的配饰。

P53 恩菲尔德步枪[1]具有规制统一的可调式瞄具。

第二章

19世纪初—19世纪末：发展与覆辙

拿破仑战争结束后，欧洲步入了30年以上的相对和平期。不过，轻武器的发展却加快了步伐。事实上，从1830年到1890年间，弹仓或弹匣[2]供弹的栓动式来复枪逐渐取代了燧发式滑膛枪，成为欧洲士兵的主流制式武器。在英国，这类步枪成为英军的主要单兵装备，直至朝鲜战争及20世纪50年代中期。

新技术推动发展

这些重要变化并无固定的发展模式可循。实际上，它们之所以会

恩菲尔德步枪（复制品）上的撞击式枪机，火嘴（nipple）上扣有一枚撞击式雷帽。

出现，主要归功于一个个彼此无关的人，正是由于他们尽心解决当时枪械存在的特定问题，才推动了枪械的进步。很多时候，这些进步源于射击运动，源于那些想对猎物占据更多优势的射手们。撞击式雷帽（percussion cap）的出现便是一例，它最初由一名野禽猎手发明——因为燧发式枪机击发时会产生火花和爆闪，使鸟儿有足够的预警时间在子弹命中前飞走。撞击式装置解决了这个问题，还连带解决了其他几个问题。其原理在于，用一枚简单的金属小圆帽取代复杂而不可靠的燧发装置，后者由燧石、L 形火镰（击砧）、引火盘和裸露的引火药组成。

撞击式雷帽是个金属小圆柱，一端封闭，内底覆有雷酸汞和氯酸钾涂层。发射前，先将雷帽套在与枪管后膛相通的中空金属火嘴上，当击铁撞击雷帽时，会引爆雷帽中的化学涂层，从而引燃后膛中的火药。这种装置受天气影响小，因此可靠性高，发射过程中也不再有大量火花或爆燃闪光，因而缩短了从扣下扳机到子弹出膛的时间，提升了射击精度。

早在 1818 年时，这种装置的优势便已十分明显，当时，英法两国均有同类私人专利问世，相互竞争。1830 年，法国军方开始进行相关试验，一向守旧的英国军事当局也于 1834 年跟进，开始了旷日持久的测试，并最终接受了此类装置。1842 年，英军装备了采用撞击式枪机的滑膛枪（P42 步枪），到 19 世纪中叶，撞击式雷帽装置已在当时的多数现代化部队中大行其道。

众所周知，与滑膛枪相比，来复枪具有种种显著优势，但在装弹和维护上仍较为不便——换言之，来复枪的使用者需要花费更多功夫。有鉴于此，英国陆军高层认为，制式步兵武器需要在性能上有所提升。

撞击式枪机

无论一件燧发装置有多么精良，为使其运转良好，悉心的保养总是少不了的。燧石必须定期更换，引火盘中的火药必须保持干燥，此外，后膛中的点火孔也必须保持清洁——否则便可能出现“空闪火光”（flash in the pan）的状况，意即引火药顺利点燃，但却没能引燃后膛中的主火药。

相形之下，撞击式枪械需要操心的部件就没有这么多了，不论是在防风雨性上，还是在操作维护的简便性上，它都大大优于燧发枪。撞击式枪机包含了击铁，一次性铜制小雷帽（内有易爆化学涂层），以及用于扣放雷帽的中空金属火嘴。扣下扳机后，击铁撞向雷帽，令其内部的化学涂层受压爆炸，产生的火焰穿过中空火嘴，引燃后膛中的火药，完成发射。火嘴可以拆卸，以便清理后膛处的点火孔。每当弹药装填完毕后，枪手都会在射击前更换火嘴上的撞击式雷帽。

撞击式枪机的设计原理诞生于1805年左右，发明者是名神职人员，人称亚历山大·福赛斯牧师大人（Reverend

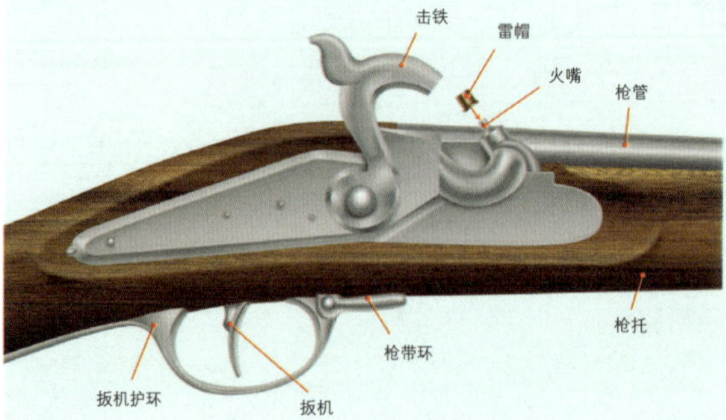

与燧发式枪机相比，撞击式枪机是个重大飞跃。当击铁撞击雷帽时，会引爆其内部的化学涂层，产生的火焰经中空火嘴进入后膛，点燃主火药。

Alexander Forsyth）。他热衷于猎取野禽，还是位高明的科学家。福赛斯的研究对象是一种氯酸钾和雷酸汞的混合物，最初由一名法国化学家贝托莱（Berthollet）发明。利用这种不稳定的混合炸药，福赛斯成功地制得了一种实用的起爆或引火药，特点是受击即燃。福赛斯的发明初衷在于，隐藏燧发猎枪击发时的爆燃闪光和烟雾，从而不惊飞野鸭和大雁。不过，这一发明对于军用枪械的伟大意义也逐渐彰显，福赛斯也因此接受委任，为军方改进自己的发明。不巧的是，英国政府的军械总监（Master of Ordnance）一职发生了人事变动，新上任的查塔姆勋爵[3]在撞击式枪机上看不到任何前景，将福赛斯打发回府。

法国人则不然，他们依旧看好撞击式枪机。为了得到福赛斯的发明，拿破仑开出了2万英镑的价码，这在当时可谓是笔不小的财富[4]。不过，英国陆军很幸运，因为福赛斯拒绝了法方报价，继续独立研究，并在1807年获得了“香水瓶”（scent-bottle）枪机的专利——“香水瓶”得名于携带引火药的小容器。这个发明行之有效，很快在猎枪上流行起来，但依然存在一些问题。

直到1814年，一名旅居美国的英国人约书亚·肖（Joshua Shaw）发明了撞击式金属雷帽后，撞击式枪机才步入了军用领域。短短6年时间内，撞击式雷帽就已被约瑟夫·曼顿（Joseph Manton）和约瑟夫·埃格（Joseph Egg）等几位英国枪匠用在了猎枪和其他民用武器上。即便如此，英国陆军仍迟迟未用撞击式枪机取代燧发枪机，直至1838年。

大约在同一时期，撞击式枪机逐渐流行开来，数名枪匠和发明家都在各自钻研，设法增加来复枪的射程，简化装弹过程，或提升装弹速度。问题在于，为了获得最佳的射程和射击精度，弹丸就必须紧密嵌合枪膛，以便在发射中咬合膛线获得旋转。但是，嵌合松散的弹丸装填起来更加简便快速。布衣弹固然能提升射击精度，但装填缓慢，而且需要掌握一定技巧方能有效使用。

人们试验了许多方法，包括采用棱纹弹（ribbed bullet）和凸圈弹（belted ball），其中后者曾用于布伦瑞克步枪，此枪的双槽膛线与子弹上的环形“凸圈”（belt）互相嵌合。虽然英国陆军和海军都装备了少量布伦瑞克步枪，但此枪较沉，而且在实战中不太可靠，因为子弹的“凸圈”必须完好无损才能嵌合得当。此枪招致了英国军人的普遍反感，被视为最差的列装武器之一。

解决问题的关键在于找到一种方法——先将嵌合松散的子弹填入枪管，然后设法使之在后膛膨胀，从而在发射时紧贴膛壁出膛。内圈式后膛（ringed breech）和顶柱式后膛（pillared breech）便是早期的两种解

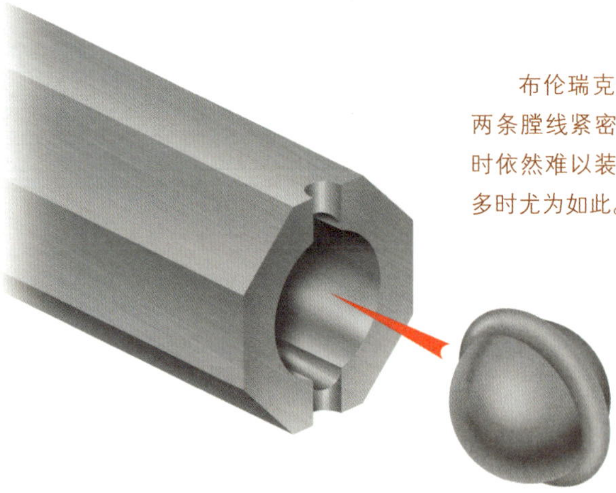

布伦瑞克步枪采用的是凸圈弹，与两条膛线紧密嵌合。不过，这种子弹有时依然难以装填，当枪管中火药烬渣过多时尤为如此。

决方案，各有拥趸。内圈式后膛的原理是：把嵌合松散的铅弹丢进枪管，然后用推弹杆重重杵压子弹，使质地较软的铅弹磕在较窄的内圈（ring）或膛肩（shoulder）面上，受压延展，与枪膛啮合。顶柱式后膛的原理也很类似，不同之处在于，一根中心钢柱取代了内圈，作为铅弹受杵延展的砧台。这两种后膛装置都需要配合填弹槌（mallet）和重型推弹杆使用，不过，铅弹在杵压过程中时常变形，于射击精度无益。尽管如此，采用此类后膛的步枪仍留下了一个著名故事，这个故事与德尔维涅步枪（Delvigne Rifle）有关——由于此枪后膛末端的药室比枪膛窄，药室边缘便多出了一圈膛肩，用于托住铅弹，使其在推弹杆的杵压下延展开来，与膛线紧紧嵌合。在阿尔及利亚战争（1830—1848）中，奥尔良公爵（Duke of Orleans）麾下的法国沙瑟尔猎兵就装备了这种步枪。当时，一名阿拉伯人（也有目击者称他是名谢赫[5]）在远处对法军冷嘲热讽、指手画脚。他明显的冒犯言行惹恼了奥尔良公爵，一怒之下，公爵悬赏神枪手干掉此人。一名沙瑟尔猎兵接受了这个挑战，干脆利落地击毙了那名倒霉的阿拉伯人……这一枪的射距据说超过了600码（549米）。无论以何种标准评判，这都是厉害的一枪，更何况，此枪的子弹在开火时可能已经变形。

尽管此类方案有的成功投产，但无一能得到真正的认可，在自膨式子弹出现后，上述方案便淘汰了。虽然英吉利海峡两岸的枪匠们提出了相似的方案，但最终赢得国际认可的，乃是法国军官克劳德-埃蒂安·米涅（Claude-Etienne Minié）上尉发明于1847年的自膨式子弹，这种子弹也因而得名米涅弹（Minié ball）。米涅弹最初是种中空一体的圆柱形铅弹，弹身外有3圈凹槽，槽内填有润滑脂，弹头为圆锥形，弹底嵌有杯状铁塞。米涅弹的弹径略小于枪膛口径，不仅易于装填，也能将推弹杆的使用次数降到最低。步枪开火时，杯状铁塞会撑开中空的弹体，使铅弹膨胀开来，与膛线紧密嵌合。在后来的一些弹型中，小木塞取代了杯状铁塞，但效果还是一样的。在克里米亚战争[6]（1853—1856）中，英法两军均使用了米涅弹，但英军此时用的是梅特福德-普里查德子弹（Metford-Pritchard bullet），结构更为简单，没有单独的杯状铁塞或木塞，仅靠凹陷的内底就能膨胀。涂有润滑脂的弹身凹槽不仅使装填更为顺畅，还能形成气封，并能以最小的摩擦在发射时稳稳嵌合膛线。

米涅弹——射程更远、精度更高

在远程射击的发展史上，米涅弹丸或弹头（有时也称米尼弹 [Minny]）的重要性再怎么高估也不为过。米涅弹的设计理念最初来自英国步兵军官诺顿（Norton）上尉，但此说尚有争议，不过可以确定的是，这种锥形弹头、柱形弹身的自膨式子弹，后来由克劳德-埃蒂安·米涅上尉进行了完善。米涅上尉是万森讷（Vincennes）法国陆军学校的一名教员，除米涅弹外，他还发明了米涅步枪（Minié Rifle）。这种步枪为法军所采纳，过了不久，英军也装备了这种步枪。

米涅弹是次口径（sub-caliber）弹，弹径略小于枪膛口径，易于装填。当枪支开火时，推动子弹出膛的火药燃气又会撑开中空的铅制软底，使子弹外缘紧贴膛线。于是，子弹便能充分旋转，在出膛后更稳定，飞得更远，穿透力更强。关键的是，若能正确装填纸药筒中的米涅弹及定量火药，再辅以点火更为迅速可靠的撞击式枪机，米涅弹的飞行轨迹便会十分稳定，易于预测。射击精度说到底全在于可重复性（repeatability），意即对任何既定距离上的弹着点都能反复预测，这对远程射击或精准射击（precision shooting）而言尤为重要。

在测试中，发射.702米涅弹的英国版米涅步枪——P51步枪，能在500码（457米）内保持不错的射击精度，甚至还在7枪内命中了900码（823米）远的一个目标（6英尺×3英尺[1.8米×0.9米]）。就当时而言，这种射击精度相当惊人。据说，在1846—1852年期间的卡菲尔战争[7]中，训练有素的来复枪手可将齐射火力延伸至近1200码（1097米）远，迫使土著战士撤退。

此后，又出现了性能优越得多的P53步枪，它用的是小一号的.577米涅弹。使用这种步枪，一名射击能手可在1000码（914米）远处命中8平方英尺（0.7平方米）大的目标，而且每两枪至少命中一次。因此，与发射裸弹的滑膛枪相比，这种步枪在理论上可将步兵的准确射程增加到前者的10倍。

铅制米涅弹（左）的凹槽内涂有动物油脂制作的润滑脂，其右是作为对比的棕贝丝滑膛枪弹。

恩菲尔德P1853来复枪（简称P53）

P53步枪采用撞击式枪机，口径为.577英寸，属于前装式来复枪，在克里米亚战争中首度亮相。从1853年到1867年，P53的身影遍及整个大英帝国；在美国内战期间，南北双方均装备了此枪。它重约8.8磅（3.99千克），全长55英寸（139.7厘米），3条浅槽膛线的缠率[8]为1∶78，即膛线旋转一周经过的距离为78英寸（198.1厘米）。P53的枪管由3圈金属箍（band）固定在胡桃木枪托上，后来常见的所谓“三箍”（three band）型步枪便源自于此。P53的卡宾枪型要短些，枪管长33英寸（83.8厘米），步枪全长49英寸（124.5厘米），常被称为“双箍”型步枪。卡宾枪型的枪机经过改良，枪膛内有5条缠率为1∶48的膛线，这种膛线是对原始膛线的改进，后来与1853年投入应用的渐进式膛线（膛线宽度从后膛处的0.13英寸逐渐过渡到枪口处的0.005英寸）相结合，推广到了所有恩菲尔德步枪上。每种枪型均配有四种可调式照门中的一种，射程刻度范围从100码（91米）至900码乃至更高（取决于枪型）。就实际射程而言，普通士兵能够以站姿击中约150码（137米）远的人体大小的标靶，若从有依托物（supported）的射击点处射击，射程还可能翻倍。对技术娴熟的射手而言，这两项数字还能各涨至少100码。

P53步枪采用润滑过的纸药筒，内含重2.5打兰（68格令）[9]的黑火药，以及一颗改良后的米涅型子弹，弹重535格令（34.7克）。在这一弹药量下，子弹的出膛速度可达850—900英尺/秒（259—274米/秒）。一名合格的士兵每分钟能

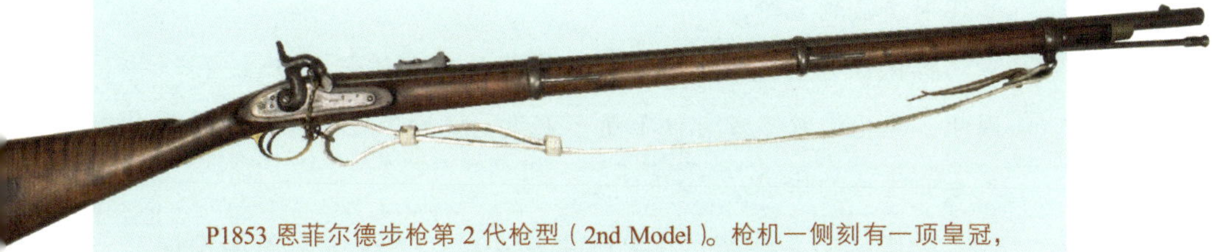

P1853 恩菲尔德步枪第 2 代枪型（2nd Model）。枪机一侧刻有一项皇冠，下有“V+R”字样[10]，另一侧刻有 1856。枪机上印有军用标志，枪管上可见法国和英国的验讫印记，包括制造商的“F*P”椭圆标志。照门座的刻度以 100 码（91 米）为间隔逐级递增至 400 码，而梯式表尺上的最大刻度为 1000 码。这一特别枪型是由法国圣埃蒂安兵工厂（St. Etienne Arsenal）根据合同制造的。（图片来源：澳大利亚战争纪念馆，编号 REL–04837）

P1853 恩菲尔德步枪所用的纸药筒和药筒包。（格雷厄姆·莱 [Graham Lay] 供图）

装弹射击 2 到 3 轮。

机械设备的发展，意味着 P53 步枪可以进行大批量生产。因此，步枪的许多零部件都易于更换，减少了在维修和替换上对专业枪匠的依赖。

事实证明，恩菲尔德 P53 步枪及其衍生枪型是同类步枪中的佼佼者。它们是英军装备的最后一批前装枪，直到 1865 年才被 P53 的后装式枪型——施耐德步枪（Snider）所取代。

P53 步枪还成为了印度反英暴动（Indian Mutiny）的主要导火索之一。这场暴动发生于 1857 年到 1858 年，又称印度兵变（Sepoy Rebellion）。当时，在东印度公司服役的印度本土士兵（西帕依 [sepoy]）中传言，随新式恩菲尔德步枪一同下发的纸药筒，采用了猪油或牛油（牛被印度教徒视为圣物）作为润滑脂。而这些纸药筒用前必须先咬开，才能倒出里面的火药。一想到要用他们的嘴去沾染猪油或牛油，这些印度士兵就十分憎恶。这一导火索，连同其他社会和政治问题，成为了刺激印度本土部队哗变的动因。如今，这场暴动以及随后的残酷镇压，已成为大英帝国历史上最血腥的章节之一。

米涅弹和火药一同裹于纸药筒内，装填方式与旧式滑膛枪弹的纸药筒颇为相似。区别在于，此时士兵装填的已是来复枪，而非滑膛枪。来复枪的射击精度要高得多，射程也更远。此外，撞击式枪机的运用，也使来复枪的装弹更为简便安全，用起来一般也更加快捷高效。

为了更好地发挥米涅弹的作用，米涅上尉还研制了米涅步枪。事实证明，这种步枪十分成功，能在至少 500 码（457 米）的距离内准确射击。1846 年，法军为祖阿夫[11]轻步兵和沙瑟尔猎兵神枪手装备了米涅步枪，这些部队在北非的法国殖民运动中有所建树，在与当地部族武装的对战中，压制了对方手工长管来复枪的远程火力。

英军也装备了 P51 米涅式步枪，于 1852 年开始配发部队，恰好赶上了 1 年后爆发的克里米亚战争（不过，许多英军部队当时装备的仍是 P42 撞击式枪机滑膛枪）。虽然 P51 步枪重约 10 磅（4.5 千克），具有 .703 英寸的大口径，但显而易见的是，这种使用米涅弹的新型来复枪远比滑膛枪出彩。到克里米亚战争结束时，以来复枪作为步兵的主要武器已是大势所趋。

P51 步枪很快被恩菲尔德 P53 撞击式枪机来复枪所取代，后者轻了近 1 磅，使用更小的 .577 制式口径和梅特福德–普里查德子弹。这种搭

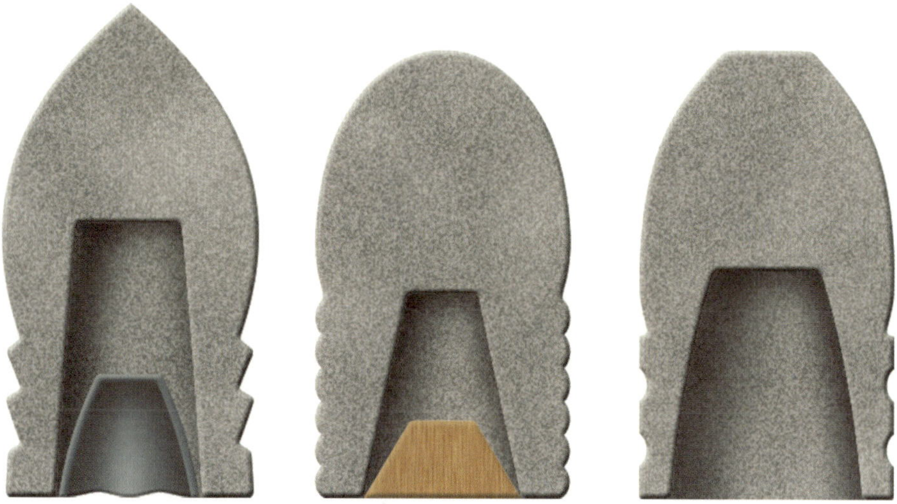

从左到右的截面图分别为：最初以杯状铁塞作为扩弹楔的铅制米涅弹；早期的英式米涅弹，底部带有木塞扩弹楔；后期的米涅弹，内底的膨胀空间更大，弹壁更薄。

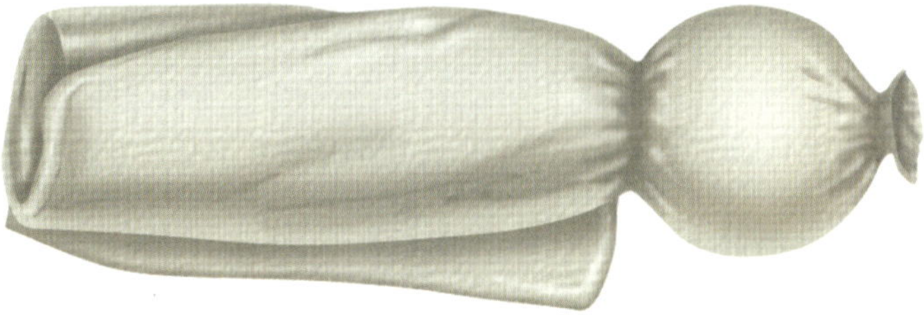

用于装填来复枪的典型纸药筒，内有火药和米涅弹。

恩菲尔德步枪的纸药筒弹药包。（格雷厄姆·莱供图）

配使一些难题得以解决，P53 因而成为同类枪型中的佼佼者。P53 步枪装弹简易、射击准确、性能可靠、维护便利，在士兵中赢得了很好的口碑，很快推广到了整个大英帝国，并在美国内战中得到南北双方的使用。到 19 世纪 50 年代中期，所有军事大国都装备了类似的雷帽式来复武器。

如此一来，只要加以训练，装备这种武器的普通士兵也能成为射击能手。P53 步枪装有可调式瞄具，因此枪手不必再根据目标距离和风力偏移（如今分别称为“距离补偿”[hold over] 和“肯塔基风偏”[Kentucky windage]）对枪支姿态进行判断和调整；他们仅需调整瞄具，精确瞄准目标。普通士兵的装备从未如此优越过；如果使用旧式滑膛枪，他们顶多只能打中 100 码（91 米）远的敌人，而且还得看运气，但如今，只要熟悉武器并加以练习，任何普通士兵都可能用来复枪击中 250 码（229 米）远的人体大小的目标，而技术娴熟的射手则能击中 2 倍远的目标。

然而奇怪的是，虽然步枪的有效射程已经翻倍，士兵的单兵能力也今非昔比，但步兵战术依然没什么变化，与拿破仑时代乃至更早时期大致相同。

来复枪的胜利

在克里米亚战争以及美国内战的大部分时期中，双方部队仍然以并肩而立的集群队列在开阔地中迎面对峙，然而，他们的制式武器已能击中 500 码（457 米）开外的敌人。步兵们自然需要全盘重新训练，因为在从前，他们所要做的只是把滑膛枪大致对准敌人方向，然后集火齐射，指望这样能对敌人造成重大伤亡，削弱反击火力。而现在，倘若他们接受了正确的训练，便能瞄准得法，取得不错的命中率。尽管如此，大多数时候，他们仍是按部就班地听从口令齐射。

稳定的药量和米涅弹，加上击发更快的撞击式枪机，以及可调式瞄具——对步枪手而言，只要他们能准确判定射距，便有可能以齐射重创前进中的敌军步兵线列。为了达到这个目的，关键之处在于教会士兵如何判定距离，对步枪瞄具做出相应调整，而非依靠军士或其他经验丰富的老手高喊口令。如果条件允许，有时在战斗开始前，部队会在阵前每隔 100 码（91 米）处布设一段木桩或石块，作为距离标记，辅助判定距离。

尽管新型来复枪的射程有了大幅提升，但在美国内战期间，各场战斗仍旧是以集群队列的方式展开的。（罗伊·戴恩斯供图，见本图和前一跨页图）

雅各布步枪

约翰·雅各布（John Jakob）是名在印度服役的英军准将，他发明了一种极不寻常的步枪，专为远程射击而设，且子弹击中目标时会爆炸——这是“反器材”（anti-material）子弹的雏形。雅各布之所以采用这种子弹，是为了引爆敌军炮兵的弹药车（贮有黑火药），从而实现以一发子弹消灭整个敌军炮兵阵地的可能。

雅各布步枪是种撞击式双管武器，口径为.53英寸，瞄具上的最大射程刻度达2000码（1829米）。枪弹也很不寻常——弹体上有4片起到稳定作用的“鳍片”（fin），与膛线嵌合，弹尖装有炸药。若子弹没能击中目标，便会在弹着点处发生小爆炸，便于射手进行调整，直至子弹命中目标——一旦命中，便可能造成巨大的破坏。此枪的另一古怪之处在于，其刺刀之长大概是前所未有的。

这种步枪的作用在克里米亚战争中得到了发挥。当时，英国军官马尔科姆·格林（Malcolm Green）从印度回国，中途停留于塞瓦斯托波尔（Sebastopol），看望自家兄弟。他随身带了把雅各布步枪，并用它攻击了一个俄国炮兵阵地，后者正对英军的法国盟友制造麻烦。没有任何记录显示格林对敌人造成了重创，但他的确迫使那群俄国人撤下了火炮。

雅各布步枪的古怪设计，以及爆炸弹头对人体造成的可怕伤害，使这种步枪足以在军事史上占有一席之地。

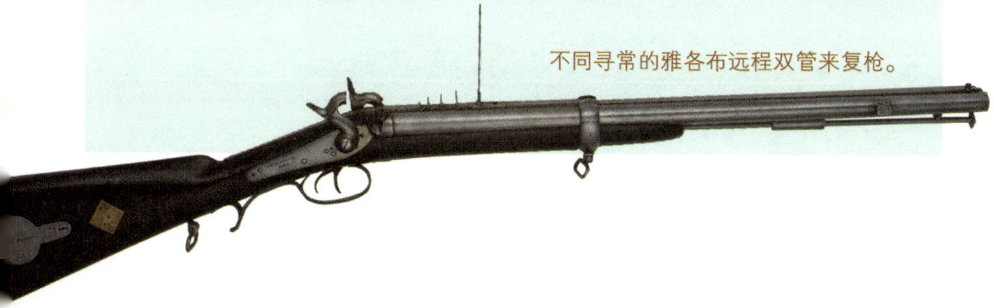

不同寻常的雅各布远程双管来复枪。

英国改用来复枪作为制式军用武器的举措，不仅使志愿兵来复枪部队获益良多，还促进了竞技射击运动的开展，最重要的是，普通士兵也因此得到了更好的射术指导。1853 年，为了向陆军各团输送射击教官（那些来复枪部队已有自己的训练基地），当时的英国陆军总司令哈丁（Hardinge）勋爵创立了英国陆军射击学校（British Army School of Musketry），地点位于英格兰南部肯特郡的海斯（Hythe）。海斯的沙滩延绵不绝，构成了射击训练的理想场地。射手能在这里学到许多重要的新技能，如多种射姿（不只有站姿和跪姿）和远程射击（达 900 码 [823 米]）技能，但这些只是其中的一部分。此时，英军上下都已接受了“选择性瞄准”的理念，它已不再是专业神枪队的专属。因此，纳入专门教学内容的，还包括如何选择最具战略价值的目标，如军官和炮兵。这或许是正规狙击训练的先导。

从海斯走出的教官，将一身技能传授给了英军普通士兵，而后者

位于英格兰肯特郡海斯的射击学校。

也将很快迎来实战检验，在克里米亚战争（1854—1856）中对阵俄罗斯帝国陆军（Imperial Russian Army）。此时，英国陆军已全员装备来复枪，并接受了相应训练，将远程轻武器作战能力提升到了史无前例的高度。一名英军普通步枪手能在400码远处击中一人大小的目标，对仍以滑膛枪为主要装备的俄军形成了巨大优势。此外，普通士兵跃升为专业神枪手的机会也大幅上升，因为技术娴熟的射击能手已比从前多得多。为此，每个营会遴选10名顶尖射手，组成神枪手小队，目标直指俄军炮兵。由于许多炮兵依旧装备滑膛枪，在射程上往往逊色于来复枪，因此，用轻武器来“沉默火炮”再合适不过。在塞瓦斯托波尔，有不计其数的俄军炮兵倒在英军来复枪手的枪下。对此，俄国军官弗朗茨·托特列宾（Franz Totleben）伯爵感叹道：“敌方的线膛轻武器比火炮更能撼动我方炮兵，大部分人非死即伤。”他的后半句话体现了米涅弹击中人体后的可怕效果。这些旋转出膛的大号子弹能制造可怕的高冲击伤口，一旦击中四肢，结果便往往是肢折骨碎，有时，碎裂的弹片还可能加重伤情。伤者常常需要进行战地截肢——比起因失血过多或伤口感染而死，这还算是个可以接受的选择。

克里米亚战争中，远程射击的战绩得到了完善记录，这主要得益于通信的进步推动了新闻媒体的发展。要论当时最有名的英国射手，冷溪卫队（Coldstream Guards）的G. L. 古德莱克（Goodlake）上尉当属其一。在塞瓦斯托波尔，他率领手下30名神枪手打退了500名俄国海军陆战队员的进攻，成为了维多利亚十字勋章的首批获得者之一。在塞瓦斯托波尔围城战中，英军神枪手还被部署在前沿阵地，保护坑道工兵，让敌人无法露头。正是这些无名射手中的一员，趁俄军指挥官帕维尔·纳希莫夫（Pavel Nakhimov）上将视察城防之际，寻机将其击毙。

克里米亚战争中最高产的射手，大约是第1来复枪旅[12]的亨利·特赖恩（Henry Tryon）中尉。本次战争期间，他一共击毙了100

在美国内战时期，身着鲜艳军装的部队容易成为活靶子，如“祖阿夫”义勇兵。（罗伊·戴恩斯供图）

余名俄军，光是在因克尔曼（Inkerman）的一天中就射杀了30人。1854年11月20日，他的战绩止步于塞瓦斯托波尔——在随队突袭俄军射击掩体时，一颗子弹夺去了他的生命，但他的战友成功拿下了射击掩体。克里米亚战争中，第1来复枪旅的射手们获得了8枚维多利亚十字勋章，超过了其他任何一个团。

双人战术

从拿破仑时代到克里米亚战争时期，英军轻步兵的常规散兵战术之一，是以2人为1组，各组从右到左散开成线，彼此相距12步左右。迎敌时，二人组中的1人先行开火，然后让到一边重新装弹，另1人再上前开火。散兵线前进时，这一战术周而复始，每人轮流开火、装弹；而当散兵线撤退时，战术也基本相同——每人在后撤中轮流射击，掩护重新装弹的同伴。一些法国散兵部队也采用了相似的战术，只不过是以4人为一组。

在克里米亚，这种双人战术明显也推广到了静态射击中，不过角色改为了1人观瞄目标，另1人瞄准射击。经验丰富的步枪专家D. 戴维森（Davidson）中校回忆道，他曾在塞瓦斯托波尔城外见过2名战士运用这一战术；其中1人俯卧于地，做好射击准备，另1人则用望远镜锁定敌军炮兵的行踪，指引搭档找到他们。虽然这种战术当时还不在海斯射击学校的教学范围之内，但它无疑是未来战术的雏形，将在下个世纪成为狙击训练的标配。受这一经历启发，戴维森中校着手研制了一种专门安在步枪上的望远式瞄准镜。

到了正面交锋中，以滑膛枪为主要装备的俄军步兵才发现，英军和法军步枪手的武器已遥遥领先。当俄军以密集队形前进时，他们遭受了大量伤亡，而在以往，这个距离上的轻武器火力是够不着他们的。

虽然在克里米亚战争中，仍有一些战斗是以传统的“拿破仑”线列进行的，但士兵们很快学会了如何避免使自己沦为射击目标。此时，除了散兵外，普通士兵也更善于寻找隐蔽，压低身姿，抓住一切机会从隐蔽处开火。虽然一战中的固定式堑壕线还未出现，但射击掩体、多面堡(redoubt)、炮眼和其他可快速搭建的阵地工事，已屡见不鲜。

俄军中其实也有一些专业来复枪队，他们多数时候扮演着传统来复枪手的角色——散兵和神枪手。这些部队取得了一些战绩，但比起装备了新式武器的对手，他们沉重的大口径武器业已过时，射程也逊色不少。面对英法两军强大的远程来复枪火力，俄军劣势明显。

美国南北战争：神枪手的新传奇

克里米亚战争有力地宣告了神枪手统治地位的终结。在克里米亚战争中，军事战术的教训和轻武器技术的发展皆彰彰在人耳目。新闻报道把战事消息传向世界，许多曾经参战的欧洲士兵在战后远赴美国，追寻新生活。然而，仅仅过了不到10年，当美国内战拉开序幕时，种种教训似乎又被遗忘。南北双方此时均已装备撞击式步枪，但他们遵循的依旧是拿破仑时代的战法，以密集阵列向对方行进，一些部队甚至还穿着色彩鲜艳、华而不实的欧洲殖民地部队军服，如“祖阿夫”义勇兵。

据报道，在第一次奔牛河（马纳萨斯）战役中，一些国会议员、达官显贵和普通市民衣着华丽地莅临战场，一睹战事盛况……他们无疑被眼前的场面惊呆了，因为这场战役的伤亡达3500多人。在双方军队都

一把春田步枪 [13] 复制品的撞击式枪机。

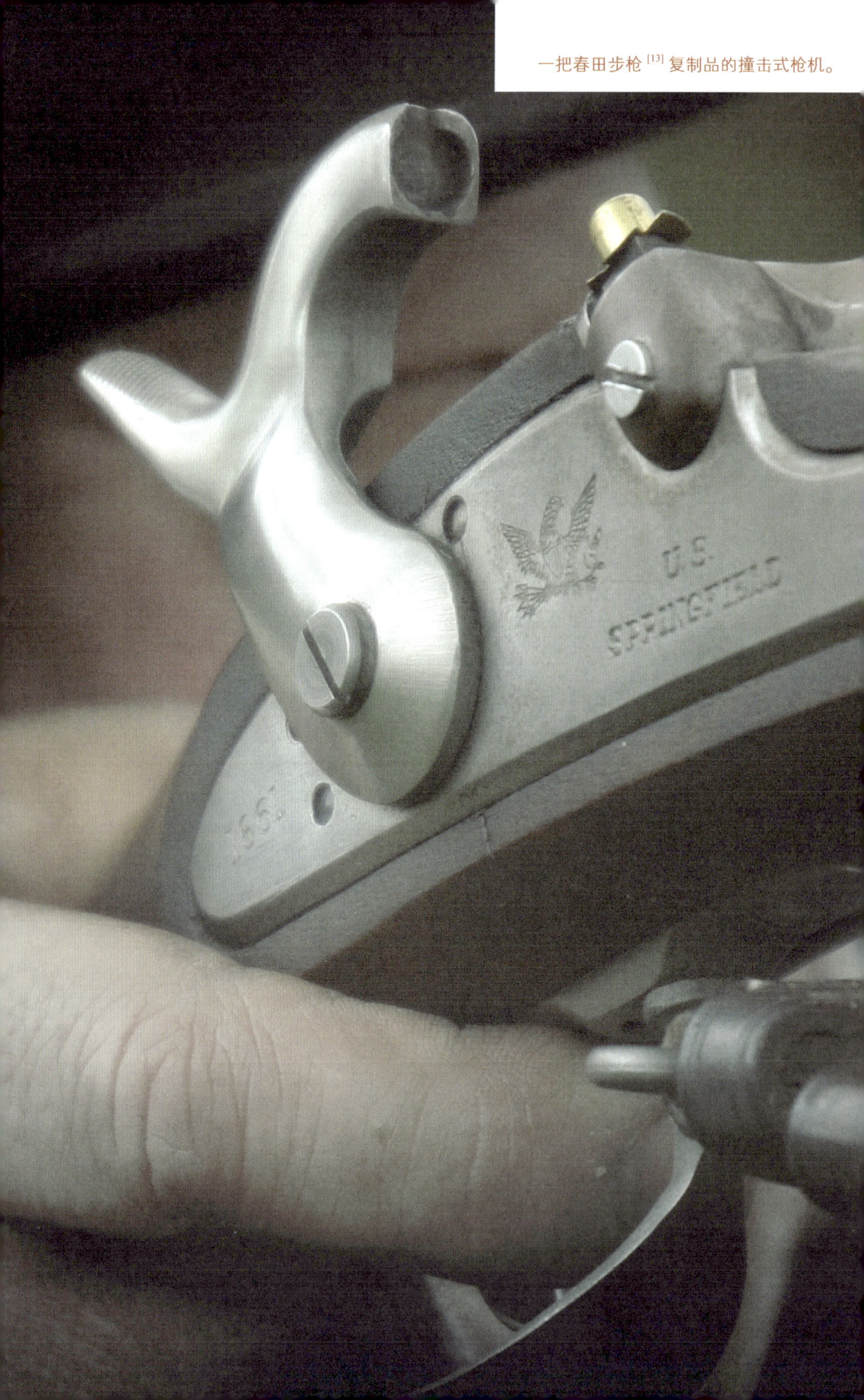

相对缺乏经验的情况下，这一伤亡数字着实不低，而这还只是一场大屠杀的序曲。

虽然滑膛枪在整场战争中都有使用，但双方士兵的主要装备均为来复枪。在南北双方的一些部队中，可以见到克里米亚战争中的英军装备——恩菲尔德 P1853 来复枪的同款枪型，它们经由合法或非法途径从英国运至美国。据估计，到美国内战结束时，这类步枪的数量已接近 90 万支。在美国内战中，唯一能在数量上超过此枪的，只有春田 M1861 来复枪（Springfield Model 1861 Rifled Musket），它是联邦军的主要枪械，但在邦联军中也有所装备。

由于几乎人人都装备了来复枪，普通士兵和专业神枪手的区别便不在于武器，而更多地在于其他因素。许多职业射手最终的确会使用极为专

恩菲尔德撞击式步枪是英军的制式武器，在美国内战中得到了南北双方的大规模使用。（罗伊·戴恩斯供图）

春田M1861和M1863步枪

M1861步枪常常简称为“春田”，顾名思义，该型步枪的制造商是马萨诸塞州的春田兵工厂（Springfield Armory），但为了满足美国内战所需，也有一些订单被分包给了私人公司。美国内战期间，总计有超过75万支M1861步枪被生产出来（其中有约50万支是根据合同生产的），再加上它的衍生枪型——M1863步枪（产量为27万支），春田步枪的总产量超过了100万。春田步枪是北方联邦军装备最为广泛的步枪，同时也是最受南方邦联军欢迎的步枪之一，后者要么是从俘虏身上或军械库中缴获此枪，要么就是在战场上拾为己有。

这种步枪采用了撞击式雷帽枪机，枪管长40英寸（101.6厘米），发射弹径.58英寸的米涅弹；枪膛内有3条膛线，缠率为1∶72。步枪全长56英寸（142.2厘米），重约9磅（4.1千克）。据估测，步枪的最大有效射程为500码（457米），但普通士兵大多仅能击中300码（274米）远的人体大小的目标。这一射程也反映在了两片折叠照门（flip-up leaf sight）的刻度上，而战斗照门的相应射距为100码。

与M1861步枪相比，M1863步枪做了几处改动，基本上可以说是前者的改良版本。以柯尔特公司（Colt）根据合同生产的“特殊合同”（Special Contract）M1861步枪为蓝本，M1863步枪的新变化包括：经过表面硬化处理的枪机、重新设计的击铁、更短的火嘴衬垫（nipple bolster）、新式枪管箍和推弹杆。

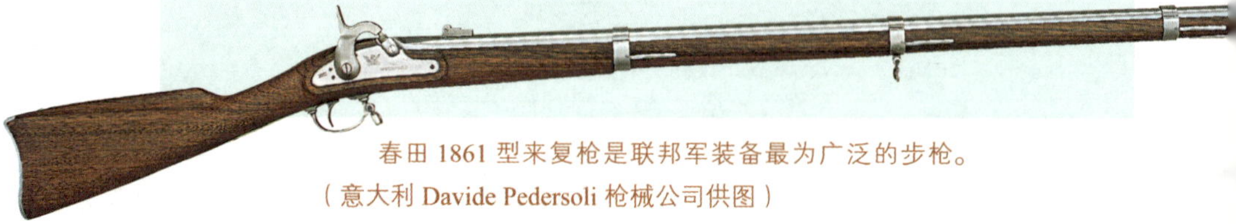

春田1861型来复枪是联邦军装备最为广泛的步枪。
（意大利Davide Pedersoli枪械公司供图）

业的武器装备，但他们和普通士兵之间的分野，将主要在于射击技能。

内战初期，当人们匆忙加入各自一方的军队时，他们通常会选择以家乡城镇或州命名的部队，但也有一些人会被名字更具冒险性的独立连队所吸引。这些连队的名字中，不少都带有“神枪手”（sharpshooter）一词，但许多“神枪手”部队无疑都空有虚名。虽然一些神枪队阵中的确拥有比例不低的优秀射手，尤其是那些从家家户户都拥有私人来复枪的地区招兵买马的部队，但这并不意味着这些射手一定会发挥神枪手的作用，因为大多数军队指挥官仅仅把他们当作普通步兵看待。

而后，一些专业部队会被组建起来，训练出精准的枪法。但在此时，同克里米亚战争以及早先的战争一样，神枪手仍然遴选自那些展露出射击天赋的普通士兵。

这些士兵中，有些人不仅枪法出众，还能在战场上自如行事，善于利用环境——简言之，他们身怀猎手的技能，类似欧洲各国军队中的职业耶格猎兵、沙瑟尔猎兵、卡萨多尔猎兵和卡恰托里猎兵[14]。相比于过去的任何一场战争，美国内战的显著不同在于，双方有更多专业射手出没于敌方边境和大片乡野中，甚至在定居区也能发现他们的踪迹。

1861 年 7 月 13 日，战争才刚刚打响，邦联军的罗伯特·加内特（Robert S. Garnett）将军就倒在了联邦军神枪手的枪下，成为美国内战中首位阵亡的高级参谋人员。这种情况多少有些出人意料，因为南方诸州在战争初期拥有更多土生土长的神枪手。不过很快，联邦军军官也会领教到邦联军精准火力的滋味。

与此同时，联邦军已经开始筹建一整团的射击能手部队。海勒姆·伯丹是名竞技打靶能手，同时也是位兼具一定财力和政治影响力的人物，他于 1861 年 6 月觐见了林肯总统和战争部长，阐述

1863年7月，一名倒毙于葛底斯堡魔鬼穴（Devil's Den）的邦联军神枪手。

美国内战期间，虽然人人都装备了来复枪，但南北双方都没在射击训练上下多少工夫。（罗伊 · 戴恩斯供图）

了自己关于征募射击高手入伍的想法。经过批准，他组建了联邦第 1 神枪手团（1st U.S. Sharpshooter Regiment），俗称伯丹神枪队（Berdan's Sharpshooters），下辖 10 个连，伯丹以上校军衔出任该团指挥官。

伯丹的征兵宣传十分成功，北方诸州的猎手、竞技打靶能手和其他经验丰富的来复枪手蜂拥而至。在加入伯丹的队伍前，人人都要通过一个设有最低考核标准的射击测试，这在以前的征兵中还从未有过。伯丹对手下的期望颇高："……未能完全达到要求者，通通不得加入神枪队。我的要求是，每人都必须能将一组射击的累计偏差[15]控制在 50 英寸

内战之初，南北双方部队均拥有“土生土长”的神枪手。（罗伊·戴恩斯供图）

有来复枪在手，任何射击苗子都有潜力成为一名“神枪手”。（罗伊·戴恩斯供图）

伯丹神枪队身着绿色制服，通常装备夏普斯步枪（Sharps Rifle）。（联邦第1神枪手团［英国］战争重演社[16]供图）

为了实现超远程射击，神枪手有时会使用带瞄准镜的重型枪管（heavy-barreled）来复枪。（联邦第 1 神枪手团 [英国] 战争重演社供图）

（127 厘米）内。在我看来，可以有把握地说，在进行有依托射击时，这样的一支队伍能稳稳命中正常体型的敌人——在 0.25 英里（400 米）上百发百中，在 0.5 英里上四发中三。即兴射击的情况下，许多人就算打不了这么准，命中率也将颇为可观。”就当时而言，这些标准着实很高。

在实际测试中，伯丹要求候选射手在 200 码（180 米）的距离上打 10 枪，累计偏离靶心的距离不能超过 50 英寸，简单地说，就是 10 枪都得打在直径 10 英寸（25 厘米）的靶环内——射手可以使用私人或连队的来复枪（装有觇孔式照门或望远式瞄准镜），进行有依托射击。伯丹的初衷是人人都用自己的来复枪，并带上战场，但有些枪是结构复杂的打靶步枪（target rifle），对实战来说太重了（最重达 30 磅 [13.6 千克]）。

这次征兵大获成功，募集的合格步枪手数量之多，使伯丹又于 1862 年 1 月成立了第 2 神枪手团（2nd Sharpshooter Regiment），下辖 8 个整连。该团本应有 10 个连，但 2 个来自马萨诸塞州的连出了岔子。这 2 个连俗称“安德鲁神枪队”（Andrews Sharpshooters），虽然通过了伯丹的测试，并被划归联邦第 2 神枪手团，却又改变主意，加入了家乡州各团。

神枪手们接受了全面的来复枪射击训练——这似乎无须赘言，但大多数联邦军战士并没有这个待遇。神枪手们还学习了如何在受到攻击时压低身姿，如何利用掩护，以及如何甄别目标。之所以如此训练，是因为他们将不再作为线列步兵使用，而是分为从 4 人组到 1 个连以上不等的队伍，独立行动，哪里有需要，就在哪里对敌人造成最大损失。虽然他们有时也会担负散兵任务，利用自身机动灵活的优势，在部队前进或撤退时提供准确的掩护火力，但他们与欧洲模式的轻步兵不尽相同。这些神枪手更注重用远程火力拔除战略目标，如敌军军官、军士、炮兵、侦察兵、哨兵，自然也包括敌方神枪手。

海勒姆·伯丹、卡斯帕·特雷普和“加利福尼亚乔”

美国内战之初，邦联军部队拥有更多的神枪手。为了弥补这一差距，海勒姆·伯丹（1824—1893）用其政治影响力游说政府，并获准建立一个联邦军神枪手团。伯丹本人是名富有的发明家，还是个神枪手。他从北方诸州招募合乎特定射击水准的新兵，组建了联邦神枪手团，伯丹以上校军衔出任指挥官。

虽然伯丹无疑是位伟大的射手（他也乐于展示这一点），对神枪手团也充满热情，但他本人并不算是军人。大多数时候，他都远离前线，忙于后方的官僚斗争。但话说回来，他不仅确保了手下部队装备精良、训练有素，还任用了一批称职的

海勒姆·伯丹以高标准招募射击能手，组建了联邦第1神枪手团，也就是伯丹神枪队——伯丹本人任指挥官，领上校军衔。

“加利福尼亚乔”是伯丹神枪队中最富传奇色彩的人物之一。

军官，因而确保了属下的忠心，也巩固了自己伯丹神枪队创始人的地位。1864 年 1 月，伯丹离开部队，继续进行武器和弹药试验。他获得了几项重要专利，其中包括一种连发步枪和一种金属弹壳底火。

伯丹神枪手团中的另一位著名军官是卡斯帕·特雷普（Casper Trepp，1829—1863）。这名射手生于瑞士，曾在克里米亚战争中担任军官，为英军效力。海勒姆·伯丹关于组建神枪手团的想法，最初可能正是源于特雷普的建议。联邦第 1 神枪手团成立后，他也自然成为了重要角色，出任 A 连的首任上尉连长，并最终升为中校，指挥全团。

特雷普本人是位经验丰富的步兵，他意识到欧洲军队的拿破仑战术已然落伍，也看到了新式步枪在射程和射击精度上的提升。

他明白，如果全军都能配发这种步枪，并掌握正确的使用技巧，将会获得多大的潜在优势。然而，对于北方联邦的大多数军队而言，这种情况永远不会发生，但光是一两个联邦神枪手团，就足以让北方受益匪浅。特雷普曾目睹英军步枪团的运作模式，因此，联邦军神枪手所采用的战法或许也应归功于他——这些神枪手擅长在远处以准确的来复枪火力骚扰敌军；他们以小分队形式运作，常常自主行动；他们还善于将地形及其特征利用到极致。

卡斯帕·特雷普证明了自己不仅是名称职的将领，还在步兵战术的现代化方面富有远见，但他却在 1863 年 11 月 30 日的矿奔战役（Battle of Mine Run）中不幸阵亡。具有讽刺意味的是，据说一枪命中他的正是一名邦联军神枪手。

联邦神枪手团中最有名的一名士兵——或许也是联邦全军中最负盛名的神枪手——叫作楚门·黑德（1809—1888），也叫“加利福尼亚乔”。无论以任何标准来看，他都是个富有传奇色彩的人物。1861 年，他以 42 岁的报名年龄入伍，但他实际上少报了 10 岁，不过在当时，为了满足服役标准，多报或少报年龄的情况并不少见。

入伍时，黑德称自己的职业为“猎人”，有人说他猎的是熊。他是位名副其实的神枪手，用的是自掏腰包买的夏普斯步枪。当时，联邦军正在寻找新的“英雄”，以便淡化他们在战争之初的糟糕表现，吸引新兵入伍，而楚门·黑德恰恰满足了这个需求。由于他曾在加利福尼亚淘金成功，北方的报纸又冠之以“加利福尼亚乔”的绰号，饶有兴味地报道他的功绩。

夏普斯步枪不是黑德用过的唯一一把步枪，他还以善使一把加装瞄准镜的打靶步枪而闻名。这把枪有可能是他自己的，但更有可能是团里配备的重型前装式打靶步枪，平时放在神枪手们的辎重车上，只有停止行军时才会使用。此枪的具体参数记录已不可考，但大约重30磅（13.6千克），枪管为六角形，装有一支7倍黄铜瞄准镜。据说，黑德曾以此枪在半英里（800米）外打中了一名邦联军炮兵军官（神枪手最喜欢的猎物），有效地“沉默”了那个炮兵阵地。

入伍3年后，黑德于1862年11月退伍，退伍理由是“衰老和视力受损”。这些理由在今天听上去似乎很严重，但在当时可能并非如此。黑德后来又活了26年，并进入旧金山海关工作，再次为国家服务。

联邦神枪手团的战士（战争重演者扮演）在弥漫的硝烟中给来复枪装弹。（罗伊·戴恩斯供图）

伯丹神枪手们身穿绿色制服，这在如今已多多少少成了专业步枪手们的一个传统。与耶格猎兵和英军来复枪团一样，他们也是通过军号而非战鼓传令。此外，他们还打着高高的皮绑腿，背着用未刮磨过的小牛皮做的背囊。不过，他们最显著的特征，或许是清一色的后装式夏普斯步枪（此前还用过其他枪型），而在当时，联邦军步兵大多装备的是前装式步枪。装备夏普斯步枪一事在军方还经历了一番波折，一部分原因在于成本——一把夏普斯步枪约为 40 美元，而一把春田步枪仅需 16 到 20 美元，依等级而定（即制作的精良程度）；另一部分原因在于，夏普斯步枪的生产厂家忙于为骑兵团制造卡宾枪，无暇他顾。据说，林肯总统本人也介入了此事，但无论出于何种影响，伯丹最终如愿以偿地让他的手下用上了当时最精良的步枪之一。

虽然 .52 口径 M1859 夏普斯步枪的射击精度不如打靶步枪，但作为一把超远程步枪，它仍然可圈可点。此枪的长处在于快速射击以及中远程（达 500 码）距离的精准火力。在相同时间内，用前装枪只能装弹并打出 1 枪，用后装式夏普斯步枪却可以打出 5 枪。若能大量使用，那么夏普斯步枪快速准确的火力几乎可以高效地瓦解任何进攻，除非对方殊死一搏。

神枪手们还备有“大炮”——这是种前装式重型枪管打靶步枪的外号，其上装有觇孔（圆孔）式瞄具或望远式瞄准镜，专为远程射击而设。其中，带望远式瞄准镜的枪型有摩根·詹姆斯步枪（Morgan James Rifle）等，此外还包括一些军人的个人厂牌步枪。此类步枪的重量可从 12 磅（5.4 千克）至 30 磅（13.6 千克）以上不等，但较重的枪型不适合作为制式武器使用，因此平时都存放在补给马车上，随需取用，用完即还。

就作战效率而言，伯丹神枪队的杀敌数量据说比联邦军的其他任何一个团都多。虽然具体数量难以确证，但这一说法多半不假，因为这支部队参加了 65 场战役以及其他作战行动，全团上下都是久经考验的射击能手。相比之下，多数联邦部队若能在上战场前接受 5 轮打靶训练，就算是交上好运了。

伯丹神枪队通常在大部队的外围活动。（联邦第 1 神枪手团 [英国] 战争重演社供图）

“伯丹”夏普斯M1859步枪

这种后装雷帽式单发步枪由克里斯蒂安·夏普斯（Christian Sharps）设计，采用了下落式闭锁枪机（falling block action），.52口径的枪管长30英寸（76.2厘米），内有6条缠率为1∶48的膛线。步枪全长47英寸（119.4厘米），重约10磅（4.5千克）。当射手拉下充当扳机护环的起落杆时，闭锁块便会下降，露出枪管后膛；然后再装填纸药筒，拉回起落杆，顶起闭锁块，切断纸药筒末端，使其中的火药暴露于已闭合的后膛中。

伯丹神枪队所用的特制夏普斯步枪，基本上可算是后装式M1859步枪，但前者采用了设定式双扳机（double-set trigger）和更为精良的表尺。此枪不设刺刀卡榫，但可以加装套筒式刺刀；第一个扳机用于设定第二个扳机，使之成为“微力扳机”（hair trigger），只需轻轻一扣就能触发击铁，引爆撞击式雷帽，发射子弹。这种装置有助于提升射击精度，同时由于此枪属于后装枪，子弹可以制作得与枪膛严丝合缝，同样有助于提升射击精度。在近距离战斗中，射击速度至关重要，因此，枪手可以忽略第一个扳机，直接扣下第二个扳机，不过，这么做需要的力道要大得多。

美国内战期间，联邦政府购买了超过1.1万支夏普斯步枪。在此，我想澄清一个普遍的误解，那就是“神枪手”

后装式伯丹夏普斯（Berdan Sharps）步枪与M1859步枪极为相似。

近窥一把夏普斯步枪复制品上的设定式扳机（双微力扳机）。

战争重演——一支联邦军射手联合部队，其中包括伯丹神枪队和鹿尾队（Bucktail），主要装备夏普斯步枪。（罗伊·戴恩斯供图）

（sharpshooter）一词与夏普斯步枪（Sharps Rifle）不存在任何关联；此词乃是对德语词“Scharfschütze”的误用，后者意为“射击能手”（marksman），早在夏普斯步枪的设计构想还未成形之前，就已开始使用。

惠特沃斯步枪

这种射击精度出众的撞击式步枪由约瑟夫·惠特沃斯爵士（Sir Joseph Whitworth，1803—1887）发明，他是当时英国最顶尖的工程师之一。受英国陆军总司令哈丁勋爵委任，惠特沃斯开始着手设计一种新步枪，替代P53恩菲尔德步枪。虽然惠特沃斯是顶尖的工程师，但对枪支设计并不熟悉，因此，著名枪匠韦斯特利·理查兹（Westley Richards）也接受委派，前去协助惠特沃斯。

惠特沃斯步枪的设计独一无二——它是前装枪，采用六角形旋膛而非阴阳膛线（groove），并采用了对应的六角柱形子弹；枪管长33英寸（83.8厘米），缠率高达1∶20，枪膛口径仅为0.451英寸。步枪全长52.5英寸（133.4厘米），重约9磅（4.1千克）。

1857年，在英国海斯进行的测试表明，惠特沃斯步枪的射击精度远高于P53步枪。在测试中，射手先进行10次有依托射击，然后以英寸为单位量出各枪弹着点与靶心的距离，取平均值。在当时的所有军用步枪中，500码（457米）距离上的最好成绩是27英寸（68.6厘米）。在测试当天，惠特沃斯步枪将此前的纪录一举刷新至4.5英寸（11.4厘米），而P53恩菲尔德步枪虽然表现尚可，但成绩只有28¾英寸（73厘米）。在800码（732米）、1000码

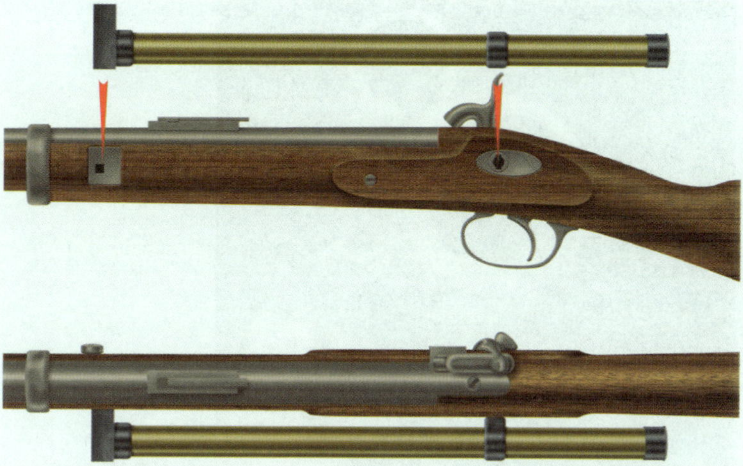

如图所示，戴维森望远式步枪瞄准镜通过可卸式镜座安于枪管一侧。

（914 米）、1400 码（1280 米）和 1800 码（1646 米）的距离上，惠特沃斯步枪依然完胜 P53 步枪。其中，距离 1400 码时，P53 步枪的表现十分糟糕，与惠特沃斯步枪毫无可比性，而距离到了 1800 码时，P53 步枪则干脆没有进行测试。虽然惠特沃斯步枪的表现十分惊艳，但六角形枪膛的各处夹角容易积聚烬渣。出于这个原因，它没有被英国陆军采用，但作为一款竞技型打靶步枪，以及邦联军的专业神枪手武器，它还将继续大放异彩。

在流入南方各州的惠特沃斯步枪中，有的采用了普通梯式表尺，有的配备了“圆孔”（觇孔）式瞄具，另有一些则应用了光学瞄准镜。这种步枪上最常见的一种光学瞄准镜，是安于枪侧的“戴维森望远式步枪瞄准镜”（Davidson Telescopic Rifle Sight）。与同时期许多长度接近枪管的瞄准镜相比，这种瞄准镜相对较短，只有 14.5 英寸（36.8 厘米）。虽然它无疑能够发

惠特沃斯步枪特有的六角形旋膛和推弹杆。

惠特沃斯步枪采用了撞击式枪机。

挥功用，但由于安装在枪侧，枪手很难在保持自然射姿的同时，使头部处在正确的瞄准位置上——而在一切优秀步枪的设计中，射手的眼睛都能“自然”处于枪管上的瞄具后方。（作者按：我是右撇子射手，曾试用过带马尔科姆望远式瞄准镜复制品的步枪，这种瞄准镜与枪管同长，安于枪侧；我可以说的是，虽然这支长管子的瞄准图像 [sight picture] 出人意料地清晰，但实际上，我很难将头部和瞄准镜保持在一条直线上。不过，枪主向我示范了他的解决方法——用左眼代替右眼进行瞄准。虽然我们当时没能进行实弹试射，但枪主说，他曾用这把步枪打出过不错的成绩。）

当南方邦联以据称 1000 美元的单价购买惠特沃斯步枪（含瞄准镜）时，还会一并获得 1000 发弹药。据说，当神枪手们耗尽了六角柱形的惠特沃斯子弹后，便会代之以米涅弹，且射击精度不会有太大损失。

惠特沃斯步枪的确是一种高效的远程步枪，曾夺去许多联邦军官兵的生命，其中就包括在奇卡莫加战役（Battle of Chickamauga）中阵亡的莱特尔（Lytle）将军，以及在斯波齐尔维尼亚战役（Battle of Spotsylvania）中阵亡的塞奇威克（Sedgwick）将军。

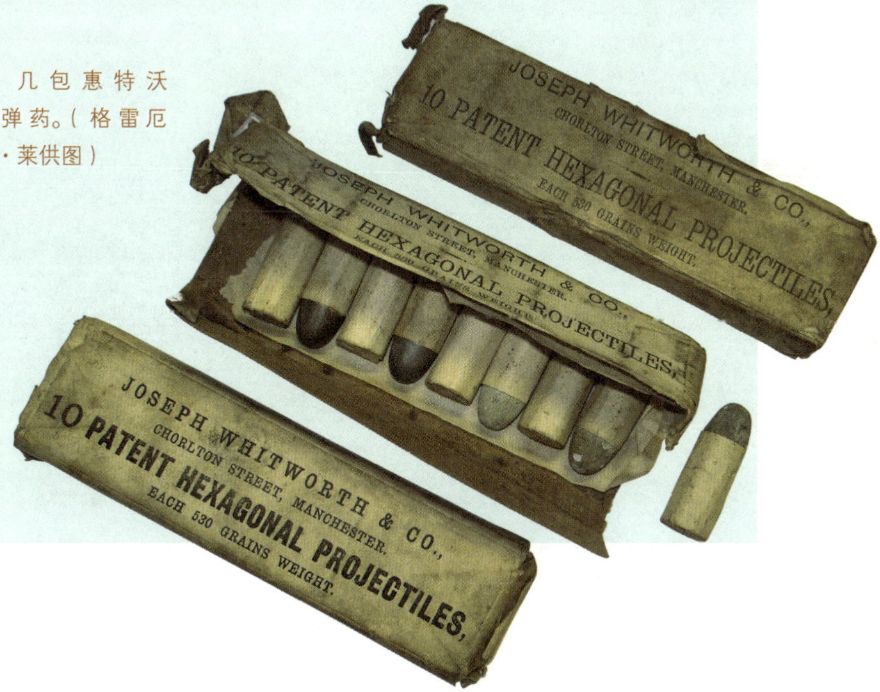

几包惠特沃斯弹药。（格雷厄姆·莱供图）

在充当普通步兵时，神枪队会失去其最大优势——准确的远程火力，以及游走于敌军直接火力范围外的能力。（罗伊·戴恩斯供图）

一些独立的联邦神枪手部队也得以组建，规模大多为连级，但也有一些州组建了规模更大的神枪队，如宾夕法尼亚的“鹿尾队”——这是个来复枪营，由托马斯·凯恩（Thomas Kane）在宾州州长的准允下建立。“鹿尾队”的名号来自他们所戴军便帽上的鹿尾，暗示着他们身怀猎鹿人的技能——许多人也的确如此。和多数联邦州立神枪手部队一样，他们主要作为普通步兵使用，即使在战争后期配发了夏普斯步枪后也是如此。虽然他们的枪法有目共睹，但让他们声名大噪的其实并非枪法，而是他们在美国内战许多大型战役中的英勇表现，以及辨识度极高的“鹿尾”帽饰。

南方的邦联军神枪手或许不像他们的北方同行般组织有序，但他们的射击水平毋庸置疑，而且，为了承担远程射击任务，有时他们在装备上还要更胜一筹。正如前面所提到的，一个公认的事实是，南军诸团的射击水准高于北军各州部队。枪法超群的士兵会很快得到指挥官的赏识，当高难度射击任务出现时，这些士兵就会受到指派，担负神枪手的角色。与往常一样，这些射手中有许多人曾是猎人，因此，他们的野外技能也会派上用场，使他们成为优秀的侦察兵和散兵。

南军普通步兵装备的长枪包括恩菲尔德P53步枪、春田步枪、M1841密西西比步枪（1841 Mississippi Rifle）以及其他各种现成的军用枪支。在这些步枪中，恩菲尔德步枪大概是最常用的一款神枪手武器，这一方面因为它是配发最多的一种步枪，另一方面因为其瞄准系统在当时的军用步枪中颇为出色。

还有一些南军神枪手使用的是打靶型步枪，其上装有望远式瞄准镜或精密觇孔式瞄具（也称圆孔式瞄具）。虽然这种步枪常被提及，但实则数量稀少，且多为私人所有，而非军队配发。

邦联军实际上配发了许多英制惠特沃斯步枪，以及类似的克尔（Kerr）打靶步枪，它们是神枪手的利器，有时装有制式瞄具，有时则采用改良过的瞄准装置，例如望远式瞄准镜，其中包括由一名英国陆军

图中邦联军神枪手（战争重演者扮演）的步枪一侧装有一支瞄准镜。（罗伊·戴恩斯供图）

军官发明的“戴维森望远式步枪瞄准镜”。这种瞄准镜在当时还比较少见，长度仅为 14.5 英寸（36.8 厘米），直径不到 1 英寸（2.5 厘米）。相比之下，其他瞄准镜则大多与枪管同长，乃至更长。

在这些长及枪管的光学瞄准镜中，较典型的一款出自纽约州雪城（Syracuse）的威廉·马尔科姆（William Malcolm）之手。此瞄准镜的镜身为黄铜打造，直径仅为 ¾ 英寸（1.9 厘米），内有放大透镜和丨字瞄准线（十字丝）。镜座前部可在枪支归零时粗略修正风偏，镜座后部则可在归零校正或瞄准点修正时进行射角调整和一切精细调整。

与觇孔式打靶瞄具相比，望远式瞄准镜的最大优势便是能放大目标。不过，早期瞄准镜的放大倍数大都十分有限，仅在 3 到 7 倍之间。即便

一名“鹿尾队”神枪手（战争重演者扮演）正持枪瞄准行进中的邦联部队。（罗伊·戴恩斯供图）

如此，它们仍有助于神枪手对目标进行观察和瞄准。（作者按：据我观察，当现代竞技射手使用夏普斯步枪在600码以内的距离进行射击时，不论步枪配备的是19世纪的觇孔式瞄具还是望远式瞄准镜，结果都相差无几。但在更远距离上，瞄准镜也许会更胜一筹，因为它能放大目标。）

有的邦联军神枪手擅长单兵作战，有的则像现代狙击手一样成对行动，在使用重型枪管打靶步枪时尤为如此——1人负责观瞄，并在需要时提供火力掩护，另1人则负责远程射击；还有些人会选择轻步兵所用散兵战术的变种，以4人为一队行动，轮流开火、装弹、互相掩护。

邦联军中的优秀射手很快担负起了神枪手的角色。（罗伊·戴恩斯供图）

一名手持瞄准镜步枪复制品的邦联军神枪手（战争重演者扮演）。（约翰·诺里斯供图）

射击试验——再现林肯总统遭遇的远程火力

1864年7月，邦联军将领朱巴尔·厄尔利（Jubal A. Early）麾下的北弗吉尼亚军团进逼联邦首都华盛顿市郊。林肯总统亲临防御阵地之一的史蒂文斯要塞（Fort Stevens），“看看发生了什么情况”。虽然已有数名联邦军战士被敌方神枪手的远程火力击中，林肯依然无视自身安危，站在一堵胸墙上，暴露于远方“叛军”[17]的视线中，并立刻吸引了敌军神枪手的注意。不过，即使采用望远式瞄准镜，他们也不大可能认得出林肯。几发子弹嗖嗖掠过，其中一发打在一门火炮的炮管上，弹向了一名倒霉的军医。林肯本人毫发无伤，并最终听从随员劝说，离开了危险区。

曾经有部电视节目讲述了历史上诸起不寻常的射杀事件，其中也包括数位美国总统的遇刺经历。节目中，英国射击专家、作家兼广播员迈克尔·雅德利（Michael Yardley），尝试用邦联军神枪手手中最为精准的一种步枪——惠特沃斯步枪，重现邦联军在史蒂文斯要塞试图射杀林肯总统的场景。雅德利这样说道：“几年前，我为探索频道制作了一部纪录片，内容涉及了亚伯拉罕·林肯遭到远程射击一事。当时的情况似乎是，有一名邦联军狙击手趁林肯视察战况之际（这场战役因邦联军将领厄尔利于1864年突袭华盛顿而起），对他胡乱打了几枪；仍在史蒂文斯要塞胸墙上视察后续战况的林肯不得不俯身躲避，以免中弹（他也成了首位在任内遭到射击的美利坚合众国总统）。

“虽然没有任何直接证据表明惠特沃斯步枪曾在史蒂文斯

我们试射了瞄准镜步枪，但结果不尽如人意，只有装有制式“铁瞄具”[18]的步枪才打出了好成绩。

迈克尔·雅德利在展示人影标靶上的枪眼。

从枪靶上取下的一颗废旧惠特沃斯子弹。

史蒂文斯要塞是华盛顿市郊的一处防御阵地，林肯总统曾在此差点被邦联军神枪手的枪弹击中。

要塞一役中参与实战，但在重新演绎这一事件时，我们还是使用了这种步枪（因为众所周知，邦联军曾花费巨资购入了少量惠特沃斯步枪，用于执行狙击任务）。最初的试验在北卡罗来纳州的黑水公司训练场地上进行，后来，我们又转移到了宾夕法尼亚州西部。虽然我本人是名训练有素的步枪能手，但也得先熟悉一下黑火药、前装式惠特沃斯步枪及其独特的六角形旋膛及子弹。我们发现，采用纸弹衣包裹的子弹无法获得良好的射击精度，但若简单地采用蜂蜡和动物油脂涂抹子弹，便能得到十分满意的结果。

“这种步枪原就十分精准，在找到装弹的窍门后，我们把目光转向瞄准装置。在试验之初，我们尝试了一种与步枪同时代的短管侧装式瞄准镜（长约 12 英寸 [30.5 厘米]）。由于射角调节方面的缺陷，它完全不实用，在光学性能上，也仅仅是差强人意。虽然美国内战时期的狙击手有时会采用光学瞄准镜，但我从中看不到任何实战优势。改用开放式瞄具后，我们在 100 码（91 米）处打出了几组弹着点均在 2 英寸（5 厘米）靶环内的簇射，在 400 码（366 米）上也取得了出色的成绩。当第一次试用可折叠的梯式表尺时，我们朝 800 码（732 米）远的人影标靶打了 4 枪，命中 3 枪；我们还在 1000 码（914 米）的距离上一枪命中了标靶‘要害’。不过，让我印象深刻的一点是，当面部贴在枪托上时，是无法使用竖起的金属表尺完成远程射击的，因为射角过大。这一点引发了一场有趣的讨论，主题为早期狙击手是如何使用武器的。同样的评论也适用于大口径、低枪托的后装枪。”

狙击手们常常组队行动，时而为队友观瞄目标，时而掩护队中射手。（罗伊·戴恩斯供图）

与克里米亚战争中的俄英两军类似，在进行防御战或围城战时，美国内战双方都会用射击掩体接近敌方，让狙击火力得以有效发挥，但又不至于靠得太近，招来敌军的密集火力。射击掩体有时是掘筑得法的土木工事，但在更多时候不过是些“狐狸洞”[19]，在夜间挖掘，挖出的土堆在坑前，充作低矮的屏障。坑内足以藏下一人，但又不至对地形造成明显改变，引起敌人警觉。

在这种地方，使用后装枪要比前装枪强得多。后装式步枪几乎可以在任何射姿下轻松装弹——其中也包括俯卧姿。而前装枪最有效的装弹姿势则是站姿；除此之外，其他任何姿势都会使装弹过程变得棘手而冗长，在最糟糕的情况下，还会令枪手暴露在敌方火力下。如果使用前装枪，那么即使枪手是在轻型掩体后勉强以跪姿或俯卧姿进行装弹，枪支的移动和手臂的伸展还是会轻易引起敌军神枪手的注意。

美国内战时期的狙击手；其步枪枪管上装有马尔科姆式长管光学瞄准镜。

在许多美国内战同时期的印刷品和画作中，神枪手们被描绘为从树枝间射击，但黑火药武器产生的硝烟无疑会引起敌方神枪手的注意。如果周围的战场上硝烟弥漫，那么只开一枪或许还算安全，但若继续射击，就会招致敌方还击。而在平静的战场上，即使只开一枪，开火时产生的硝烟和闪光也会泄露神枪手的位置，一旦敌人发现，后果便会十分严重。当然，树干也能在一定程度上阻挡敌人的正面火力，但狙击手仍会暴露于侧面火力下。在树上射击时，装备后装枪的射手又多了一项优势——因为用前装枪进行高精度射击时，射手需要正确执行装弹流程，而哪怕是站在平稳的射击台上，这一流程都不好操作，更何况射手还得在树上努力保持身体平衡。

神枪手们特别擅长对付炮兵。由于步兵制式步枪的有效射程可与一些野战炮兵连媲美，炮手们不再因远离前线而安全无虞。而且，炮兵连的人员和装备通常集中暴露在相对较小的区域内，是很好的攻击目标。在 500 码（457 米）左右的距离上，神枪手可以击倒任何操作无防盾火炮的炮手。因此，轻炮兵部队的处境格外艰难。在传统的战斗模式中，他们会迅速奔跑落位，用炮火覆盖敌线，然后同样迅速地撤离。但在这场新型战争中，他们曾多次在来复枪火力下遭受惨重伤亡，无法进行任何有效的轰击。只有具备炮眼或土木工事的炮兵阵地，才能带来些许防护，但即便如此，炮兵们仍需充分利用掩体，因为任何形式的暴露几乎一定会招来敌方子弹。马匹和弹药车同样是射手们的头等目标，因为少了它们，任何野战炮兵连都无法运转。

当遇到超远程炮击时，射手们会采取一个源于英军的策略：测出射击既定远程目标所需的射距和射角，然后全体射手集火齐射，增加命中率。由于枪手并没有瞄准单个目标，因此这不算是准确射击（sharpshooting），但同样能在超远距离上消灭敌方目标。

神枪手们身处构筑良好的土木工事内。

火炮炮位是神枪手们的天然目标。

在超远距离上，单名神枪手也可采用类似的战术——不特别瞄准单独目标，而是大致瞄准一群敌人，扩大目标范围。如果敌人因距离遥远而疏于防范，对自己已经暴露或身陷险境的事实浑然不觉，那么一旦有人中枪，他们的士气便会受到极大动摇。

无论是用望远式瞄准镜放大目标，还是用觇孔式瞄具“聚焦”目标，要在约 800 码（732 米）的距离上凭裸眼识别人体大小的目标，都殊为困难。而距离 1000 码（914 米）时，比真实尺寸略小的美洲野牛全黑剪影标靶，看起来就像个略微变形的“句点”。不过，就算用的是环形弹道（looping trajectory）的大口径米涅弹，如果一名技术娴熟的

一名联邦军战士（战争重演者扮演）正在使用装有瞄准镜的重型打靶步枪。（理查德·克拉克供图）

集群火炮、炮手以及炮兵军官，很可能都会成为神枪手的首要目标。（罗伊·戴恩斯供图）

即使到了美国内战时期，战士们仍然是以一拨拨“并肩而立”的密集队列向敌方挺进。（罗伊·戴恩斯供图）

坚固掩体中的阵亡士兵。

射手能以恩菲尔德步枪在900码（823米）处把子弹送进8平方英尺（0.7平方米）大的标靶，那么同样距离上的小股敌人便会成为唾手可得的目标。就算距离如此之远，目标还是有可能被击中；对神枪手而言，花一颗子弹来试试手气颇为值当。

若目标敌人骑在马上，那么总体目标就会变得更大，而且目标往往是军官，或是有军官压阵的炮兵或骑兵。就算子弹只打中了马匹、低级军官或普通士兵，也会让敌方感到不安，或迫使他们寻找掩护；如果子弹击中的是军官，不仅会让敌方指挥链出现问题，还会让敌人相信军官是被刻意瞄准射杀的，使他们更为焦虑不安，对对方狙击手的射击能力深信不疑。在美国内战以及内战前后的时期中，有许多“晴天霹雳”般的一击被归结为神枪手的杰作，但实际上，它们有时只是普通步兵的侥幸一击，或干脆只是颗流弹。

不过，这些意外都与联邦军少将约翰·塞奇威克之死无关。在1864年5月9日的斯波齐尔维尼亚战役中，他留下了一句名言 ：“怕什么？在这个距离上他们连头大象也打不……”话音未落，一名邦联军神枪手便击毙了他。这一枪的射程估计有880码（约半英里[800米]），射手用一把惠特沃斯步枪对塞奇威克进行了仔细瞄准。这一战例虽看似神奇，但不论是联邦军还是邦联军神枪手，都曾屡次在这个距离上用瞄准镜打靶步枪完成狙杀，并且留有翔实的记录。有了如此准确的射击火力，再加上高级军官仍旧在几乎每次战斗中亲临火线，无怪乎神枪手们

虽然约翰·塞奇威克少将觉得自己不在对方射程内，但他还是被一名邦联军神枪手一枪击毙。

能够干脆利落地击毙超过20名将军，数十名校级军官，以及不计其数的低级军官。

美国内战是许多军事技术新进展的试验场。就狙击领域而言，后装式远程精准步枪的出现，以及步枪光学瞄准镜的问世，大概是当时最重要的进步。不过，同一时期出现的金属弹壳、无烟火药和连发步枪，也会在随后的历史中留下印记。

神枪手最适合单兵作战，或是以双人组或其他形式行动，寻机击敌。（罗伊·戴恩斯供图）

除了装备的发展外，这一时期或许还标志着另一项重要转变——虽然“狙击手”一词当时尚未流行开来，但实际上，已有一些神枪手开始扮演现代狙击手的完整角色。在美国内战中，神枪手的主要任务是尽力对敌军造成最大破坏和伤亡，在这场战争中，他们扮演的角色将变得至关重要。消灭军官和军士，能破坏敌方指挥链；射杀哨兵、旗手、通信兵、鼓手和号手，能够中断敌方通信，降低敌军士气；以稳定火力攻击敌方野战炮兵，能消灭敌方炮手，或瓦解其士气；射杀马车夫、役马和驮骡，能够破坏敌方补给线，使敌方全军动弹不得。同时，神枪手们还能以准确的火力反制敌军神枪手，防止他们对己方部队造成同样破坏。

神枪手们虽然取得了显著的成功，但却仍未能发挥出最大潜力。联邦神枪手团固然是个伟大的构想，但若这些部队能按创立时的初衷进行作战，可能会取得更好的效果。然而，军方最终还是将其作为普通步兵部队使用。军方对各神枪手团的价值无疑缺乏足够认识，在内战结束后，没有继续保留这些部队的建制。不论是出于主动选择，还是由于形势所限，邦联军神枪手的模式都更为灵活，或许效果也更佳——他们要么单独行动，要么两人一组，要么组成小队，附属于规模较大的部队，并且可以攻击任何他们觉得有价值的目标。

纵然有着上述种种经验教训，美国陆军仍未按照狙击手的要求来训练神枪手，而在今天，狙击手已是步兵部队中的特殊利器。除标准射击训练外，美国迟迟未能成立第一所狙击学校，直至 20 世纪。

美国内战后不到 20 年内，在约 8000 英里以外，英国再次卷入了一场大战。在这场大战中，面对一支全员都是神枪手的敌军，英军将尝到更多步枪技能方面的教训。

即使到了 19 世纪末，英军部队依然身着鲜红军衣。（理查德·克拉克供图）

第一次布尔战争

第一次布尔战争（1880—1881）爆发之际，正值（南非）德兰士瓦的布尔人宣布从大不列颠独立之时，这些布尔人大多为荷兰和德国后裔。后来，他们之中又加入了一些奥兰治自由邦的布尔人。在这场围困战冲突中，布尔人在开阔地的小战斗中运用了成功的战术，很快取得了胜利。

经过多场小型殖民战争的洗礼，英国陆军的战术此时已有所进步，但普通战士的训练主要还是着眼于对阵战，而非散兵战，后者仍被看作轻步兵的专属。此外，以农民为主的布尔人组成了许多骑马突击小队，他们机动迅速，擅长散兵战术。在广阔的农场上，布尔人终日生活在马背上，大多数人都是专业猎手，具备出色的射术和潜行追踪技能。不过，虽然他们是优秀的骑手，但却不扮演骑兵的角色；实际上，他们的角色相当于骑马步兵，通过马匹迅速穿越国境，一旦有机会，便会下马以远程步枪与英军交火。

金属弹壳与无烟火药

金属弹壳（也就是如今的步枪弹壳）的发明改变了步枪设计，使后膛装弹更加简便，并催生了多种设计各异的连发步枪，其中最重要的当属弹仓或弹匣供弹步枪（magazine-fed rifle）。

金属弹壳基本上将子弹的所有部件（弹丸或弹头、火

金属弹壳发展的四个阶段（从左到右）：.577 施耐德子弹；祖鲁战争时期的 .577/450 马提尼–亨利（Martini-Henry）轧制黄铜箔子弹；后来的 .577/450 马提尼–亨利拉制黄铜子弹；.303 英制 Mk VII SAA 实心弹。（图片来源：祖鲁指挥官 [Commander Zulu]）

药和底火）合为了一枚筒装弹，由膨胀金属（一般是黄铜）制造的弹壳取代了纸质或亚麻布药筒。当火药爆燃时，金属弹壳会发生膨胀，与枪管后膛紧紧嵌合，使之得到有效密封。于是，火药爆燃时产生的气体只能单向前进，推动弹头出膛。

在各类金属弹壳中，第一个得到普遍认可的设计是针发式弹壳（pin-fire cartridge），由法国发明于 19 世纪中叶。之所以称为“针发式”，是因为这种弹壳底部有根小撞针（pin），经枪支击铁撞击后，会引爆弹壳内的撞击式雷帽。这种弹壳行之有效，但比起步枪，它更适用于手枪，并且很快被另一种金属制膨胀式弹壳所取代。后者的基底（中发式[20]）或底缘（缘发式[21]）内嵌有撞击式雷帽，由步枪枪机中的撞针击发。到了19世纪70和80年代，各大军事强国都已开始采用金属弹壳和后装式步枪。

在此期间，中发式弹壳的基本设计没什么变化，只是一些材料有所改变，其中最重要的或许要数无烟火药——这是一种化学发射药，可以替代有烟火药。

1846年，当克里斯蒂安·弗雷德里希·舍恩拜（Christian Friedrich Schönbein）发明“火棉”时，这种有烟火药替代物的威力还过于强大，不够稳定，不适用于轻武器。直到1884年，保罗·玛丽·尤金·维埃耶（Paul Marie Eugène Vieille）才发明出了一种安全的无烟火药（他称之为B火药[Poudre B]）。相比于有烟火药，B火药具备许多优势。它的威力远超前者，用量更少，效果却反而更好。这反过来也影响了步枪的设计，口径更小、射速更快的步枪取得了和大口径旧式步枪一样的效果，使普通士兵有能力携带更多弹药，后装枪也因此可以实现快速集火射击，同时不会产生干扰瞄准的浓密硝烟。与必须保持完全干燥的有烟火药不同，B火药在受潮时仍能发挥作用，因而更易储存和运输。

1886年，法国人率先将B火药应用于配备了栓动枪机和管状弹仓的勒贝尔步枪（Lebel Rifle）上。其他一些国家很快也研制出了各自的无烟火药，并研制出配套弹壳和步枪，充分利用了轻武器技术史上的这一伟大进步。

对狙击手而言，无烟火药的重要性再怎么高估也不为过；

它在开火时不会产生一团硝烟，因而不会暴露狙击手的藏身之处。与有烟火药相比，它在燃烧时更为清洁，大大减少了枪膛里的烬渣，因此部件公差[22]可以减小，不必为防止火药烬渣快速堆积而留有余量。这催生出了更加精良的步枪设计。最重要的是，若与金属弹壳和现代步枪相结合，这种更加高效的无烟火药便能提升步枪射速，使弹道更为低平，从而增加射程，提升射击精度。

大多数时候，非洲的英国陆军仍然身穿鲜艳的红色军衣，头戴白色木髓盔（pith helmet），很容易成为现代步枪手的目标。布尔人的衣着则如同他们的秉性，颜色素淡，制作精良却不花哨。此外，由于他们常在尘土飞扬的南非稀树草原上纵马驰骋，衣服会很快沾染土色。多年以来，布尔人学会了不穿容易引起他人或野兽注意的衣服，并在狩猎以及与当地土著的偶发冲突中，掌握了充分利用掩护和地形的本领。

此时，后装式步枪和金属弹壳已广为使用。英国陆军的制式装备为马提尼-亨利步枪，布尔人则使用相似的下落式闭锁枪机步枪，以及其他各种后装式步枪，其中既有军用步枪，也有民用猎枪。

英军更习惯以站姿或跪姿成行使用马提尼-亨利步枪，这在面对祖鲁人和德尔维希[23]人的冲锋时具有强大的破坏力。布尔人则充分发挥后装枪的优势，只要有可能，便会以俯卧姿进行射击。这不仅使他们有更大机会准确命中目标（俯卧姿是最稳定的射姿），还使他们大大缩小了自身目标，不易被敌方还击火力击中。

马提尼-亨利步枪

这种单发步枪采用了杆动式下落闭锁块，配备了经瑞士人弗雷德里希·冯·马提尼（Friedrich von Martini）改良的自动待发枪机，并改用了由苏格兰枪匠亚历山大·亨利（Alexander Henry）设计的 1 : 22 七槽膛线。此枪使用 .577/450 黑火药弹壳，能以 900 英尺 / 秒（274 米 / 秒）的速度发射出重 480 格令（31 克）的弹头。多年间，有 4 种改进型号的马提尼–亨利步枪陆续问世，长度均为 50 英尺（15.2 米）左右，重量均在 9 磅（4.1 千克）上下，或不到 9 磅。

马提尼–亨利步枪采用最大射程刻度达 1400 码（1280 米）的滑坡式（sliding-ramp）后瞄具[24]。此枪的有效射程为 600 码（549 米），一名枪法良好的步兵能够用该下落式闭锁枪机步枪在 1 分钟内打出 10 发子弹，但有时会出现卡壳的情况。1871 年，英国陆军将马提尼–亨利步枪列为制式步兵武器。服役期间，这种步枪表现良好，直到 1888 年，采用栓动枪机的李–梅特福德（Lee-Metford）弹匣式步枪出现后，它才逐渐淡出历史。

马提尼–亨利后装式步枪。

在这场战争中，布尔人还完善了如今的一种标准军事战术——火力压制和移动。在南非荷兰语（Afrikaans）中，这种战术被称为“开火和移动”（vuur en bewug），具体指以持续不断的准确火力压得敌人抬不起头来，同时派一队士兵突前或进入有利位置；这一战术在因戈戈（Ingogo）和马朱巴山（Majuba Hill）的战斗中大发神威。为了对布尔人的步枪火力及战法有更直观的认识，请看下面这份2个月间4次交火的伤亡统计：

1880年12月20日，在布隆克霍斯茨普雷特（Bronkhorstspruit），一支由34辆马车、260名士兵和6名军官组成的英军补给队与布尔人交上了火（有人说是遭到了伏击，但这不准确）。布尔人在仅仅200码（183米）外开火，只用了15分钟便迫使英军投降。他们先打死了第一辆和最后一辆马车的役畜，封住了逃跑路线，然后向被困英军倾泻火力，造成157人伤亡（77死80伤），而布军仅有2人阵亡，5人负伤。

在1881年1月18日的朗峡（Laing’s Nek）一役中，400名掘壕固守的布尔人击退了一支约1200人的英军部队。英军亡84人，伤113人；而布军仅亡14人，伤27人。率领英军进攻的两名指挥官均中弹身亡，执掌团旗（regimental color）的贝利（Baillie）中尉亦未幸免；事实上，这也将是英军团级部队最后一次获准把军旗带入战场。

在1881年2月7日的因戈戈战役中，布尔人与射术娴熟的英军步枪手展开了较量，后者本应是散兵战术的专家。在这次战役中，英军第60来复枪团（国王皇家来复枪队）3营的步枪手们和其他部队（总数约300人），带着两门9磅炮[25]，占领了舒因斯呼赫特山（Schuinshoogte）的山脊，俯瞰缓坡下的因戈戈河。一支数量相当的布尔军队用准确的步枪火力对英军发起了进攻，战斗持续了5小时，直到天气变得过于恶劣，交火才告停止。英军放弃阵地，撤回因戈戈河对岸。虽然第60来复枪团阵中全是专业步枪手，穿的也是绿色而非红色军服，还占据高地，拥有炮火支援，但战绩却十分糟糕。英军亡75人（其中9人在撤退中被暴涨的河水冲走溺毙），布军当天仅阵亡8人，伤6人，有2名伤员后来因伤重不治去世。

最终，在1881年2月27日的马朱巴山一役中，布尔人取得了最值得纪念的胜利。当时，英军少将乔治·科利（George Colley）爵士率领约600人登上了俯瞰布尔营地的马朱巴山顶。山顶开阔，防线较长，易攻难守。虽然英军在阵地上待了一整夜，但没有挖掘任何射击掩体。运用“开火和移动”战术，布尔射手们以强大的火力压制了山顶的英军，掩护部队向山顶进发。布军的行进路线规避了来自山顶的步枪火力，最后几乎毫发无损地登上了山顶。随后，势如破竹的布军开始一一射杀射程内的防守者，迫使对方从马朱巴山后坡下撤。撤退途中，英军再次遭到了山顶布军的袭击。战斗持续了约1小时，英军亡93人（其中包括乔治·科利爵士），伤133人，有58人被俘；而布军仅阵亡1人，伤5人。

弹头外露的纸药筒，用于装填采用撞击式雷帽的后装式步枪。

不论是在上述交锋中，还是在这场战争期间的其他战斗中，所有英军步兵都装备了使用金属弹壳的步枪。布尔人虽然也拥有一些此类步枪，但装备更多的还是采用纸药筒和独立撞击式雷帽的后装枪，因此射速理应更慢。布尔人的主要优势在于，他们完全了解己方的武器、战术以及地形，并明白如何充分运用它们。

英国陆军在第一次布尔战争中一败涂地，而马朱巴山一役更是失败中的失败。但是，英国公众对于“重返家园”（back home）的疾呼，至少让英国人对射击术的兴趣有所提升。19 世纪 80 年代至 90 年代间，众多平民步枪俱乐部和志愿兵步枪队纷纷涌现，标语是“记住马朱巴”（Remember Majuba）——在第二次布尔战争中，这句标语将成为英军的战斗口号，回响在他们再战布尔神枪手的战场上。

注释

[1]　P53 恩菲尔德步枪（P53 Enfield），即 P1853 恩菲尔德步枪。本书原文在提及步枪型号时常省略年份数字的前两位。此外，在步枪型号中，“P”一般指“Pattern”，意为“型”，写在年份前；“M”一般指“Model”（或 Mod.），意为“式”，写在年份前；“Mk”一般指“Mark”，意为“型”或“式”，写在罗马数字前，如“Mark VII”意为“7型”；“T”一般指“Telescope”，指步枪装有望远式瞄准镜。

[2]　弹仓或弹匣（magazine），枪械供弹装置。本书中，弹仓和弹匣的大致区别在于，前者多固定在枪械内，后者则可以取下。

[3]　查塔姆勋爵（Lord Chatham），这里指第二代查塔姆伯爵约翰·皮特（John Pitt），他的弟弟小威廉·皮特曾是英国史上最年轻的首相。

[4]　以购买力计算，1806 年左右的 2 万英镑相当于今日的 150 万英镑。

[5]　谢赫（sheik），伊斯兰教教职称谓，是阿拉伯语音译，意译为“长老”。

[6]　克里米亚战争（Crimean War），又称“东方战争”“第九次俄土战争”，是 1853 年因争夺巴尔干半岛控制权而爆发的一场战争。奥斯曼帝国、英国、法国、撒丁王国先

后向俄罗斯帝国宣战，战争于1856年结束，以俄国失败告终。

[7] 卡菲尔战争（Kaffir Wars），又名科萨人战争（Xhosa Wars）或非洲百年战争，指1779年至1879年间，科萨人与欧洲殖民者（荷兰人、英国人等）在今南非东开普省爆发的一系列共9次战争。其中，第7和第8次战争发生于1846—1853年间。

[8] 缠率（rifling twist），缠距的倒数。其中，缠距指枪管的膛线旋转一周所前进的距离，一般以英寸为单位。若枪管缠距为78英寸，则缠率为1∶78。

[9] 打兰（dram，缩写为dr）和格令（grain）均为英制重量计量单位，2.5打兰（68格令）相当于4.4克。

[10] 皇冠下有“VR”或“V+R”字样，代表当时的英国统治者维多利亚女王（Queen Victoria Regina）。

[11] 祖阿夫（zouave），法国旧时的一种轻步兵，原在阿尔及利亚募集，以善于冲锋陷阵并穿阿拉伯式华丽服装著称。另外也指效仿祖阿夫兵操练及其华丽服装的军队，如美国南北战争时期的“祖阿夫”义勇军。

[12] 第1来复枪旅即前文中的“来复枪旅”。

[13] “春田”乍一听似乎是日本名字，但春田步枪（Springfield Rifle）其实产自美国的春田（Springfield）兵工厂，后者曾经是美国主要的国营轻兵器生产和研发中心。

[14] 卡恰托里猎兵（Cacciatori），来自意大利的猎兵部队，“cacciatori”在意大利语中意为“猎手”。

[15] 原文为“string”，可理解为累计偏差，即一组射击的弹着点偏离靶心的距离之和，正文下一段中有具体解释。

[16] 此处的“联邦第1神枪手团（英国）战争重演社”为英国的一家战争重演社团，从属于“美国内战协会”（American Civil War Society），该协会是英国最大的美国内战战争重演组织。

[17] 这里的“叛军（Rebel）”，是南北战争中北方联邦主义者对南方邦联成员的称谓。

[18] 铁瞄具（iron sight），即机械瞄具，是相对光学瞄具而言的概念，泛指表尺、

准星和照门等金属瞄准具，分为觇孔式瞄具和开放式瞄具（如缺口）等。

[19]　狐狸洞（fox-hole），意指散兵坑。

[20]　中发式（center-fire）子弹，指底火（即引火药）在弹壳底部中央的子弹。

[21]　缘发式（rimfire）子弹，指将引火药装在弹壳底部突出边缘的子弹。

[22]　公差（tolerance），机械术语，指允许工件尺寸、几何形状和相互位置变动的范围，用于限制加工误差。它反映对制造精度的要求，体现加工的难易程度。

[23]　德尔维希（dervish），本意是伊斯兰苦行僧或托钵僧，历史上指1880—1885年追随苏丹马赫迪（Mahdi）反叛英埃统治的上埃及和苏丹的部落成员。

[24]　马提尼–亨利步枪的后瞄具包括滑坡式照门座和梯式表尺，一般来说，照门座的可调射距较小（如100码到300码），梯式表尺的可调射距较大（如400码到1000码）。

[25]　9磅炮（nine-pound cannon），指发射9磅（约4公斤）重炮弹的加农炮。当时的滑膛炮多以炮弹（实心圆弹）的磅重来标定口径。

一支洛瓦特侦察兵（Lovat Scouts）狙击二人组。洛瓦特侦察兵率先采用了1名观瞄手（携带望远镜）加1名射手的狙击模式；如今，这一模式已得到了普遍采纳。（约翰·诺里斯供图）

第三章

20世纪上半叶：从局部战争到世界大战

1899 年，英国人与布尔人重燃战火，史称第二次布尔战争(Second Anglo-Boer War)。此时，武器技术已有了新的飞跃，交战双方均装备了栓动枪机连发步枪。这类步枪可以称得上是自动装弹式手动步枪的巅峰，与采用无烟火药的金属弹壳子弹配合使用。英军装备了现代化的李-恩菲尔德步枪，布军的武器则参差不齐，但主要装备了逾 3 万支新型毛瑟 M1895 式 8mm 步枪，由布军总司令茹贝尔（Joubert）将军在战争爆发前购入。此外，布军还装备了一些克拉格-约根森（Krag-Jørgensen）步枪，以及许多马提尼-亨利步枪；后者由布尔政府购自英国和比利时，后以成本价向公众发售。

第二次布尔战争

虽然英军部队已步入现代化，多数兵员均训练完备（尽管也有一些缺乏经验的志愿兵），但他们还从未面对过装备了类似现代武器的敌人。布尔突击队则普遍未受过任何正规军事训练，但几乎打小开始，他们就从狩猎中掌握了枪法和野外技能。

在经历了第一次布尔战争之后，英军理应对这些坚韧农民[1]的战术和枪法不以为奇。英军总算放弃了红色军衣，改穿卡其色军服，让部队看起来没那么显眼。不过，在战争初期，英军还是承受了不少伤亡，原因在于英军部队不会利用掩护，而他们本应已从对手身上学到这点。此外，英军战士所受的训练，也主要是在由军官和军士组成的逐级指挥体系下，以密集队形作战。布尔人则是以大大小小的分队作战，时而听从指挥，时而根据实际情况独立思考和行动。另外，多数英军部队掌握的射姿以站姿和跪姿为主，但在非洲南部的稀树草原上，俯卧姿是缺乏掩护时唯一可行的射姿。

到19世纪末，英国陆军普通士兵均训练完备，此外，卡其色也最终成为英军的标准制服色。

神情坚毅的年轻布尔战士（约 1899—1902）。他们装备了新型毛瑟 M1895 式步枪，口径为 8mm。

盒型弹匣和栓动枪机

金属弹壳子弹的发展，使得军用连发步枪的实用设计成为可能。尽管第一代毛瑟枪——M1871 步枪采用了黑火药枪弹和 8 发装的管状弹仓，但栓动枪机主要还是与（固定式或可卸式）盒型弹匣搭配使用。比起其他替代方案——如旋转弹膛（可见于曾短暂配发伯丹神枪队的柯尔特 M1855 步枪）或使用管状弹仓的种种杠动枪机（lever-action）和泵动枪机

李–恩菲尔德步枪采用可卸式弹匣[2]，通过弹夹[3]装弹。要装满整个弹匣，需用两个 5 发装的弹夹从机匣顶部向下装弹。这种弹匣可以拆卸，也可用几秒时间固定于步枪机匣[4]处（自下方安装）。有了这种用法灵活的弹匣，就意味着除了步枪上已装弹完毕的弹匣外，士兵还可携带已填满 10 发子弹的备用弹匣，或在打出 5 发以上子弹后，用弹夹（5 发装）向弹匣内补弹。此外，该枪还可单发装弹、单发射击。

李–恩菲尔德步枪的弹匣可借助弹夹从机匣顶部装弹，但若枪管上装有瞄准镜，便无法如此装弹，而是改为单发装弹，或直接更换弹匣（容弹 10 发）。

李-恩菲尔德步枪机匣顶端俯视图——先将弹夹插进机匣导槽，再用拇指将子弹压入弹匣中，清空弹夹。有的步枪还会把弹夹连同子弹一起装在弹匣里，等子弹打光了，空弹夹便会弹出。

（pump-action），栓动枪机和盒型弹匣的组合更适合军用，后来的毛瑟M1893步枪和英制李–梅特福德步枪便是范例。栓动枪机步枪装弹更迅速，使用更安全，通常也更易于维护和保养。

要给栓动步枪的盒型弹匣装弹，首先得扳起枪栓右侧的拉柄，解锁枪机，使枪栓可以后拉；后拉枪栓的动作会露出步枪后膛和弹匣底板，弹匣底板由弹簧支撑；随后，将子弹向下推向弹匣底板，压缩底板弹簧，直至弹匣满弹。可卸式盒型弹匣从步枪上卸下后，仍然可以装弹。因此，枪手可以携带一个满弹备用弹匣，以便在需要快速装弹时迅速将其插入步枪底部的槽口。

有的栓动步枪可以通过弹夹（或填弹条）进行装弹。这种装弹工具是一种金属槽条，上嵌多枚子弹（数量通常是弹匣容弹量的全部或一半），装弹时插入弹匣上的导槽。这加快了装弹速度，因为士兵可以将弹夹上的所有子弹一次性压入弹匣。当枪栓复位时（推向前方），弹簧的张力会将一枚子弹从弹匣中顶起，使其被复位中的枪栓推入弹膛。将拉柄向下扣回原位，便可闭锁枪机。根据步枪的设计情况，当枪栓后拉或前推时，会再次锁回撞针、设定扳机，使步枪处于待发状态。开火后，继续拉推枪栓便可抛出废弹壳，装填下一发子弹。虽然栓动枪机的原理描述起来冗长而拗口，但在实践中，普通士兵若能迅速推拉枪栓、瞄准、扣下扳机，便能很快打光弹匣中的子弹（通常在5至10发间）。

这些原因导致英军的伤亡像第一次布尔战争时一样惨重，而这一回，许多布尔人都装备了射击准确的毛瑟弹匣供弹式步枪，在射速和命中率上均占上风。在英据城镇的围困战中，守城的英方士兵很快明白，只要从防御工事中稍探出身，便会招来布尔狙击手的子弹。他们还明白，破晓前后也是极为危险的时段，因为布尔神枪手们会趁着夜幕占据有利位置，常常刻意使自己背对非洲的灼灼旭日，向英军防线上任何大意的卫兵或哨兵开火，再溜回英军射程之外。而到了黄昏时分，英军士兵同样不得不学会避免被灯光照亮，并避免在落日的余晖中暴露出自己的剪影。任何处于步枪射程内的目标都会遭到射击，而在射击能手手中，一把制式现代步枪能在600码（549米）开外的距离上命中人体大小的目标。

经过战争初期的围城战和对阵战后，布尔一方被迫改用游击战术。在游击战中，布尔人的骑马步兵突击小队如鱼得水，甚至在英联邦部队补给更胜一筹、数量绝对占优的情况下，又坚持战斗了近两年。各支突击队都在自己熟悉的区域活动，依靠当地民众的支持和补给，一旦出现机会，便会痛击英军。他们避免进行近距离对抗，常以远程步枪火力制

布尔战争期间的一名加拿大侦察骑兵。在与布尔人的战斗中，英联邦部队常常自主行动，运用天赋的骑术与步枪射术对付布尔突击队。

弗雷德里克·罗素·伯纳姆（Frederick Russell Burnham）少校是位著名的美国冒险家，曾任英国陆军的侦察长。

造伤亡，阻遏敌方纵队，在遭到还击时立刻脱离战场。这种“打了就跑”的战略对英军军力和士气造成了打击。不过，英军部队最终也意识到了自己陷入的情形和境地，并开始做出有效应对。

在这场战争中，来自澳大利亚、加拿大以及新西兰（外加亲英南非人）的英联邦士兵从一开始就对布尔人怀有更多尊重，在某些情况下还采用了与后者相似的作战方式。在这些英联邦士兵中，有许多人都来自各自国度的荒野地区，和布尔人一样，是天生的猎手，熟习骑术和枪法。他们中的一些人还擅长循迹追踪，辨识敌军行动留下的痕迹。因此，英联邦骑马步兵常常负责侦察、追踪和观察行踪飘忽的布尔突击队，一同行动的还包括其他专业部队，如洛瓦特勋爵（Lord Lovat）的侦察兵。这支侦察兵部队由著名的美国冒险家弗雷德里克·罗素·伯纳姆少校指挥，他也是英国陆军的侦察长。

洛瓦特勋爵的侦察兵最初由苏格兰高地人组成，其中有许多人本是猎场看守人、追猎者甚至偷猎者，但所有人都精通枪法、善于隐蔽。他们后来研发出了军用吉利服，由猎场看守人的伪装斗篷改制而来。借助望远镜和信号装置（如当时的新发明——日光反射信号器 [heliograph] 和使用旗语的信号旗 [semaphore]），洛瓦特勋爵的侦察兵提供了关于敌军动向的重要情报。观察敌情由此逐渐成为了现代狙击手的一项关键任务，洛瓦特勋爵的侦察兵们也最终发展为了侦察狙击手——洛瓦特侦察兵（兼神枪手）；他们将一直扮演这种双重角色，直至第二次世界大战。

英军在第二次布尔战争中取胜实属必然，因为他们在兵力上占据绝对优势——为了攻伐布尔人，英军一共部署了约 25 万人的部队。同时，他们还拥有充足的弹药供应，并使用了一些相当无情的战略，如消耗战和首个集中营。英军吸取的教训是，无论全军如何训练有素、装备精良，都会被装备了现代武器的小分队所牵制，后者的成员不仅作战坚决、机动灵活，还深谙地形。

美西战争（1898年4月至8月）

在这场短暂的战争中，出现了两种栓动枪机步枪：一种是由挪威人设计的克拉格–约根森步枪（美军列装的第一种栓动步枪），另一种是毛瑟M1893步枪（常被称为“西班牙毛瑟”，因为它曾被西班牙和数个拉美国家采用）。这两种步枪后来成为布尔人在战争中使用的主要栓动枪型。

毛瑟步枪有个标准盒型弹匣，能容纳5发7×57mm[5]无烟火药子弹，可通过弹夹进行快速装弹。多数美军常规部队都配发了新式克拉格–约根森步枪，其特点是具有一个从侧面装弹的固定式弹仓，弹仓盖为铰接式，打开后可装填.30–40无烟火药子弹（.30–40为子弹型号，其中0.30表示口径，单位为英寸；40表示装药量为40格令，相当于2.6克。——编者）。一些美军部队还使用了老旧的春田活门式单发步枪——这种后装枪大体上是由过时的前装式春田步枪改装而来，发射黑火药子弹。

在美西战争的主战场古巴，曾有数百名西班牙步枪手藏匿于树林和浓密的灌木中，用毛瑟狙击火力骚扰和迟滞了约1.5万名美军。在茂密的植被中，使用无烟火药子弹的单支神枪手部队不易暴露，因而很难对付。在著名的圣胡安山战役（Battle of San Juan Hill）中，美军发起了直接进攻——约800名掘壕固守的西班牙步兵，对阵由1.5万名美军和4000名古巴反叛者组成的联军。最后，美军有124人阵亡，逾800人受伤；西军亡58人，伤170人。这是双方部队装备现代连发步枪后，首次品尝战争的滋味。

1899 年 1 月 1 日，在美西战争的菲律宾战场上，
美军部队正使用克拉格－约根森步枪参与防御行动。

死亡一英亩——斯皮恩山

1900年1月24日，为了解除布尔人对莱迪史密斯（Ladysmith）的围困，英军将领雷德弗斯·布勒（Redvers Buller）爵士率2万人前往增援。在南非北纳塔尔的图盖拉河（River Tugela），他们遭遇了博塔将军指挥的一支8000人布尔军。是役，为了掩护大部队向莱迪史密斯进发，沃伦中将麾下的一支英军占领了斯皮恩山（Spion Kop，又名瞭望山 [Look-out Hill]）。此次行动在夜间进行，几乎没有遇到任何抵抗，皇家工兵部队沿着山顶四周构筑了堑壕。到了早晨，英军才发现，自己仅仅占据了山顶一英亩多点的土地，而布军此时却已占领了这座山的周围地带，且居高临下。另外，英军构筑的所谓“堑壕”比浅沟强不了多少。

当布军炮兵开始轰击英军阵地后，斯皮恩山山顶边缘和附近山上的步枪手们也一齐向浅浅的英军堑壕开火。英军官兵挤在如此狭小的空间中，又面对着密集而准确的步枪火力，开

一把布尔战争中典型的栓动毛瑟步枪。此枪产于1896年，枪主名叫F. W. 康拉迪（Conradie）。他的名字刻于步枪后托一侧，这种做法在当时很普遍；士兵们将自己的名字刻在或烙在枪上，这样人人都能轻易认出自己的步枪。此枪枪主是布尔人，曾随奥兰治自由邦的博塔突击队（Botha's Commando）作战。（图片来源：加拿大战争博物馆，编号19980093-010）

始接二连三地倒下，其中就包括爱德华·伍德盖特（Edward Woodgate）将军和其他许多高级指挥官。任何看似在发号施令者，都是布尔神枪手们击杀的对象。

沃伦中将派遣增援部队上山，但只起到了火上浇油的作用，让拥挤的情况更加严重。当英军志愿兵攀上山顶后，布尔人也开始出现伤亡。越来越多英军部队加入了战斗，但他们中也有更多人倒在布军的枪炮火力中。直到国王第3来复枪队（3rd King's Rifles）将布尔军赶下了邻近的双子峰（Twin Peaks）后，斯皮恩山上的布军才开始撤退。此时正值黄昏，部分英军防御部队已在烈日的炙烤下承受了一整天的攻击。在

斯皮恩山上，3名布尔狙击手在一处居高临下的射击点俯视英军。这种地形在图盖拉河地区十分典型。（图片来源：澳大利亚战争纪念馆，编号P02578-008）

不知道己方已获胜的情况下，留在山顶指挥的英军军官桑尼克罗夫特（Thorneycroft）中校撤下了精疲力竭的防守部队。等到翌日早晨，布尔军杀回斯皮恩山山顶时，英军已放弃了援救莱迪史密斯的尝试。

到这场惨烈战役结束之时，英军付出了1500人的伤亡，其中有243人阵亡。有些人死于炮轰，但更多人是被布尔射手用毛瑟步枪打死的。不过，李–恩菲尔德步枪的表现并没有辜负防守部队，因为布军也付出了68人阵亡、277人负伤的代价。

阵亡的英军战士倒在斯皮恩山上的浅壕中。

布尔战争推动了英国陆军的彻底改革，其中包括射击训练的加强。一些项目甚至开始鼓励工人阶级参与步枪射击，而在以前，这还只是中产阶级的消遣活动。即使在童子军运动（发轫于贝登堡勋爵[6]在南非建立的功勋）中，少年儿童们也被鼓励学习基本的野外技能；与此同时，军队也开始认识到这些技能的重要性，并开始正视布尔人的“开火和移动”战术。

不幸的是，世界正在迈向一场纷争。在这场纷争中，部队的移动将不再重要，取而代之的是旷日持久的苦战——士兵们住在堑壕里，陷在污泥中，每次冒险探出沙袋垒成的胸墙进行观察时，都要面对死亡的危险。

斯皮恩山前的一支布尔突击队。斯皮恩山是第二次布尔战争中最有名的战场之一。

李-恩菲尔德各型步枪（1888—1957）

Mk I 型弹匣式步枪（又称李–梅特福德步枪）采用了栓动枪机，通过盒型弹匣供弹。它得名于詹姆斯·帕里斯·李（James Paris Lee）和威廉·梅特福德（William E. Metford）；前者设计了此枪的枪机，后者研制了此枪的枪管和膛线。这款步枪最初使用的是黑火药子弹，并于 1888 年列装英国陆军。不过在 1895 年，英军采用了新式 .303 金属弹壳无烟火药子弹，而此枪较浅的膛线无法与之兼容。因此，位于恩菲尔德的皇家轻武器厂对其进行了改造，采用了适合新子弹的膛线以及新式照门，李–梅特福德步枪由此升级为了李–恩菲尔德步枪。

就第二次布尔战争的实战情况来看，布尔人的毛瑟步枪明显优于李氏步枪，前者的优势主要在于射击精度和装弹速度。这些劣势在 1902 年的李–恩菲尔德弹匣式短步枪 Mk I 型（即 SMLE 步枪，常被戏称为“臭烘烘”[7]）中得到了弥补。SMLE 步枪具有可卸式弹匣，能固定装弹 10 发（借助两个 5 发装弹夹），瞄准装置也有所改良，枪长也减为称手的 44.5

SMLE 步枪（李–恩菲尔德弹匣式短步枪）Mk III* 型。（星号代表武器为小改款。后同。——编者）

英寸（113 厘米），故名短步枪。该型步枪普遍配发了英军步兵、骑兵和炮兵部队。到一战时，SMLE 步枪已推出了略有变化和改良的 Mk III* 型；经实战检验，该型步枪结实耐用、稳定可靠。它具有短而光滑的枪机，枪栓移动距离小，退壳时更省力——这种改变是因为此枪采用了“闭合待发”[8] 的设计，而包括毛瑟步枪在内的多数军用步枪采用的则是“开启待发”[9]。使用制式李-恩菲尔德步枪，一名合格的士兵每分钟能轻松进行 10 至 15 次瞄准射击。（后面会谈到这种步枪的狙击枪型——T4 步枪[10]）

到 1939 年英国参加二战时，SMLE 步枪几乎已被其衍生枪型全面替代，也即更为现代的李-恩菲尔德 No. 4 Mk I 型步枪。这种步枪枪管更重，拥有多处改良，比如安在加固机匣上的觇孔式照门。此外，它还特别易于大批量生产。所有英联邦国家均将此枪纳入军中；从第二次世界大战到朝鲜战争，这种步枪一再证明了自己的价值，直到 1957 年被 FN FAL 半自动步枪所取代。不过，采用 7.62mm 北约制式枪弹的李-恩菲尔德狙击枪型，此后依然在军中服役。

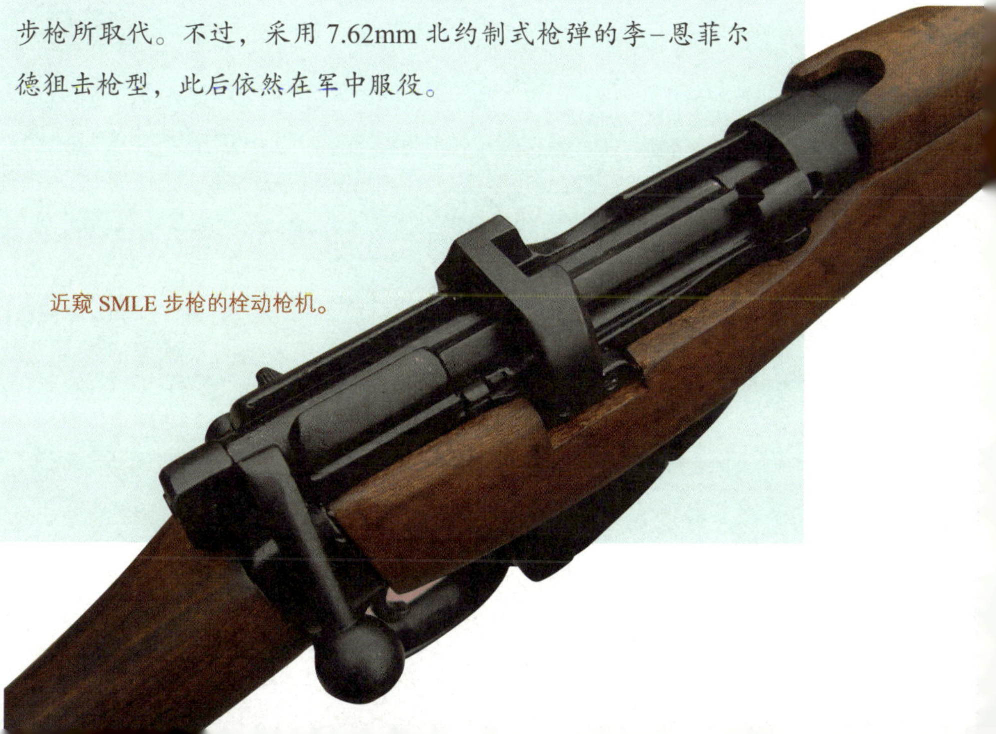

近窥 SMLE 步枪的栓动枪机。

一战初期，战斗往往在开阔地上打响。1914年，德军挺进的步伐在法国小镇勒卡托（Le Cateau）戛然而止；这些战争重演者正在扮演勒卡托战役中的英军散兵，纪念此役胜利90周年。当时，英军散兵的小伙子们装备了李–恩菲尔德（SMLE）步枪，“射得又快又准……”。（史蒂夫·内维尔[Steve Neville]、加雷斯·斯普莱克[Gareth Sprack]供图）

一战西线：堑壕对垒

1914年，德国入侵了法国和低地三国[11]。经过初期的快速西进后，德军的攻势被法国及其英国盟友的军队挫败，战争陷入堑壕战。双方部队都掘壕固守，沿着阵线构筑了土木工事和障碍物。两军阵线间寸草不生，仅余一片满是弹坑的“无人地带”。虽然现代步枪的威力和射程都有所提升，但士兵们很少射击400码（366米）开外的目标。

此时，“狙击手”一词已是英军的常用词汇，它早在12年前起便用于指代布尔射击能手，但直到第一次世界大战，现代狙击手的一切元素才汇集到了一起：射击准确的远程步枪，光学瞄具，两人一组（1人观瞄、1人射击），伪装和野外技能，观察和侦察技巧。这些元素此前都曾多多少少出现过，特别是在美国内战时期，不过这时，它们将在正式（和非正式）训练中共同出现，只为一个特殊目标：培养“狙

经过训练，英军士兵掌握了以俯卧姿、跪姿和站姿进行射击。（史蒂夫·内维尔、加雷斯·斯普莱克供图）

自一战伊始，德军就装备了不少加装望远式瞄准镜的步枪。图中所示是一支福伦达 4 倍瞄准镜（供图：约翰·皮尔斯 [John Pearce]；第 28 “冯·戈本”步兵团 [第 2 莱茵团][12]，1900—1919）

并非所有狙击手都会装备瞄准镜步枪；不仅德军如此，英军和法军亦然。（图片来源：美国国会图书馆）

击手”。

20 世纪初，德国和奥地利在光学技术上傲视群雄，两国能生产世界上最好的步枪瞄准镜，如今可以说也是如此（虽然有待争议）。这些望远式瞄准镜的设计初衷多是用于打猎，但不出意料的是，它们很快被改为军用，典型的例子是毛瑟公司和奥地利斯太尔-曼利夏公司（Steyr Mannlicher）生产的步枪——这些步枪不仅供德国和奥匈帝国的猎人们使用，还装备了两国军队。事实上，首批送上前线供德国狙击手使用的瞄准镜步枪，正是猎枪型号。

此外，狩猎和打靶射击还是德国文化的重要内核，这一点从日耳曼诸邦狩猎地区的“Schützenfest”（射手节）盛况中便可见一斑。许多达到参军年龄的年轻人已是技术娴熟的步枪手，而年龄更大、枪法更老练的射手就更多了——他们中的许多人仍在军中服役，训练入伍的新兵。

毛瑟M98步枪（1898—1945）

德国毛瑟公司生产了许多军用步枪，其中最成功的一种或许当属 M98 步枪。这款栓动步枪由毛瑟 M1893 步枪及随后的 M1895 和 M1896 步枪发展而来，采用了 5 发装固定式盒型弹匣（子弹交错排列），可用弹夹进行快速装弹；枪栓采用三凸耳设计，保证了强度和安全性。此枪的射击精度实属上乘，迄今仍被视为是最伟大的栓动步枪之一。

1898 年，M98 步枪配发德军，军方将其定名为 Gew 98 步枪（G98）。到 1912 年时，它已取代了德军中的所有其他步枪。Gew 98 步枪发射 7.92×57（常写作 8×57mm）的尖头弹（spitzcr），弹头重 154 格令（10 克）。这种子弹的弹道系数（子弹性能参数之一）较高，因而远程射击精度更佳。整个一战期间，Gew 98 步枪都是德军的主要步枪。Kar 98 步枪（Karabiner）是 Gew 98 步枪的卡宾枪版本，枪身更短，在一战中亦有服役。1935 年，Kar 98 步枪成为了德军的制式步兵用枪，又名 K98k（“K”代表“kurz”，意为“短”），或简称 K98。

毛瑟 G98 式狙击步枪曾为一战西线（Western Front）德军狙击手所用。此枪装有 4 倍望远式瞄准镜，制镜商为柏林的 C. P. 戈尔茨公司（Goertz），序列号为 99（底部序号为 18869），加装了皮革眼垫。（图片来源：澳大利亚战争纪念馆，编号 RELAWM03709）

德国狙击手在匆忙搭建的掩体后观察协约国部队动向。他们当时的装备应为毛瑟 G98 式步枪；在一战中，这种步枪是所有德军部队的制式装备。

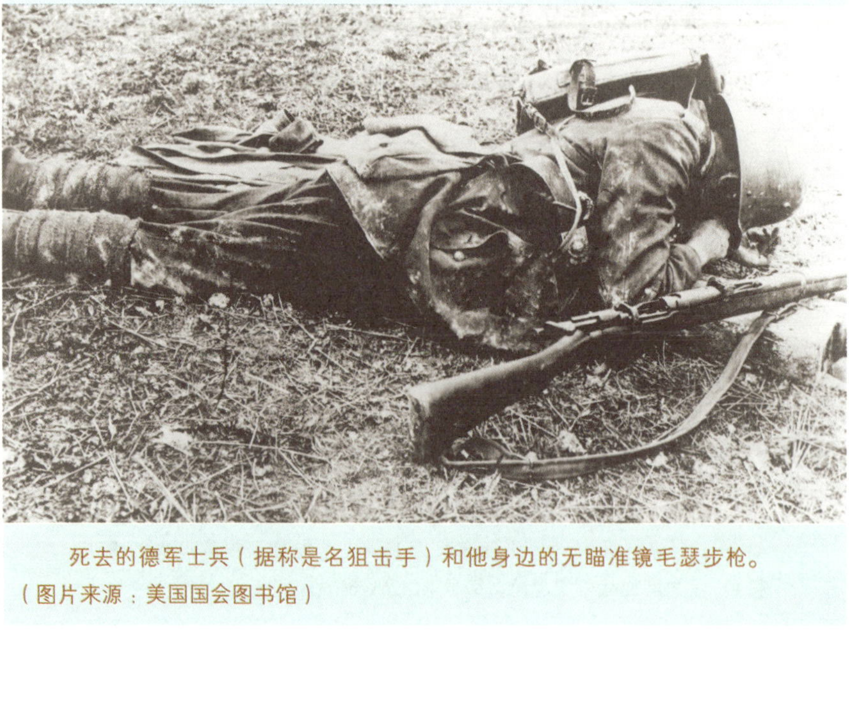

死去的德军士兵（据称是名狙击手）和他身边的无瞄准镜毛瑟步枪。（图片来源：美国国会图书馆）

当毛瑟 M98 步枪使用制式开放瞄具时，其有效射程可达约 750 码（686 米），但若采用的是光学瞄准镜，这一数字还可大幅提升至 1000 码（914 米）以上。在两次世界大战中，毛瑟 M98 步枪都曾是德军狙击手的装备，通常搭配望远式瞄准镜使用，但也不尽然。

德军各团都配发了狙击步枪，平均每连 6 支；每营都有一支 24 人的狙击小队。若非执行特殊任务所需，这些专业狙击手往往在本营区域独立行动，选择最佳射击位置，寻机攻击目标。

军用 Gew 98 毛瑟狙击步枪属于工厂生产的制式型号，但经过射击测试，那些射击精度最优的枪支会被遴选出来。这些步枪采用的是下弯式枪栓拉柄（turned down bolt），而非制式枪型的直拉柄，以便为望远式瞄准镜及镜座的安装腾出空间。这些步枪发射制式 7.92×57mm 军用子弹，不过 1915 年后，质量更佳的 SmK 打靶级子弹亦投入使用。

步枪瞄准镜产自数家制造商；虽然它们的放大倍数往往不高（通常在 3–4 倍左右），但质量上佳，在有效作战距离上表现出色。当时，敌对双方的堑壕距离很少超过 600 码（549 米），往往还要近上许多。关键在于，配发瞄准镜的德军士兵要么熟悉瞄准镜的操作方式，要么能够得到部队中其他成员的指导，但对面的法英两军中则不是这么一回事。

德军在西线部署了大量瞄准镜狙击步枪，其准确数量不得而知，但据估计应在 2 万支以上。不过，无论数量如何，德军狙击手确实令敌对的协约国部队伤亡惨重。在英军部队的档案、信件和回忆录中，狙击手受害者的案例俯拾皆是——而且他们几乎全是头部中弹。产生这种情况的原因是，

注意图中狙击手的钉盔（Pickelhaube）。钉盔上原有的尖钉已被拧下，又加覆了一层灰黄色的盔布，以免引起敌军狙击手的注意。（供图：约翰·皮尔斯；第 28“冯·戈本”步兵团 [第 2 莱茵团]，1900—1919）

在堑壕中，脑袋是全身最易暴露的部分；只要往堑壕外匆匆一瞥，或是从观察孔向外窥视，或是在经过受损的低矮堑壕工事时稍有闪神，便可能在1秒内沦为狙击手的枪下魂。除此以外，德制尖头弹（以及协约国部队使用的类似枪弹）命中人体后会产生翻滚，在穿入处留下一个小洞，在穿出处则常常会造成拳头大小的伤口，因此头部中枪无疑是致命的。

此类狙击行动能取得多个层面的效果：第一，它会造成伤亡；第二，如果频频得到有效发挥，它便会制造出损耗士气的压抑气氛，使被攻击者提心吊胆；第三，它能够限制人员活动，使敌军人员无法专心完成任务。

一支双人狙击组，其中一人正用双筒望远镜为狙击手“观瞄”目标。（供图：约翰·皮尔斯；第28“冯·戈本”步兵团[第2莱茵团]，1900—1919）

一名战争重演者正在扮
军军士（Unteroffizier）狙
的角色。（供图：约翰·皮
第28“冯·戈本”步兵团[
莱茵团]，1900—1919）

狙击手们无疑会常常失手，不过，就算幸存的敌人知道自己刚才差点没命，他们也会倾向于认为自己只是遇到了一颗流弹；但那些致命一击，尤其是那些射杀了亲近战友的一枪，则会被视为狙击手的杰作，永远烙在目击士兵的脑海中。最重要的是，这名士兵会明白，如果对方射手刻意将自己选为目标，那么自己的生存概率将大大下降；事实上，他的生死存亡全系于狙击手扣在扳机上的指尖。

尖头弹和达姆弹

随着无烟火药的出现，军用子弹开始变得更小、更轻、更快，但在破坏力上似乎不及它们所取代的较大、较重、较慢的子弹。这种情形催生了一些旨在提升步枪弹杀伤力的实验。

英国人发明了软尖弹和空尖弹，二者射入人体后均会扩张并碎裂，在体内造成严重伤害，大大提升了杀伤力。这类子弹中最有名的是铅尖外露的被甲弹[13]，研发于印度的达姆达姆（Dumdum）兵工厂。从此以后，任何扩张式子弹（尤其是被犯罪分子和军队使用时）都常被俗称为“达姆弹”。其他国家则对这一发明没有什么好感；在1899年的海牙公约中，各国就“文明”（civilized）战争的数项未来约束条例达成了一致，其中就包括禁止将扩张式弹药纳入军用。

1905年，德军将尖头弹纳为制式步枪弹。尖头弹（spitzer）一词源于德语“Spitzgeschoss”，意为“带尖的子弹”。德制8mm弹壳能够射出154格令（约10克）重的轻型尖弹头，初速近2900英尺/秒（884米/秒）——这在当时是个惊人的速度。

尖头弹的弹头（枪弹的抛射部分）融合了许多 19 世纪末的新技术。尖头弹具有长长的被甲尖弹头（铅芯上包覆有硬铜），基底通常为“舟尾形”。比起普通的铅制弹头，这种弹头能更好地承受无烟火药带来的高速和高温，它的形状和质量分布又赋予其上佳的空气动力学特性，因而增加了射程和射击精度。由于设计上的原因，尖头弹在射入人体后会变得不稳定，能造成大范围组织损伤。它的另一个称呼是“隐伏的达姆弹”（latent dum-dum）。这一设计十分成功，包括美国和俄国在内的许多其他国家都在数年内采用了尖头式子弹。

在海牙公约条例的约束下，英国人继续试验他们的 .303 子弹，并最终于 1910 年推出了一战中常用的 Mark VII 型子弹，弹头重 174 格令（11.3 克）。新弹头的铅芯覆于铝制弹尖内，外被铜甲（全被甲弹）。和尖头弹一样，这种子弹也具有上佳的气动特性（出膛速度达 2440 英尺 / 秒 [744 米 / 秒]）。不过，由于弹头铜甲对质量分布造成的改变，弹头一旦击中肉体组织，便会发生翻滚。

到一战时，各主要国家的军队已开始采用尖头式子弹。图中的 3 发子弹是二战时期的老古董，从左到右分别为：苏制 7.62×54R，德制 7mm，以及英制 .303 步枪弹。

1917 年 7 月，一支德国耶格猎兵分遣队。在一战早期，耶格猎兵部队保持着自己作为专业侦察神枪手的身份，但随着战事陷入堑壕战的僵局，他们被编入了普通步兵部队。从这队耶格猎兵的装备来看，他们似乎属于强击部队（Sturmtruppen）或突击部队。（图片来源：军事历史图库）

利用犬牙交错的堑壕，德军狙击手能够发挥侧翼交叉火力，彼此掩护，对敌方进行有效射击，并避免直接暴露于前线火力下。他们还擅长运用防弹钢板，使英法部队难以采取反制措施——实际上，直到1915年，高度组织有序的德军狙击手也极少受到正式措施的反制。

英军少校H. 赫斯基斯-普里查德（Hesketh-Pritchard）是名情报官员，同时也擅长猎杀大型野兽。1915年年初，他在堑壕里待了一段时间，见识到了德军狙击手的压倒性优势。在短暂返英后，他又回到了法国，并带来了几支装有望远式瞄准镜的狩猎步枪。

赫斯基斯-普里查德的工作性质，使他得以多处探访己方防线，研究敌军的狙击技巧。他一向随身带着把瞄准镜步枪，并曾把它借给深受敌军狙击手困扰的多支部队。一段时间后，少量正式配发的瞄准镜步枪开始源源不断地抵达前线。1915年前，这些步枪是制式

当阳光直射该掩体时，狙击手易被敌军狙击手发现。（供图：约翰·皮尔斯；第28“冯·戈本”步兵团[第2莱茵团]，1900—1919）

SMLE 步枪，加装了产自多个不同厂商的各种瞄准镜，镜座更是五花八门。1915 年后，规格有所统一；SMLE 步枪上装有经过归零校正的瞄准镜（精度设定为至少 2 MOA[14]——即 100 码 [91 米] 上的 2 英寸 [5 厘米] 靶环）。这些瞄准镜（逾 8000 支）多数来自两家承包商——伯明翰的奥尔迪斯兄弟公司（Aldis Brothers），以及伦敦的广角棱镜公司（Periscopic Prism Company）；此外还有近 1000 支温彻斯特 A5 瞄准镜购自美国。这些正式配发的狙击步枪均存在着一个不便之处，那就是瞄准镜的安装位置偏左；这么做估计是为了腾出空间，便于用弹夹（填弹条）向弹匣装弹，尽管弹匣可以拆卸，不用弹夹也能装弹——事实上，这些步枪的早期型号往往设有一个弹仓截断板（magazine cut-out plate），在无须进行快速射击时，用于单发装弹、单发射击。

在黄昏时分，或在背阴处，从黢黑的掩体内部开枪的狙击手很难被发现。（供图：约翰·皮尔斯；第 28 “冯·戈本” 步兵团 [第 2 莱茵团]，1900—1919）

德军的堑壕布局不像协约国部队般正规，这使得德军狙击手能够利用不规则的“破烂”材料和轮廓进行伪装。（供图：约翰·皮尔斯；第28“冯·戈本”步兵团［第2莱茵团］，1900—1919）

狙击与20世纪的护甲

一战期间，一些军事试验着眼于制造用于个人防护的护甲（这种试验到二战时已大为减少）。这些护甲通常采用金属胸甲的形式——类似于中世纪的板甲，但材料是更硬更沉的钢铁。这些护甲最常用于保护机枪小队，但据说狙击手也曾用过。不过，由于狙击手的胸部往往藏在射击位置的堑壕后，因此很难看出护甲能带来多少优势。如果狙击手处于开阔地带，那么他几乎必定会以俯卧姿进行射击，而这样一来，他只有头部和上肩部会暴露。更何况，倘若身穿护甲，狙击手的移动还会受到严重限制。

一名使用可移动钢制护甲板的意大利狙击手。（图片来源：美国国会图书馆）

德军同样也在试验半英寸（1.3 厘米）厚的钢制弯曲面罩，用于保护面部和颈部。面罩右下角留有缺口，使枪手能够用肩抵住枪。这种面罩上有两条小窥缝，看起来既不实用，也无实效。在任何情况下，现代的高速子弹都能洞穿多数“轻型”护甲（请看第 240—241 页图中经机枪实弹测试后的胸甲）。

装安有固定护甲的射击位适合进行狙击和观察。多数时候，这些射击位都是重型固定掩体，看起来往往像个大邮筒（或圆或方），内部足以容纳两人，常常由超过 3 英寸（7.6 厘米）厚的铸铁打造，前部开有观察兼狙击口。护甲的一种常见

一名加拿大士兵在检视己方攻占的德军装甲狙击筒（法国，1917 年左右）。该狙击筒由 3 英寸（7.6 厘米）厚的克虏伯钢铁打造，可以移动——但并非易事。

用法是：将一块带有观察孔或射击口的钢板固定于堑壕壁上，然后在前方堆上沙袋进行伪装。为达到良好的伪装效果，德军煞费苦心，甚至还将钢板漆成与周围沙袋一样的颜色。这么做的理由很充分——双方都在时时刻刻扫视敌方堑壕线；日复一日，任何细微的变动，任何不该有的活动迹象，以及任何看起来有所异样的东西，都会招致进一步的观察，并不可避免地引来狙击手的子弹。

钢板的最大问题在于，它必须具备窥视孔或射击孔，用于观察和射击。这些孔口通常都设有某种盖子。不过，如果敌军狙击手（配备一把瞄准镜步枪）盯上了其中一个孔口，便能轻易将其置于监视之下。一旦盖子移开，

一支德军机枪小队的机枪手正穿着胸甲（Sappenpanzer），他的头盔上还配有额甲（Stirnpanzer），提供额外的防护。（供图：约翰·皮尔斯；第28“冯·戈本”步兵团[第2莱茵团]，1900—1919）

便意味着有人在从里往外看——因此狙击手仅需将子弹送进孔口，便能命中倒霉受害者的“双眼之间”……某些情况下，这种说法毫不夸张。装有护甲的射击位看似“安全”，但有许多狙击手和观察员都是在从孔口向外窥视时中枪毙命的。

英国狙击专家赫斯基斯-普里查德提出的早期反狙击手措施之一，便是让士兵在打开观察孔时站在一边，将一顶军帽（上有帽徽）放在孔前，保持17秒。如果敌人没有开枪，便可以认为是安全的。

赫斯基斯-普里查德设法搞到了一些俘获的德军钢板，这些钢板此前曾用于德军堑壕中。在试验中，他发现一些高射速的猎枪口径子弹足以打穿钢板。实际上，英国战争部（War Department）也配发了一些大口径狩猎步枪，它们的确奏效。然而，它们是否能在堑壕中大量使用，仍存有很

1918年左右，在法国朗格勒的佩盖伊要塞（Fort de la Peigney），军械部对防弹护甲进行了测试，从左到右分别为手枪、步枪和机枪的实弹测试结果。

一名德军狙击手在小心翼翼地打开观察孔的钢罩（供图：约翰·皮尔斯；第 28“冯·戈本”步兵团 [第 2 莱茵团]，1900—1919）

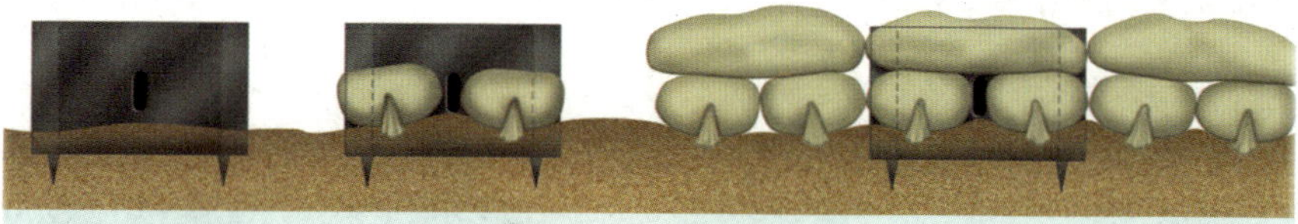

带固定护甲的狙击/观察位通常设有一面钢板，钢板外用堆叠的沙袋进行伪装。任何明显暴露的观察孔，或沙袋间的缺口，都会招来敌方火力。

大疑问。不过，这些猎枪一经使用，便向英国兵[15]证明了德军狙击手其实很脆弱，与此前的声名相左。

德军同样也使用了可移动护甲，这种护甲装有轮子，看起来类似火炮上的钢盾，但设有观察孔和步枪射击孔。其主要任务大概是扫除铁丝网障碍物，或抵前观察。不过，它能否成功实现任何一项任务都成疑问，更不用说狙击了。原因在于，除了平坦地形外，这种装置很难在其他地形上移动，容易沦为敌军火炮的目标。

尽管在一战中，个人钢制护甲未能成功对抗现代武器，但在二战中，日军仍在一定程度上使用了这类护甲，不过同样没取得什么效果。

一个铆接的可移动狙击盾，设有4道观察缝和射击孔，均可用翻盖关闭；整体装置通过一对直径约24英寸（61厘米）的钢轮进行移动。在西线战场，该型可移动钢盾或“单人坦克”得到了实际应用，狙击手和协约国战士们用它匍匐前进，捣毁带刺的铁丝网。据信，该装置由镍钢打造。（图片来源：澳大利亚战争纪念馆，编号REL-12494）

一战伊始，英军狙击手极少配备瞄准镜步枪。（史蒂夫·内维尔、加雷斯·斯普莱克供图）

赫斯基斯–普里查德明白，如果士兵们没有接受过关于光学瞄准镜的特殊训练，那么瞄准镜步枪几乎发挥不了什么作用。更糟的是，由于使用这种步枪的士兵未受过隐蔽训练，德军狙击手能不费吹灰之力地干掉他们。

在说服军方高层相信开展狙击训练的必要性后，赫斯基斯–普里查德获准担任英军第三集团军（Third Army）的狙击专家。《泰晤士报》的记者约翰·巴肯是名才华横溢的作家[16]，在他的鼓励和帮助下，赫斯基斯–普里查德设立了一所狙击学校（资金部分来自私人资助），旨在训练合格的狙击手，正确装配瞄准镜和步枪，并广泛试验反制狙击手的措施。他认识到，要提升狙击效率，每名英军狙击手都必须配备一名观瞄手，后者装备了高倍望远镜，负责寻找目标、标记弹着点。实战将会证明，这种对敌军阵线的持续观察极具价值，这些狙击小组搜集的情报比单纯的反狙击措施要有用得多。

一名英军下士在向战友展示他的李–恩菲尔德狙击步枪。（科迪 [Cody] 供图）

在观察能力教学中，赫斯基斯-普里查德会让学员用望远镜判读600码（549米）左右的场景，与此同时，每隔15秒左右，就会有各种目标（包括由混凝纸[papier-maché]制作的法军、英军和德军“人头”）进入他们的视线。随后，他会让学员写下观察结果。另一项练习则是将若干目标散布于远处的地形中，比如若隐若现的狙击点，然后再次让观察员汇报所见。这些方法极具实效，时至今日，其中一些方法的变体仍在狙击手的观察能力教学中得到了运用。

从一个营到另一个营，赫斯基斯-普里查德在每个狙击队中都会停留一天左右的时间，教他们如何调节和使用望远式瞄准镜，如何尽量保持隐蔽和保证自身安全，如何寻找目标，并传授了其他种种反制乃至消灭德军狙击手的技巧。在前线上，赫斯基斯-普里查德使用的一些方法包括：用混凝纸制作的假人头诱使敌狙击手开火，暴露其所在；精心设置射击孔的位置，使其侧置或保持一定角度，这样既不影响正常使用，又使敌军火力难以径直穿过孔口。他还采用了一种办法——将步枪架在沙袋或其他依托物上，以便调整好瞄具，使之瞄准敌方狙击手射击孔或射击位偏下一点的位置；这样，一旦敌人现身，射手便能在数秒内迅速开火。此法能十分有效地打击炮兵前沿观察员——他们是狙击手的首要目标之一，因为大部分火炮的开火点都在步枪射程以外，甚至常常超出了堑壕的观察范围。

一些英军指挥官对望远式瞄准镜有所了解，同时又富有远见，他们也开办了非正规的培训“学校”，其中一些“学校”实际上就设在战壕里。但直到1916年，正规的“侦察、观察和狙击”（Scouting, Observation and Sniping，简称SOS）学校才告成立，先是设在法国前线后方，后又移至英格兰。

早在离开加拿大前，加拿大军就已向部队传授了一些战斗射击术的要义。位于安大略的博登营[17]中开设有多种多样的狙击课程，每个加

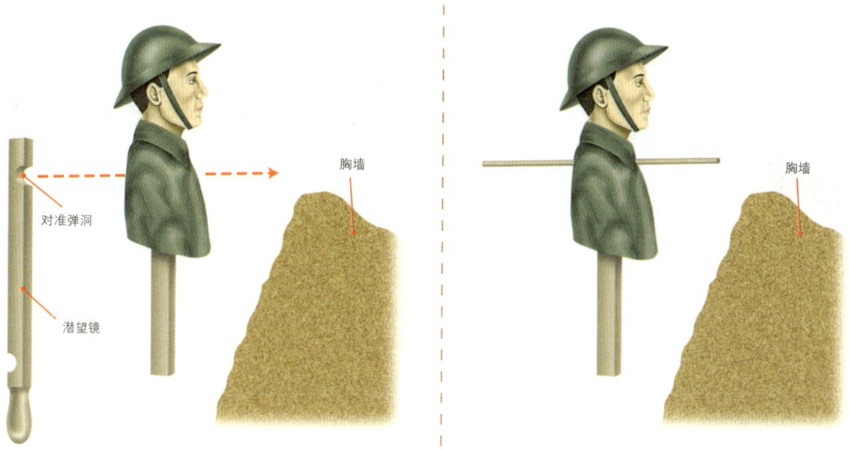

假人头（dummy head）或假人模有时会被用于引诱敌方狙击手开枪。然后，通过用潜望镜透过弹洞向外探察（左图），或使用一根长棒穿过假人模上的弹洞（右图），便可粗略估计子弹来向，帮助射手确定敌方狙击手的位置。

介绍伪装和“假人头”的文章——后者常被协约国部队用于训练狙击手，有时还会用来吸引德军狙击手的火力。

美国春田兵工厂 M1903 式（US Springfield Armory Model 1903）步枪，其枪身印有相应字样，其枪管上印有“7–18”。此枪安装了华纳–斯瓦西（Warner & Swasey）M1913 望远式瞄准镜，序列号为 3580。该型步枪和望远式瞄准镜研制于一战期间，是美国陆军在西线战场上的武器之一。（图片来源：澳大利亚战争纪念馆，编号 REL–19554）

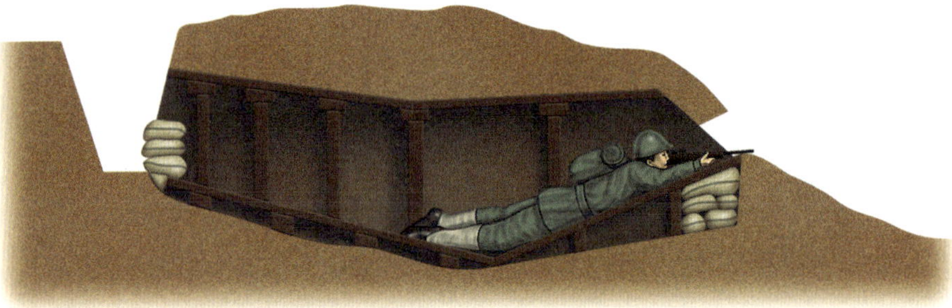

图为狙击手射击掩体的两个例子。这两种射击掩体均是在堑壕线上掘筑而成，狙击手可从掩体后方安全进出。一旦进入掩体，狙击手便会保持特定的身体姿态（保持身体低于步枪射击孔），使自身目标最小化，避免被敌方狙击手消灭。

拿大步兵营也都设有专业的狙击侦察分队。

英联邦的部队再一次输送了一些最为出色的狙击手——他们似乎生来就是这块料，比如弗朗西斯·佩格默加博（Francis Pegahmagabow）；这名奥吉布瓦族印第安人狙杀了 378 名敌人，大概是一战中杀敌最多的狙击手。加拿大军中还有其他许多优秀的狙击手，他们配备了精良的罗斯步枪（Ross Rifle）。虽然就当时而言，此枪算不上是最好的战斗步枪，但它十分精准，就算只配有制式开放瞄具也是如此；如果装有觇孔式打靶瞄具，射击精度还会更高；倘若配备的是华纳－斯瓦西 6 倍步枪瞄准镜，射击精度还会再上一个台阶。

当美国陆军于 1917 年加入一战时，他们的制式步枪为春田 M1903。在这种步枪的狙击枪型上，美军同样采用了华纳－斯瓦西瞄准镜，只不过后来换成了 5 倍温彻斯特 A5 瞄准镜。

美军的 P17 步枪，即 .30–06 口径版本[18]的恩菲尔德 P14 步枪（采用毛瑟式枪机），同样在一战中大量配发美军部队。经实战检验，这是一种十分精准可靠的武器。

美军的训练基地都配有很好的射击训练项目，其中较著名的基地有：位于俄亥俄州的佩里营（Camp Perry），以及位于弗吉尼亚州匡提科的美国海军陆战队基地。虽然许多美军士兵在入伍前已是狩猎好手或打靶能手，但枪法准是一回事，在堑壕战中面对技术娴熟的敌方狙击手又是另一回事。因此，赫斯基斯－普里查德训练出的英军军官和军士接受调派，前往各所美国狙击学校以及“侦察、观察和狙击”学校，协助指导美军狙击手。如此培养出的狙击手在一战中取得了优异表现。

还有一些优秀射手来自南非和罗德西亚（曾为英国殖民地，今名津巴布韦），其中较著名的有亚伯·贝利爵士神枪队（Sir Abe Bailey’s Sharpshooters）。这支 24 人的小分队于 1916 年抵达法国，由亚伯·贝利爵士资助，后者是名南非富豪，在布尔战争中忠于英国。在这 24 人

为了反制敌方堑壕中的狙击手，加拿大部队开始学习如何使用配有潜望式瞄准镜的步枪。

在法国遭到狙击火力压制的美国大兵。

美军狙击手利奥·哈恩（Leo R. Hahn）手持一把带华纳–斯瓦西瞄准镜的春田 M1903A3 狙击步枪参与行动。（图片来源：美联社 [AP]）

中，最有名的一位是内维尔·梅思文（Neville Methven）中尉，他的狙杀战果超过 100 人。在一战结束前，这支神枪队一直服役于英国陆军。在此期间，他们参与了许多主要战役，其中包括巴雪戴尔[19]战役和索姆河战役。有 6 人在战事中牺牲，更多人负伤，但据估计，这支最初仅有 24 人的狙击队让德军付出了 3000 人以上的伤亡。

弗朗西斯·“佩吉”·佩格默加博（1891—1952）

弗朗西斯·佩格默加博下士是名加拿大狙击手，或许也是一战中战绩最好的狙击手。虽然缺乏确切的数据记录，但据描述，他的狙杀数字估计高达 378 人，此外他还俘虏了 300 人。佩格默加博是名来自安大略省帕里岛印第安保留地（Parry Island Indian Reserve）的奥吉布瓦人，也是加拿大历史上授勋级别最高的土著战士，获颁双杠军事勋章（Military Medal and Two Bars）。他善于利用“无人地带”遍布弹坑的地形进入最佳狙击位置，是个夺命射手。

罗斯 M1910 Mk III（T）型狙击步枪。这款加拿大制罗斯步枪十分精准，但与一些步枪不同的是，它采用了“直拉式”栓动枪机，这种枪机的强度一般比不上旋转式栓动枪机。1916 年，该型步枪不再是加拿大部队的通用武器，但仍受到加拿大狙击手的青睐。该型步枪配有华纳–斯瓦西 6 倍步枪瞄准镜，不过狙击手们常常只用开放式瞄具，弗朗西斯·佩格默加博很可能便是如此。

弗朗西斯·佩格默加博下士是名加拿大印第安人，他是一战中最成功的狙击手之一。（肖像作者为厄玛·考西尔 [Irma Coucill]；加拿大安大略省伍德兰德文化中心 [Woodland Cultural Center] 印第安名人堂 [Indian Hall of Fame] 供图）

华纳–斯瓦西 6 倍步枪瞄准镜（左视图）。（史蒂夫·布罗德本特藏品 [Steve Broadbent Collection]）

华纳–斯瓦西 6 倍步枪瞄准镜（右视图）。图中可见罗斯步枪的直拉式栓动枪机。（史蒂夫·布罗德本特藏品）

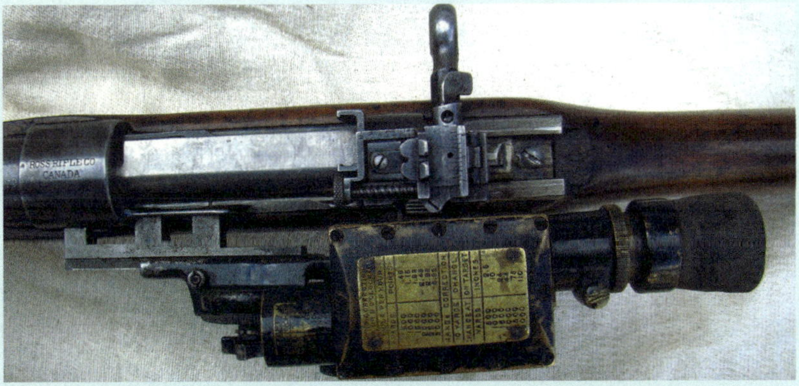

罗斯步枪上的华纳–斯瓦西 6 倍步枪瞄准镜（俯视图），图中可见侧置的瞄准镜座。（史蒂夫·布罗德本特藏品）

1914年，佩格默加博应募加入第23团（北方先锋团[Northern Pioneers]），在西线战场担任狙击手、传令兵和侦察兵/观察员。他参加的战事包括第二次伊普雷战役、亚眠战役、巴雪戴尔战役和索雷尔山战役——在索雷尔山一役中，他俘获了大量德军士兵。佩格默加博参加了整场战争并得以幸存，不过也因遭到毒气攻击而负伤。

一战中，其他有名的加拿大土著狙击手还包括：亨利·诺韦斯特（Henry Norwest，1884—1918），他是克里人和法国人的混血儿，经认定的战果为115人，获颁单杠军事勋章；一等兵约翰逊·保达什（Johnson Paudash），他是奥吉布瓦印第安人；以及因纽特人约翰·希瓦克（Shiwak）或西科克（Sikoak，1889—1917）。

加利波利狙击战

西线战场上的士兵需要时时躲避狙击火力，但并非只有他们必须忍受这种无休止的焦虑。在土耳其西北部进行的达达尼尔战役[20]中，土耳其人（德国盟友）也发起了一场狙击战，抵御法军和英联邦军。英联邦军的主力为澳新军团（Anzac），由澳大利亚和新西兰部队组成。在加利波利的土耳其海岸上，没有任何一方能够占得上风；战事陷入僵局，堑壕战再次成为当日的主旋律。

土耳其人使用的毛瑟步枪仅配有制式机械瞄具，但是他们占据高地优势，居高临下向协约国军攻势受阻的滩头斜坡开火。澳新部队被困于前线和大海间的狭长地带，无论在身体还是精神上都遭到了土军的沉重打击。起初，任何出现在高地防线下的东西，都会招致土军的火力打击，但当协约国部队挖好战壕后，只有那些冒险探头一瞥的好奇新兵，或粗心大意者，才会成为土军狙击手的目标。

澳新军团中，有许多士兵来自澳洲内陆的大牧场或新西兰的大牧羊场，在入伍前已是射击能手。他们需要的只是一个发挥本领的机会，但由于己方阵线低于土耳其防线，要获得这种机会殊为不易。为了克服困难，他们发明了特别的狙击方法。

和西线战场上一样，澳军观察员也使用堑壕潜望镜观察敌军，敌军则试图用枪弹击穿潜望镜。这种较量不会严重伤及任何人，但却再次强化了狙击手的统治地位，确保士兵们都压低脑袋行事。澳军对此法进行了改进，让一名观察员和一名狙击手共同协作；观察员先确定好有敌人现身的目标区域，然后传达给狙击手，后者则会做好射击目标的准备；当敌人再次现身时，观察员会“呼叫射击”（call the shot），狙击手便会以之前调好的射距和瞄具迅速开枪。这种方法在反制土耳其狙击手时相当有效，因为还击火力让他们心生畏惧，从而背上压力，行事慎之又慎。

澳军以制式 SMLE 步枪作为狙击步枪，不过，也有些狙击手（如著名的比利·沈[21]）使用自带的觇孔式打靶瞄具步枪。

澳军战士在与土耳其狙击手的对抗中发挥了不小的作用；同时，他们也坚称潜望镜步枪是某位澳军成员在加利波利发明的。其他协约国部队也纷纷自称发明了潜望镜步枪，但这种情况可以理解，因为在战事需求的推动下，出现了数种不同的自制枪型；其中，至少有一种是由德国人设计的。

潜望镜步枪大体上是种木制框架，顶部放置步枪，底部设有枪托和扳机，此外还有一支用于瞄准的潜望镜，以及上下两个扳机间的联动装置。然而，即使是现代的无托式步枪[22]，其精密的遥控机械联动装置都还有待改进，因此可以想象，一战中的这种装置操作起来有多么不便——士兵

图中战争重演者扮演的是 1917 年左右的美国海军陆战队狙击手。他的手中握有一支 .30–06 春田 M1903 原版步枪，其上装有温彻斯特 4×18 瞄准镜[23]。（卡斯滕・埃德勒 [Carsten Edler] 供图）

一战中，美国海军陆战队狙击手携带的背包、头盔和其他装备。（卡斯滕・埃德勒供图）

们一边要操作自制的简陋牵拉装置，控制约 18 至 24 英寸（46 至 61 厘米）外的军用步枪（结构也没有多精密）扳机，一边还要用潜望镜进行瞄准。不过，无论士兵们能否命中目标，此类装置都为他们提供了还击敌人的机会，这在心理层面的较量中起到了不可忽视的作用。

英军的神枪手们同样参加了加利波利一役。1915 年 9 月，洛瓦特侦察兵（此前曾提到过）开抵土耳其前线。从 1916 年直至一战结束时，洛瓦特侦察兵作为侦察兵 / 狙击手转战了埃及、马其顿和法国。他们是隐蔽和观察方面的专家，在情报和经验上的优势盖过了他们的年龄，正如该部队的一幅征兵海报上所言 ：“需要 100 名 41 至 45 岁间的跟踪者和‘透明人’，负责潜行追踪……德国佬！”

推进中的美国步兵正对敌方狙击手发起攻击。

1915 至 1918 年间，加利波利前线战壕中的一支澳军狙击二人组。观察员正在通过一支潜望镜寻找目标，狙击手则操作一把带潜望镜的步枪准备就绪，等待时机。这是澳军在加利波利发展出的一种典型狙击小组。注意右方士兵的软布帽，这有助于掩藏他的位置。图中的潜望镜步枪是种自创的发明，由反射镜、黄杨木和金属丝组成。使用这种步枪，射手可以越过胸墙进行瞄准和射击，同时不暴露于敌军火力下。在加利波利，潜望镜步枪的原始发明者通常被认为是威廉·比奇（William Beech）中士，不过，第 10 营的二等兵乔治·托斯蒂（George Tostee）也曾向其指挥官展示过这种装置。在西线战场，英军和德军也使用了各种版本的潜望镜步枪。（图片来源：澳大利亚战争纪念馆，编号 A05767）

洛瓦特侦察兵为英军狙击手带来的最大优势，或许正是引入了双人组的狙击战术——一名训练有素的观察员使用4节伸缩式追踪者望远镜（放大倍数常在20倍以上），为一名射手搭档观瞄目标。这些单筒望远镜的性能远比当时的步枪瞄准镜（放大倍数在3到6倍间不等）强大，目标清晰度也要好得多。此外，观察员还可与射手（同时也是替补观察员）互换角色，这样两人都能避免出现用眼过度或注意力涣散的情况，从而时时保持警惕。德军狙击手则不然——虽然他们有时从属于一段战壕里的同一个狙击小队，但实际上却是单独行动，用步枪瞄准镜进行观察和瞄准。

阿尔文·约克（1887—1964）

一战中最著名的“狙击手”，或许当属阿尔文·卡勒姆·约克（Alvin Cullum York）中士，不过，他实际上更像是传统意义上的“神枪手”（sharpshooter）。约克生于田纳西，打小就开始摸枪。根据种种说法，早在军用步枪打靶场崭露头角之前，他就已是个天赋异禀、经验丰富的步枪手。约克年轻时曾是个小阿飞，但在他最好的朋友死于一场酒后闹事后，他改变了自己的人生轨迹，成为一名坚定的基督徒。应募入伍后，他曾陷入了一场良知危机，但仍坚持了下来，成为美国在一战中最伟大的英雄之一。

当美军在阿尔贡森林（Argonne Forest）发起的攻势受阻于山脊上的多挺德军机枪时，包括约克（当时还是名下士）在内的一个排共17人被派往敌阵侧翼。这支小分队设法抄到了敌人机枪群后方，并占领了德军指挥所。当他们正在赶拢一大群俘虏时，其中一个德军机枪阵地发现了这一状况，并调转枪口，向美军和自己的战友开火。6名美军丧生，多人受伤，指挥权落到了约克肩上。余下的美军和德国战俘正四处躲避，约克则悄悄摸到了德军机枪附近；此时，所有德军机枪小队都开始调转枪口。约克手持一把制式军用步枪，且射且走，从侧翼逐一射杀机枪手，使敌军无法立刻向他集中射击。在日记中，他写道："一开始我以俯卧姿射击，也就是趴在地上，就像我们在田纳西山岭中参加射击比赛时常用的打靶姿势；距离也差不离，不过这里的目标更大。在这种距离上，我断不会错过德国人的脑袋或身体。我没有失手，而且当时也完全没有时间失手。我明白，为了向我开火，德国人必须抬起头，找到我在哪儿趴着。我也明白，我唯一的机

阿尔文·卡勒姆·约克中士——与其说是狙击手，不如说是神枪手。

会就是压得他们抬不起头来。我做到了。我的火力覆盖了他们的阵地，每当发现有任何可以射击的目标时，我都会送去子弹。每当有人露出脑袋，我都会把他击倒。接着，他们会消停片刻，然后又会有人露出头来，再次被我击倒。我在竭尽全力对付他们。”

后来，有五六名德国人对约克发起了冲锋。约克用一把柯尔特 M1911 半自动手枪按“最后者优先”的顺序对付他们。“在战斗中途，”他写道，“有一名德军军官和五名士兵跳出了战壕，对我发起了白刃冲锋。他们离我约有 25 码（23 米），冲锋时机选得很聪明。当时我的步枪里只剩半条弹夹，但我已备好手枪。我迅速拔出手枪，将他们一一消灭。

“我先干掉了第六人，然后是第五人，第四人，第三人，以此类推。我们在家乡就是这么打野火鸡的。要知道，我们不想让前面的火鸡发现我们在打后面的火鸡，这样它们就会继续接近，直到被我们一网打尽。当然，当时我没时间考虑这些。我想，我只是出于本能行事。”

最终，一名被俘的德军军官要求余下的机枪手投降，他们照做了。阿尔文·约克和余下 7 名战友最后带回了 132 名德国俘虏。翌日，美军在战场上找到了约 28 具德军遗体（和约克开枪的次数或发射子弹的数量相同），以及 35 挺遭弃的机枪。

凭借这些事迹，约克获得了法国英勇十字勋章（croix de guerre）、意大利英勇十字勋章（Croce di Guerra）和美国杰出服役十字勋章（Distinguished Service Cross），其中，美国杰出服役十字勋章后来又被升级为荣誉勋章（Medal of Honor）。

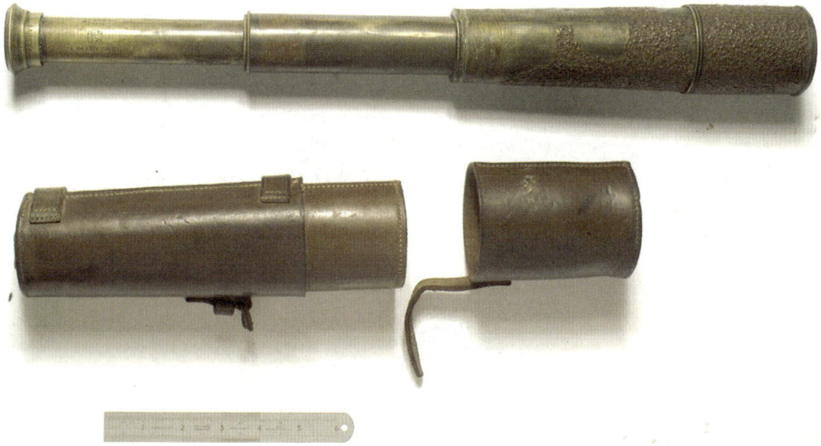

带 No. 32 瞄准镜的李–恩菲尔德 No. 4 Mk I（T）型步枪，以及相应的观瞄镜。英军狙击手以双人组的模式行动，其中，观瞄手装备了高倍追踪者望远镜（如图所示），放大倍数常在 20 倍以上，为他的射手搭档甄选目标。

整个一战中，德军狙击手不断制造威胁，但随着大量训练有素的英军及英联邦狙击队加入战场，以及后来美军狙击手的参战，局势渐渐开始扭转。（供图：约翰·皮尔斯；第28“冯·戈本”步兵团[第2莱茵团]，1900—1919）

一战中的伪装手段

到 1914 年时，多数现代军队都已采用了黄褐色军服。同时，灰色、棕色和其他各种大地色也得到运用，尽量让部队变得不显眼——这与 18 世纪的鲜艳军服截然相反。后者之所以采用鲜明的色彩，是为了让部队易于辨认，这样指挥官就能像移动棋子一样在战场上调度部队。

不过，即使身穿色调不起眼的衣服，狙击手仍需通过隐蔽来更好地保护自己。猎人们往往身穿有助于他们融入周围环境的衣着，但狙击手们则需要完全“消失”，因为他们的猎杀对象是荷枪实弹的人，同样能轻易射杀自己。

两名美国海军陆战队狙击手正穿着自制的吉利服。（图片来源：AB）

英军狙击手有时身着宽松的衣服来掩盖人体轮廓，如兜帽连衫服，或宽松的人猿式狙击服——二者如图所示。这些狙击服的材料可以是普通的帆布或麻袋布，还可涂上更具伪装性的迷彩。

Page 329　　The War Illustrated, 18th November, 1916.

How the Elusive Sniper Hides Himself from Foes

With a fern dressing and a face made up with yellow and black grease-paint this sniper was able to elude the enemy for many hours.

THE art of concealment in warfare is synonymous with the instinct of self-preservation. In no branch of the Service, however, is this so important as in sniping. Snipers, to surprise their quarry, have to advance to within visible distance of the foe and wait for hours in order to get a bull's-eye.

Thus it behoves them to be as wary as human wits can possibly make them. The photographs on this page give some idea of the ingenuity exercised by men under command of Colonel Ashley, who has given them a series of lessons in the art of concealment. The tree disguise is perhaps the most effective. The idea, of course, is to break up masses of light-showing material by sewing pieces of a different coloured cloth on to the uniform. The face is made up with grease-paint. Such a disguised sniper, ensconced among the thick foliage of a tree, would be rendered practically invisible.

Human water-weed. A scout who successfully hid in marshy land by disguising himself with bundles of rushes.

一战时期的刊物中登载了一些古怪的伪装手段——图例摘自1916年11月的《战争图解》（*War Illustrated*）。

1918 年左右，在巴登维尔（Badenville）身着吉利服的美国海军陆战队狙击手。（图片来源：AF）

在对一战的战争重演中，扮演美国海军陆战队员的演员正在制作吉利服。（卡斯滕·埃德勒供图）

因此，一战中的狙击手们开始了前所未有的伪装试验，采用了多种伪装形式，其中一些在如今看来颇为古怪，比如涂迷彩，躲在挖空内脏的动物尸骸中，或是使用由铸铁打造的人造树。不过，也有些创举十分实用，比如在脸上涂伪装油彩，掩饰极易暴露的白色面部；或是用泥土“打散”军服的单一颜色。最重要的发明，当属能轻易掩盖人体外形的伪装衣，比如兜帽连衫服和宽松的人猿式狙击服。任何想要迅速伪装自己的士兵，都可以采用这类伪装服，或选用由剪裁得当的防潮布制作的“南美披风”（poncho），外加用于遮盖面部及手部的巴拉克拉法帽（滑雪面罩）和手套。

德国人用铸铁制造了一种空心假树，用作兼具伪装和防护功能的狙击点与观察点。配图展示了假树的正面（左图，可见射击孔和观察孔）和背面（右图，可见隐蔽的入口），并按比例附上了人像作为对比，让人对这棵“金属树”的大小和重量有更直观的感受。

吉利服能帮助使用者融入背景环境。

即使只是松散披挂着的黄褐色麻袋布，也有助于伪装狙击点。（供图：约翰·皮尔斯；第28“冯·戈本”步兵团[第2莱茵团]，1900—1919）

这支美国狙击步枪涂上了伪装迷彩。（图片来源：AJ）

1916年，德军开始向一些部队配发伪装头盔。同年晚些时候，法军和英军也成立了伪装部门，其中云集了一批艺术家和设计师。1917年，其他多数欧洲国家和美国也开始了伪装方面的试验。洛瓦特侦察兵的“吉利服”曾是（并仍是）个人伪装的巅峰之作。这种伪装服最早流行于苏格兰高地的猎场看守人或“吉利”[24]中，其上覆有许多帆布条或麻袋布条，布条的颜色有绿色、棕色、褐色和黑色，以便完全掩盖穿戴者的外形。身着此类伪装衣，狙击手即使进入了植被稀疏之地，也会与四周环境融为一体，难以分辨。为了完善这种伪装，狙击手还会戴上蒙面兜帽和手套，并以布条包裹步枪，改变其颜色和形状。

到一战结束时，狙击手已掌握了隐蔽的艺术。而到二战开始时，其中一些理念已渗透到了普通士兵的训练和装备之中。

实验性的“爬树”迷彩服，看起来不大可能流行开来。（图片来源：美国国会图书馆）

比利·沈（1886—1943）

在加利波利一役中，来自澳大利亚第 5 轻骑兵团的骑兵[25]比利·沈（Billy Sing）成了威名远播的狙击能手。1915 年 6 月至 9 月间，他在加利波利一处名为“查塔姆之哨”（Chatham's Post）的阵地上射杀了超过 150 名土耳其人。

尽管比利·沈经证实的战果为 150 人，但据非正式估计，他的战果高达 201 人。之所以有此差异，原因在于统计方式——每个击杀战果都必须经观察员（通常是狙击手的观瞄手搭档）证实后才可作数。不过，在 1915 年 10 月 23 日，伯得伍德（Birdwood）将军签发了一份对沈的嘉奖令，将他的战果认定为 201 人。沈曾一度被敌军狙击手击伤，但身体很快又恢复

二等兵威廉·爱德华（·比利）·沈，杰出行为勋章获得者，来自澳大利亚昆士兰州克莱蒙特（Clermont），隶属于第 31 营——他是第一次世界大战中战绩最好的澳大利亚狙击手。（图片来源：澳大利亚战争纪念馆，编号 P03633.006）

过来。他在拂晓前便进入狙击阵地，直到夜里才返回自己的战壕，利用黑夜隐匿踪迹。一战前，沈已是个技术娴熟的步枪手，他在澳洲内陆以畜牧工和袋鼠猎手为业，此外，他还是当地步枪俱乐部的一员。沈的用枪很可能是一把.303口径制式李-恩菲尔德弹匣式短步枪（SMLE）No. 1 Mk III型，不过枪上配备的究竟是打靶（觇孔式）瞄具，还是瞄准镜，就不得而知了。

1916年，二等兵沈被授予了杰出行为勋章（Distinguished Conduct Medal，简称DCM），以表彰这名狙击手在加利波利的英勇事迹。1918年，他又获得了比利时英勇十字勋章，原因可能是他在1917年9月的波利贡森林（Polygon Wood）一役中帮助部队反制了德军狙击手。服役期间，他曾受过两次枪伤，双腿和背部都受过弹片伤，还中过毒气，并最终因此病退。可以肯定地说，他是位坚忍不拔、意志刚强的人。

二战东线：兵临城下

1939年，当二战在欧洲爆发时，只有苏军大规模装备了狙击武器。德军则全面重整了军备，换装更为称手的毛瑟Kar 98卡宾枪型作为其制式步兵用枪。此枪的原型是令人生畏的Gew 98步枪（标准步枪长度），自二战之初便在一些部队中服役，直至战争结束。德军使用的瞄准镜也有所改进，除了蔡司、凯莱斯（Kahles）、亨索尔特（Hensoldt）等名厂的产品外，其他厂家也均能提供光学性能良好的瞄准镜。不过，瞄准镜的多样性，或许正是德军枪械体系的弱点，因为不同的瞄准镜有时意味着要采用不同的镜座，因此步枪、瞄准镜和镜座间缺乏统一标准。

苏军此时仍在使用莫辛-纳甘M1891/30弹匣式栓动步枪。如其型号所示，这款步枪早在 19 世纪便已装备部队，但在 20 世纪 30 年代，此枪又经历了一定程度的现代化改进。一战中，俄军虽然很少使用瞄准镜步枪，但却在实战中见识到了狙击手的作战效果。因此，到了斯大林主义政权时期，苏军在扩充军力的过程中试验了多种专为狙击研制的瞄准镜，其中包括 PE 瞄准镜（4 倍放大）及改进后的侧装式 PEM 瞄准镜。

苏联军方还研制了托卡列夫 SVT38 半自动步枪，这款步枪同样暂时充当了狙击步枪。不过，它从未得到过广泛应用，配发数量也远不及莫辛-纳甘 M91/30 步枪，原因在于：首先，它不如 M91/30 步枪精准；其次，正如历代至今的狙击手所能证实的那样，手动上弹的栓动步枪永远比半自动步枪受欢迎；再次，这款步枪不易安装 PEM 瞄准镜，因此较短的新式瞄准镜——PU 瞄准镜（3.5 倍放大）应运而生。PU 瞄准镜很快成为二战中所有苏联步枪的制式狙击瞄准镜。

苏联狙击手正在使用带 PEM 瞄准镜的莫辛-纳甘步枪。（科迪供图）

二战爆发时，苏联军中已有成千上万名狙击手。（图片来源：科比斯图片社 [Corbis]）

莫辛-纳甘M1891/1930步枪及PU瞄准镜——二战苏军的主要狙击装备组合

要成为一款狙击武器，制式莫辛-纳甘M91/30军用栓动步枪（采用7.62×54R枪弹）必须有所改变。其中，最大的变化是瞄准镜移到了机匣上方，因此原先短而直的制式枪栓拉柄必须更换为向下弯曲的长拉柄。早期的这类狙击枪型带蔡司式PE或PEM（4倍放大）瞄准镜，后来的枪型则采用了大批量生产的短款3.5倍PU瞄准镜。虽然PU瞄准镜的生产成本相对较低，但它既耐用又有效。

PU瞄准镜的瞄准线采用了T形三柱分划，其中，垂直瞄准柱的尖头落在瞄准图像中心（经过光学中心校正后）；两条水平瞄准柱分列左右，中间略有间隔。该瞄准镜还配有射角调节旋钮（对应射距可达1425码[1303米]）和风偏调节旋钮（刻度为正负0到10），无须进行“眼控对焦”（eye focus）或视差调节（parallax adjustment）。

莫辛-纳甘M1891/30步枪的狙击枪型以及PU 3.5倍瞄准镜。（图片来源：澳大利亚战争纪念馆，编号REL-10150）

近窥枪机；注意下弯式枪栓拉柄。（史蒂夫·布罗德本特藏品）

PU瞄准镜及其镜座装置的俯视图。（史蒂夫·布罗德本特藏品）

瞄准镜左视图中可见安装支架和皮制镜盖。（史蒂夫·布罗德本特藏品）

M91/30 狙击步枪和 PU 瞄准镜以其坚固、可靠、精准和易于维护著称。如果这些装备落入敌手，亦会得到敌军士兵的使用。

据估计，到“冬季战争”开始时，也就是 1939 年苏联入侵芬兰时，苏军已有能力部署 6 万名狙击手。然而，他们的对手也部署了狙击手，而且后者完全适应零度以下的冬季作战环境以及白雪皑皑的密林地形。实战证明，芬兰人是苏军的可怕敌人，他们之中涌现出了两名历史上最著名的狙击手——苏科·柯尔卡[26]和西蒙·海耶（Simo Häyhä）。

在冬季战争中，苏科（或苏洛）·柯尔卡的狙杀战果据说在 400 人以上，这是个了不起的数字，但若与一等兵西蒙·海耶（绰号白色死神）的战绩相比，也会黯然失色。从西蒙·海耶入伍，到他因头部中

冬季战争中，芬兰狙击手正在使用一把无瞄准镜步枪。

枪（奇迹般地活了下来）而退役，在约 100 天的时间里，他用一把步枪狙杀了约 542 名苏军（另外还用一支冲锋枪在近距离消灭了 200 多人）。这意味着他平均每天都要射杀 5 人左右，战绩惊人。海耶身材瘦小，使用一把 M28 步枪（芬兰版的莫辛-纳甘步枪），而且据说偏好开放式瞄具，而非芬兰军队配发的物理公司（Oy Physica）棱镜式瞄准镜。许多芬兰狙击手还懂得如何使用俘获的苏联 PEM 和 PU 瞄准镜。

冬季战争于 1940 年 3 月结束，交战双方签订了《莫斯科和平协定》（Moscow Treaty）。根据该协定，芬兰继续保有其主权。苏军虽然赢得了一小片芬兰土地，但却为此付出了惨重的代价。芬兰一方损失了 2.5 万人，这对这个小国而言已是不小的数字，但入侵的苏联红军则损失了

西蒙·海耶是一名芬兰狙击手，或许也是有史以来最高产的狙击手。

一名身着冬季伪装服的苏联狙击手。这些狙击手中有男有女，数量成千上万，无论在进攻还是撤退中都让德军颇为头疼。

斯大林格勒的德军狙击手。（科迪供图）

使用托卡列夫 SVT40 半自动步枪的苏联狙击手。（科迪供图）

列宁格勒郊区的苏联狙击手。

约100万人。一名苏军将领不禁感慨，“我们赢得的土地刚够埋葬我们的死者”——其中，有许多人正是死于芬兰狙击手枪下。

1941年，当德军入侵苏联时，后者的准备更为充分。苏联开办了一大批狙击学校，培养了大批合格的狙击手，其中有许多人后来都在阻挡德军推进的拖延战术中找到了用武之地，为苏联红军的撤退、整编和反攻赢得了时间。少数技术娴熟、占据地利的狙击手就能拖住一整列敌军纵队。不过，德军也拥有一些训练有素、经验丰富的狙击手，因此双方互有伤亡。

匿影藏形的苏联狙击手采用了50多年前便为布尔人所认可的战术——他们埋伏在300码（274米）或400码（366米）外，向德军纵队中首尾两辆军车的司机、轮胎和引擎室开火，有效封锁敌军的进路或退路。随后，当敌军试图清理道路，让车队继续移动时，他们便会寻觅机会，射杀目标，然后在德军能以机枪、迫击炮或轻型火炮组织起有效还击前退出阵地，顺路回撤1英里（1.6千米）左右。这些狙击手随后会再次隐蔽，等待敌军纵队到来，故技重施。

在苏德战争后期，双方的角色发生了逆转。德军在撤退时，会派出4到6名狙击手，掩护后卫部队。

另一种令人厌恶的拖延战术，也曾被用于瓦解敌军进攻。约瑟夫·“泽普”·阿勒伯格是德军中战绩排名第二的狙击手，他在书中写道：“我会等待时机，直到有4拨敌人向我方阵线袭来，然后对后两拨敌人快速射击，只打肚子。后方部队的意外伤亡，以及重伤者的惨叫，不仅会瓦解后方敌线，还会使前两拨敌军慌乱不安，削弱整个攻势。此时，我便能腾出手来对付前两拨敌人，射击50米内苏联兵的心窝或头部。敌军士兵随即会转身逃跑，我则会瞄准他们的肾脏部位开火，让他们痛得尖叫。到了这时，敌军的攻势常常会彻底瓦解。”

这种战术看似有悖于多数现代狙击手的信条，他们以“干净利落的击杀”为荣。但我们正处在一个安全无虞的年代，这种奢侈是我们所回顾的那段历史时期所不曾享有的。东线战场上的战争残酷至极，为了占据优势，双方都动用了骇人听闻的战术。以苏军为例，他们采用了爆炸性的“观测”弹头对付人体目标——在此前的苏芬冬季战争中，他们也用过这种子弹；现存记录表明，德军也曾在狙击苏军时使用了爆炸性的B型弹[27]。苏德双方均屠杀过战俘，而且对被俘的狙击手下手特别残忍。“泽普”·阿勒伯格很快明白了这一点，并放弃了每杀一人便在枪托上刻一道记号的“自杀性”做法。不过作为新手，他仍然没有放弃绣在狙击手左袖上的小银边——每道银边代表狙杀了10人，且战果经过证实。阿勒伯格谈道，要确认一次狙杀，必须得有一名军官或军士在狙击簿上签字，但有许多炮兵观察员拒绝这么做，因为他们觉得狙击手是不光彩的刺客——无论他是德国人还是苏联人。另外，在反制敌军狙击手时，己方狙击手还会将假人装扮成炮兵观察员的模样，这同样引起了炮兵们的不满。

战争重演者正在重现德军狙击手在苏联城市中的作战场面。（供图：安迪·科尔伯恩 [Andy Colborn]，SBG 社团 [28]）

实战证明，无论身处何种战场，德军狙击手都能高效作战。（供图：安迪·科尔伯恩，SBG社团）

二战中的德军狙击装备组合

带瞄准镜的毛瑟 Kar 98k 栓动步枪是德军狙击手在二战中使用最广的武器。（史蒂夫·布罗德本特藏品）

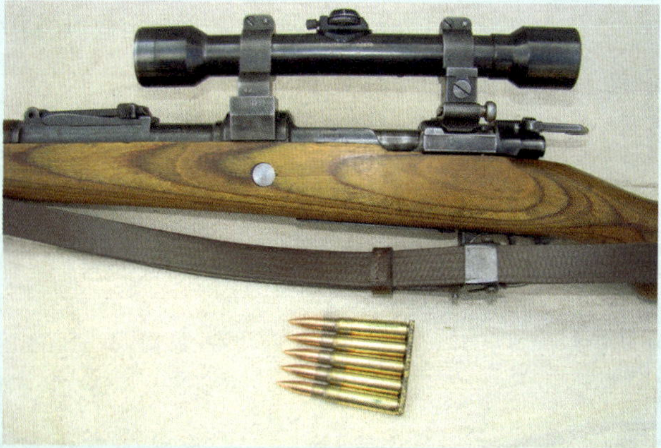

近窥 Kar 98k 步枪枪机左侧面，其上为“Dialytan”4 倍瞄准镜，下为弹夹。（史蒂夫·布罗德本特藏品）

Kar 98 步枪、凯莱斯 4 倍瞄准镜及“单爪式”镜座。（格雷厄姆·米切尔藏品 [Graham Mitchell Collection]，SBG 社团）

近窥 Kar 98k 狙击步枪右侧面，可见其栓动枪机。（史蒂夫·布罗德本特藏品）

Kar 98 步枪以及高旋钮式镜座上的 4 倍“CAD”瞄准镜。

Kar 98 步枪以及侧轨式镜座上的蔡司-蔡尔菲尔（Zeiss Zeilvier）4 倍瞄准镜。（格雷厄姆·米切尔藏品，SBG 社团）

二战中，德军的主要狙击武器为 Kar 98 栓动步枪，这种步枪以其射击精度和远射能力而闻名。此枪在德军中配发了数万支，在德军狙击手战斗过的每一个战场上都取得了不错的效果。

德军还配发了一些 Gew. 43（或 G43）半自动步枪，用于狙击作战，但其数量远小于 Kar 98。G43 气动（gas-operated）步枪的机匣经过特别加工，能够安装望远式瞄准镜镜座，弥补原有可调式开放瞄具的不足；供弹装置为 10 发装的可卸式盒型弹匣。Gew. 43 步枪拥有不错的中距离射击精度，但作为一把狙击步枪，它在射击 400 码（366 米）以上的目标时不甚理

使用毛瑟 Kar 98k 狙击步枪的战争重演者。（供图：安迪·科尔伯恩，SBG 社团）

想。Gew. 43 的长处在于攻击近距离的多个目标，因为在这种情况下，它的高射速能与狙击手的好枪法相结合，形成瓦解敌军进攻的强大火力。

MP44 冲锋枪（Machine Pistol）同样可以搭配瞄准镜使用，但这种搭配相对罕见。虽然此枪被归为冲锋枪一类，但它实则是世界上的首支突击步枪。MP44 突击步枪由钢铁冲压工艺制造，而非铣削，因此易于生产。此枪的弹匣容量为 30 发，射速可达每分钟 500 发，若能大量生产，并作为制式步枪配发德军，便会对战局带来实质性影响——幸运的是，这一切并未发生。虽然 MP44 可以安装瞄准镜，但没有证据显示它曾作为狙击步枪取得过不俗战果。

Kar 98 步枪曾搭配过许多不同的瞄准镜及镜座组合，其中包括许多来自阿雅克（Ajak）、亨索尔特、凯莱斯、蔡司以及其他制造商的商业型（运动型）瞄准镜。这些瞄准镜通常具有卓越的光学性能，大概是当时世界上同类产品中的佼佼者。这些瞄准镜的放大倍数往往是 4 倍，但有时也有 6 倍的镜型出产。镜型名称以 ZF（德语“Zielfernrohr”的缩写，意为“望远式瞄准镜”）开头，后接诞生年份，如 ZF39 等，但 ZF4

毛瑟 Kar 98k 型步枪。此枪采用了层压式木质枪托，以及出瞳距离[29]更长的 ZF41 望远式瞄准镜。在二战中，Kar 98k 步枪是德军的制式步兵用枪。ZF41 望远式瞄准镜其实不算是真正意义上的狙击瞄准镜，但可用于快速射击，以及在瞄准时提升射击精度。（图片来源：澳大利亚战争纪念馆，编号 REL-01142）

照片最右的战争重演者手中提着一把MP44突击步枪——此枪被设计为可以使用瞄准镜，但实际上却很少这么用。（供图：安迪·科尔伯恩，SBG社团）

（这里的“4”代表4倍放大倍数）除外，它最初是为G43半自动步枪设计的（见下文）。

ZF41瞄准镜的出瞳距离更长，放大倍数仅为1.5倍，往往被当作“点状瞄具”用于辅助瞄准，而非正儿八经的狙击瞄准镜。这种瞄准镜安在制式K98步枪上，其使用者类似于我们如今所说的“精确射手”[30]。换言之，使用这种瞄准镜步枪

一些德军狙击手配发了带 ZF4 瞄准镜的 Gew. 43 半自动步枪（如图所示），不过，在接受采访时，德军的 3 名顶尖狙击手——马蒂亚斯·海岑诺尔（Matthais Hetzenauer）、泽普·阿勒伯格和赫尔姆特·温斯伯格（Helmut Wirnsberger）均表示，他们更喜欢栓动式毛瑟步枪。（供图：安迪·科尔伯恩，SBG 社团）

的射手都有一手好枪法，但他们往往不是训练有素的狙击手。不过，如果他们能在战场上生存下来，也会很快通过实战经验掌握一些狙击技能。ZF41 瞄准镜的安装位置远在枪机之前，射手可以先通过直接瞄准（不用瞄准镜）“捕获”目标，而后再用瞄准镜进行快速瞄准。不论是作为单兵武器还是支援武器，它都能在中近距离上有效发挥作用。和配备机械瞄具的制式K98步枪一样，配备ZF41瞄准镜的K98步枪自然也会被普通士兵用于执行狙击任务。

拆装简便、安于枪侧的瞄准镜座是最常见的镜座类型。其中，二战前的早期型号要短些，安于K98步枪机匣左手边的燕尾式导轨上；1943年后的瞄准镜座则要长些，安装在燕尾式导轨上，导轨用螺丝固定于机匣顶端的平面上。此外，单爪式、双爪式和旋钮式镜座亦有使用。

为了对望远式瞄准镜进行规范和量产，又出现了ZF4瞄

二战德军狙击手用过的一些瞄准镜，从上到下分别为：ZF39 DOW瞄准镜（注意镜身上的距离调节环[range adjuster ring]）；凯莱斯4倍瞄准镜；“CAD”4倍瞄准镜；蔡司-蔡尔菲尔4倍瞄准镜。（格雷厄姆·米切尔藏品，SBG社团）

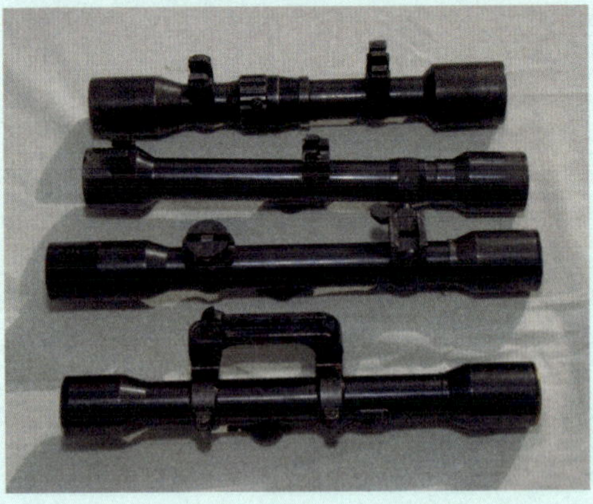

镜座朝上的各型瞄准镜，从上到下分别为：ZF39 DOW瞄准镜的双爪式镜座；凯莱斯4倍瞄准镜的单爪式镜座；“CAD”4倍瞄准镜的高旋钮式镜座；蔡司-蔡尔菲尔4倍瞄准镜的侧轨式短镜座。（格雷厄姆·米切尔藏品，SBG社团）

准镜。它最初是为 Gew. 43 步枪研制的，但后来又用在了 K98 以及其他步枪上。虽然 ZF4 设计得相当不错，但到了生产期间，产品质量却不断下滑，因为相应的制造工厂、熟练工匠和原材料供应，都在盟军空袭中遭到了重创。

与当时的多数其他瞄准镜不同，ZF4 瞄准镜的右侧有个射角调节旋钮，顶端有个风偏调节旋钮。它的 T 形三柱瞄准线未经光学中心校正；因此，和苏制 PU 瞄准镜一样，在进行归零校正时，瞄准线可能会在瞄准图像上发生横移（或上下偏移）。

为了反制苏联狙击手，德国人设立了效率极高的狙击培训学校。这些学校沿用了一战中英军部队的狙击手培养模式，但也根据德军面临的实际情况而有所调整。德军的每个营中都配有 22 名狙击手，其中不少人已久经沙场，还有些人虽只去过一次狙击学校，却已在实战中证明了自己的高超射术。

东线战场上涌现了许多技术高超的德军狙击手。除阿勒伯格（经证实的战果为 257 人）外，还有马蒂亚斯·海岑诺尔（经证实的战果为 345 人），二人均获颁了骑士十字勋章。若非每个狙杀战果都需经过相应流程进行确认，这两名狙击手的实际战果可能还要高得多。他们都生于奥地利——这一点颇值得玩味，因为奥地利在历史上曾输送过许多神枪手，其中就包括不少著名的耶格猎兵。

1967 年，奥地利《军务》（*Truppendienst*）杂志进行了一次访谈；访谈中，海岑诺尔、阿勒伯格和赫尔姆特·温斯伯格（另一名上过东线战场的德军狙击手）回答了种种关于自身武器和战法的问题。他们均使用配有瞄准镜的 Kar 98 步枪；当谈及射击精度时，3 人均称能在 400 米

狙击手的能耐不在于杀了多少人，而在于所杀之人对敌人而言有多重要。

（437 码）内一枪击中头部，射击胸部时也同样精准，在 600 米（656 码）以上的距离则可以击中站立的人——但总体上，击杀成功率在 400 米处为 65% 到 80%，600 米处为 20% 到 30%，多数成功的击杀都发生在 400 米以内。海岑诺尔和温斯伯格还曾用过配备 4 倍瞄准镜的半自动 G43 步枪，但发现它却不如 Kar 98 步枪精准可靠。

当被问及狙击手的成功运用之道时，海岑诺尔答道，狙击手的最大成功不在于击杀了多少人，而在于通过击杀敌军指挥官或其他重要人员来重创敌军。这一明智判断一再被德军狙击手所验证；他们发现，通过消灭苏军军官和军士，破坏苏军进攻部队的指挥体系，可以十分有效地打击苏军——因为苏军中有许多新兵，有时候需要政委予以“驱策”。3 名受访者一致认为，狙击手的最佳战略用途在于防御。当被问及哪些素质

（射术除外）才能造就顶尖的狙击手时，他们的回答各有不同，但本质上异曲同工：耐力、毅力、观察力和良好的战术判断力。

苏军在数量上的优势并不总能体现在质量上。虽然新晋的苏联狙击手都曾经过培训，但不少人缺乏实战战术经验——事实上，他们的某些训练项目也多少有些业余。和往常一样，那些在战火的初次洗礼中幸存下来的狙击手，通常是那些在战场上和在教室中学得一样快的人。重要的是，他们的训练涵盖了近距离狙击和巷战技巧。实践证明，这在城市作战中十分关键，特别是当双方在斯大林格勒的废墟中陷入僵持时，此地便成了苏军狙击手闻名于世的猎场，并上演了最为传奇的一次狙击对决。

瓦西里·格里戈里耶维奇·扎依采夫（Vasily Grigoryevich Zaitsev）是苏联战绩最好的狙击手之一，他在生前便成为苏联人民的传奇英雄，

最著名的狙击战例或许来自苏联前线，特别是来自斯大林格勒保卫战。（科迪供图）

并通过英国演员裘德·洛主演的电影《兵临城下》而为今人所知。瓦西里·扎伊采夫原是名猎人，来自著名的苏联步枪手之乡——乌拉尔山。在成为苏联海军陆战队员之前，他已是名射击能手。在用制式步枪击毙了30多名德军后，扎伊采夫证明了自己的价值。他很快得到了一把瞄准镜步枪，并受命担任狙击手。

瓦西里·扎伊采夫的最终战果约为400人，但要论其中最有名的一例（同时也是《兵临城下》的情节基础），则当属他与一名德军王牌狙击手（片中名为埃尔温·柯尼希[Erwin König]少校）间旷日持久的对决。柯尼希一角纯属虚构，不过其原型应该是一位名叫科宁斯（Konings）或海因茨·托瓦尔德（Heinz Thorvald）的德军狙击手，但这一说法也存有争议。不过，可以确定的是，在扎伊采夫的自传《狙击手记》（*Notes of a Sniper*）中，他的确提到了自己曾在斯大林格勒跟踪（得到苏军其他双人狙击组的帮助）并最终狙杀了一名技艺高超的德军狙击手，但没有提及对方姓甚名谁。尽管如此，单是在斯大林格勒一役（1942—1943）中，扎伊采夫经证实的战果就有225人，横跨了德军各级军阶，其中至少有11人是狙击手。

二战期间，苏联部队中有许多女性狙击手，其中一些人发挥了十分高效的作用。（约翰·诺里斯供图）

德军狙击手正在使用一把带ZF4瞄准镜的Gew. 43半自动步枪。图片前景处是一挺MG42通用机枪。（供图：安迪·科尔伯恩，SBG社团）

苏联卫国战争中的英雄——苏军狙击手及其宣传

早在1924年，苏联军事专家就已认识到狙击手是种高效而经济的战略资源，并开始设立专业狙击学校。只要假以正确的训练和装备——当然还有正确的政治教导，一支精英狙击队便能重创敌军。那么，如果这种狙击手达到数万之众，他们所能发挥的效用又会有多大提升呢？

苏军狙击手不仅了解自己的步枪和瞄准镜以及使用方法，还掌握了伪装、防御以及进攻战术，在开阔地、森林或城镇环境中的狙击战法，手榴弹的用法，甚至是白刃战技巧。其中一些狙击课程很短，刚毕业的狙击手会与较老练的前辈搭档作战。结果是，到1939年时，苏军已有约6万名随时待命的狙击手。

苏军中最著名的女狙击手之一——柳德米拉·帕夫利琴科，她的杀敌数量据说在300人以上。

在苏联卫国战争（苏联人对二战的称呼）中，苏联宣传者鼓励人们将狙击手（snayperskya）奉为英雄，几乎将这些本就十分勇敢的射手拔高至与神话勇士同等的地位。为了使全国上下保持高昂的士气，经过新闻媒体的精心包装，一些伟大的狙击手声名远播，譬如米哈伊尔·伊里奇·苏尔科夫（Mikhail Ilyich Surkov）、伊万·西多连科（Ivan Sidorenko）、费奥多尔·玛维耶维奇·欧克洛普科夫（Fyodor Matveyevich Okhlopkov）等，其中自然还包括瓦西里·格里戈里耶维奇·扎依采夫。出于宣传目的，一些狙击手的可靠狙杀数量可能有所夸大，但实际中也存在着狙杀战果未被记录的情况。

苏联还独一无二地征召女性作为狙击手。到1943年时，已有超过1000名女狙击手在苏军服役，其中包括柳德米拉·帕夫利琴科、叶卡捷琳娜·祖拉诺娃（Yekaterina Zuranova）、塔蒂娅娜·伊甘托夫娜·科斯蒂莉娜（Tatiana

左图：一些女狙击手，如罗扎·沙妮娜（Roza Shanina），常以“迷人”的形象出现在苏联报纸上。

下图：苏联人还发行了一张邮票来纪念狙击手们的丰功伟绩。

柳德米拉·帕夫利琴科成了大名人，周游于世界各国（图片摄于美国），宣传苏联的抗德事业。

Igantovna Kostyrina），以及尼娜·阿列克谢耶芙娜·洛伯科夫斯卡娅（Nina Alexeyevna Lobkovskaya），后者指挥着一整连的女狙击手。在敖德萨保卫战和塞瓦斯托波尔保卫战中，柳德米拉·帕夫利琴科击杀了309名德军官兵。在受伤后，她成了苏联的抗战“大使”，举世闻名。娜塔莉·考夫肖娃（Nataly V. Kovshova）和玛利亚·波丽瓦诺娃（Maria Polivanova）的狙击二人组射杀了超过300名德军，而在弹药告罄后，她们宁可用手榴弹与敌人同归于尽，也不愿被活捉，成为民族英雄。考虑到狙击手被俘后将会遭受的严惩，她们的决定可以理解。

苏军狙击手战绩统计

下面的狙击手战果统计采编自许多来源，因此其准确性无法得到绝对保证。不过，就算把这些数据折半（尽管没有理由这么做），也依然能看出狙击手是多么有效的一种“资源”。要知道，一些现代研究表明，极少有士兵能在实战中完全精确地瞄准敌人。同样必须纳入考量的是，下面的某些数字可能还掺杂了部分受机枪和冲锋枪伏击而死的敌军。（芬兰狙击手西蒙·海耶则不然，他有两组不同的击杀统计，一组是步枪战绩，另一组是冲锋枪战绩。）

（F）代表女性狙击手

米哈伊尔·伊里奇·苏尔科夫	700+	江布尔·艾夫斯切亚维奇·图拉耶夫（Zhambyl Evscheyevich Tulaev）	262
瓦西里·沙尔沃维奇·科瓦强褆拉泽（Vasiliy Shalvovich Kvachantiradze）	534	费奥多尔·库兹米奇·切格达耶夫（Fyodor Kuzmich Chegodaev）	250
伊万·西多连科	500	伊万·伊万诺维奇·博恰罗夫（Ivan Ivanovich Bocharov）	248
尼古拉·雅科夫列维奇·伊林（Nikolay Yakovlevich Ilyin）	496	米哈伊尔·伊格纳季耶维奇·贝洛索夫（Mikhail Ignatievich Belousov）	245
库尔伯蒂诺夫（Kulbertinov）	487	马克西姆·帕萨尔（Maxim Passar）	237
V. N. 普切林采夫（Pchelintsev）	456	大卫·特波耶维奇·多耶夫（David Teboevich Doev）	226
米哈伊尔·布登科夫（Mikhail Budenkov）	437	N. F. 谢苗诺夫（Semyonnov）	218
费奥多尔·德佳琴科（Fyodor Djachenko）	425	瓦西里·沙尔沃维奇·科瓦强褆拉泽[31]	215
瓦西里·伊万诺维奇·戈洛索夫（Vasilij Ivanovich Golosov）	422	米哈伊尔·斯捷潘诺维奇·索欣（Mikhail Stepanovich Sokhin）	202
阿法纳西·戈尔季延科（Afanasy Gordienko）	412	诺杰·彼得罗维奇·阿达米亚（Noj Petrovich Adamia）	200
斯捷潘·彼得连科（Stepan Petrenko）	412	M. A. 阿巴索夫（Abbasov）	200
费奥多尔·玛维耶维奇·欧克洛普科夫	400+	叶卡捷琳娜·祖拉诺娃	155 (F)
瓦西里·格里戈里耶维奇·扎依采夫	400	弗拉基米尔·普切林泽夫（Vladimir Ptchelinzev）	152
萨满·诺莫孔诺夫（Semen D. Nomokonov）	367	因娜·谢苗诺夫娜·穆德莱索娃（Inna Semyonovna Mudretsova）	143
阿卜杜哈尼·伊德里索夫（Abdukhani Idrisov）	349	费奥多西·斯梅佳奇科夫（Feodosy Smeljachkov）	125
菲利普·雅科夫列维奇·鲁巴赫（Philipp Yakovlevich Rubaho）	346	H. 安德鲁哈耶夫（Andruhaev）	125
维克多·伊万诺维奇·梅德韦杰夫（Victor Ivanovich Medvedev）	331	I. 梅古洛夫（Merkulov）	125
E. 尼古拉耶夫（Nicolaev）	324	塔蒂娅娜·伊甘托夫娜·科斯蒂莉娜	120 (F)
里奥尼德·雅科夫列维奇·布特克维奇（Leonid Yakovlevich Butkevich）	315	亚尼斯·罗泽（Janis Roze）	116
尼古拉·伊林（Nikolai Ilyin）	315	N. P. 佩特洛娃（Petrova）	107 (F)
柳德米拉·米哈伊尔洛夫娜·帕夫利琴科	309 (F)	V. N. 普切林采夫[32]	102
亚历山大·帕夫洛维奇·列别杰夫（Alexander Pavlovich Lebedev）	307	伊丽莎白·米罗诺娃（Yelizaveta Mironova）	100+ (F)
伊万·帕夫洛维奇·戈列立科夫（Ivan Pavlovich Gorelikov）	305	阿利娅·莫达古洛娃（Aliya Moldagulova）	91 (F)
伊万·彼得罗维奇·安东诺夫（Ivan Petrovich Antonov）	302	尼娜·洛伯科夫斯卡娅	89 (F)
根纳季·伊奥斯沃维奇·韦利奇科（Gennadij Iosifovich Velichko）	300	利季娅·古多万采娃（Lidiya Gudovantseva）	76 (F)
莫伊西·季莫费耶维奇·乌西科（Moisej Timofeyevich Usik）	300	亚历山德拉·舒娅科娃（Alexandra Shlyakhova）	63 (F)
娜塔莉·考夫肖娃、玛利亚·波丽瓦诺娃	300 (F)	P. 吉尔加兹诺夫（Grjaznov）	57
伊万·菲利波维奇·阿卜杜洛夫（Ivan Filippovich Abdulov）	298	罗扎·耶格洛夫娜·沙妮娜（Roza Yegorovna Shanina）	54 (F)
雅科夫·米哈伊洛维奇·斯梅特涅夫（Yakov Mikhajlovich Smetnev）	279	A. P. 梅德韦杰娃-娜扎金娜（Medvedeva-Nazarkina）	43 (F)
利巴·鲁戈瓦（Liba Rugova）	274	塔蒂娅娜·尼古拉耶夫娜·巴拉姆金娜（Tatiana Nikolaevna Baramzina）	36 (F)
阿纳托利·契诃夫（Anatolij Chekhov）	265	玛丽耶·勒佳科娃（Marie Ljalková，捷克斯洛伐克人）	30 (F)

德军狙击手战绩统计

德军狙击手的战绩统计较少为人所知，这多半是因为有大量德军资料在战争结束时被毁。

马蒂亚斯·海岑诺尔	345
约瑟夫·“泽普”·阿勒伯格	257
布鲁诺·苏库斯（Bruno Sutkus）	209
弗雷德里希·派恩（Friedrich Pein）	200+
二等兵迈耶（Gefreiter Meyer）	180
奥勒·迪尔（Oleh Dir）	120
赫尔姆特·温斯伯格	64

据说，苏军狙击手普多采夫（Pdorzhive）中士在列宁格勒射杀了181名德军。图中，他正在用望远镜观察敌情。

据说，为了对付苏军狙击英雄瓦西里·扎伊采夫，德军派出了他们的顶尖狙击手，但此事（电影《兵临城下》的剧情基础）的真实性尚未得到充分证实。（供图：安迪·科尔伯恩，SBG 社团）

英军设立了专业狙击学校——图为一批突击狙击手的结业照；注意前景中是带瞄准镜的李-恩菲尔德步枪和观瞄镜。（供图：伦纳德·乔克[Leonard Chalk]，英国皇家海军陆战队第45、46突击队狙击手）

二战西线：攻守相易

二战中，西欧战场第一阶段的战事为“闪电战”（Blitzkrieg），高度机动的德军无情践踏着自己的敌人。不过在1940年，为了对付撤退的英军，德军还是动用了狙击手。英军也行之有效地运用了狙击手——在敦刻尔克大撤退中，英军狙击手使用一战时配发的P1914 No. 3（T）型步枪来迟滞德军步兵的推进。在撤退中，英军遗弃了大部分此类狙击武器，但在吸取了经验教训后，英国军方开始增设专业狙击训练学校。

换装后的英军狙击步枪是李-恩菲尔德No. 4（T）型步枪，配备No. 32瞄准镜。它比此前的枪型长得多，并伴随英军走过了二战余下的征程。这款步枪随英军和加军狙击手转战了欧洲、北非和远东，在澳新军团中亦有少量装备。

这款步枪采用的是制式.303子弹，若再将其No. 32瞄准镜的归零

右图：1944 年 4 月 21 日，在狙击训练课程间歇，王后属加拿大来复枪团（Queen's Own Rifles of Canada）的步兵们正在休息。（图片来源：弗兰克·杜伯维尔 [Frank L. Dubervil] 中尉，加拿大国防部，加拿大国家图书馆暨档案馆 [Library and Archives Canada]，编号 PA-211817）

左图：二战之初，P14 恩菲尔德 No. 3（T）型步枪仍在使用。（图片来源：阿尔·格雷斯顿 [Al W. Grayston] 中士，加拿大国防部，加拿大国家图书馆暨档案馆，编号 PA-213632）

距离调为 275 码（251 米），并瞄准目标眉心，那么在从 25 码（23 米）到 300 码（274 米）间的任意距离上，这种子弹的弹道几乎能确保枪枪致命（子弹会击中目标胸部和头顶间的某处）。通过调整距离补偿旋钮，射手还能打得更远。这种归零设定优势巨大，因为如此一来，狙击手便能在多数时候精确瞄定目标，不必再做归零校正——这一点同样是个利好，因为早期 No. 32 瞄准镜的归零校正并非易事。无独有偶的是，这也呼应了一战中德军狙击手得到的指示："瞄准牙齿"——这大概是因为二者的瞄准镜均有着相似的弹道设定。

1942 年，在盟军对法国北部城市迪耶普发起的突袭中，英军和加军狙击手迎来了第一次大考。这场战役虽然让盟军部队损失惨重，但却证明了狙击手的价值。作为突袭计划的一部分，300 名英军及美军突击队员受命消灭一个德军炮兵阵地——他们成功完成了任务。这支突击队中有 20 名狙击手，其中包括英军一等兵理查德·曼（Richard Mann）和美军突击队中士弗兰克·孔斯（Frank Koons），二人在消灭德军炮兵和机枪小队的战斗中发挥出色，双双获颁军事勋章（Military Medal）。

盟军狙击手正在检查瞄准镜。（图片来源：弗雷德里克·惠特科姆 [Frederick G. Whitcombe] 中尉，加拿大国防部，加拿大国家图书馆暨档案馆，编号 PA-211643）

侦察小队常常负责执行狙击和侦察任务。（图片来源：肯·贝尔 [Ken Bell] 中尉，加拿大国防部，加拿大国家图书馆暨档案馆，编号 PA-138416）

装备李-恩菲尔德狙击步枪的加拿大狙击手。（图片来源：弗雷德里克·惠特科姆中尉，加拿大国防部，加拿大国家图书馆暨档案馆，编号 PA-211642）

这两名战争重演者扮演的是英国陆军洛瓦特侦察兵狙击组——1名射手加1名观瞄手，分别使用狙击步枪与望远式观瞄镜。洛瓦特侦察兵是英国首支正式的狙击部队。（约翰·诺里斯供图）

饰演二战英军狙击手的战争重演者；他手持一支带 No. 32 瞄准镜的李–恩菲尔德 No. 4 Mk I（T）型狙击步枪。（约翰·诺里斯供图）

英制No. 4 Mk I（T）型狙击步枪

二战期间，英军（和加拿大军）的制式狙击步枪是No. 4 Mk I（T）型。为了获得最佳的基型步枪，英方在工厂中对众多制式李–恩菲尔德No. 4型步枪进行了测试，选出其中射击精度最优者。然后，这些步枪会接受改装，在机匣左侧加装一个可卸式瞄准镜座（以便安装No. 32望远式瞄准镜），并在枪托处加装一块木制腮托，垫高后托上缘的贴腮部（comb），使射手的眼睛与瞄准镜目镜对齐。由于镜座安于枪侧，在紧急情况下，射手还可以改用机械战斗瞄具。另外，此枪仍可通过弹夹装弹。

多数No. 4 Mk I（T）型狙击步枪都在英国接受改装，改装厂商是霍兰德公司[33]或BSA公司[34]，但也有一些步枪在加拿大的朗布兰奇兵工厂（Long Branch Arsenal）接受改装。

No. 32瞄准镜的放大倍数为3.5倍，质地坚固，原是为布伦轻机枪（Bren Gun）打造的。黄铜镜身长11英寸（28厘米），直径1英寸（2.5厘米），连钢制镜座在内的重量超过了2.5磅（1.1千克）。早期镜型具有射角调节旋钮，以50码（46米）为一刻度，可调射距在0到1000码间；后期镜型（1943年后）采用了MOA

装有No. 32瞄准镜的李–恩菲尔德No 4 Mk I（T）型狙击步枪。（史蒂夫·布罗德本特藏品）

（角分）调节装置，风偏调节旋钮的可调范围在正负 16 MOA 间。T 形瞄准线由粗细 2 条线构成：1 条是由下至上延伸至瞄准中心点的粗垂线，另 1 条是横跨瞄准图像中央的细水平线。

近窥 3.5 倍 No. 32 瞄准镜及步枪枪机。（史蒂夫・布罗德本特藏品）

移除瞄准镜后的步枪，可以看到拆装方便的镜座。（史蒂夫・布罗德本特藏品）

俯视图中可以看到瞄准镜的射角和风偏调节旋钮。（史蒂夫·布罗德本特藏品）

步枪左视图中可见固定于镜座上的瞄准镜。（史蒂夫·布罗德本特藏品）

为了使狙击手的视线和瞄准镜平齐，李－恩菲尔德 No. 4 Mk I（T）型步枪加装了腮托，这在同时代的狙击步枪中独树一帜。（史蒂夫·布罗德本特藏品）

在移除瞄准镜后的步枪左视图中，可以看到机匣上的镜座基底。（史蒂夫·布罗德本特藏品）

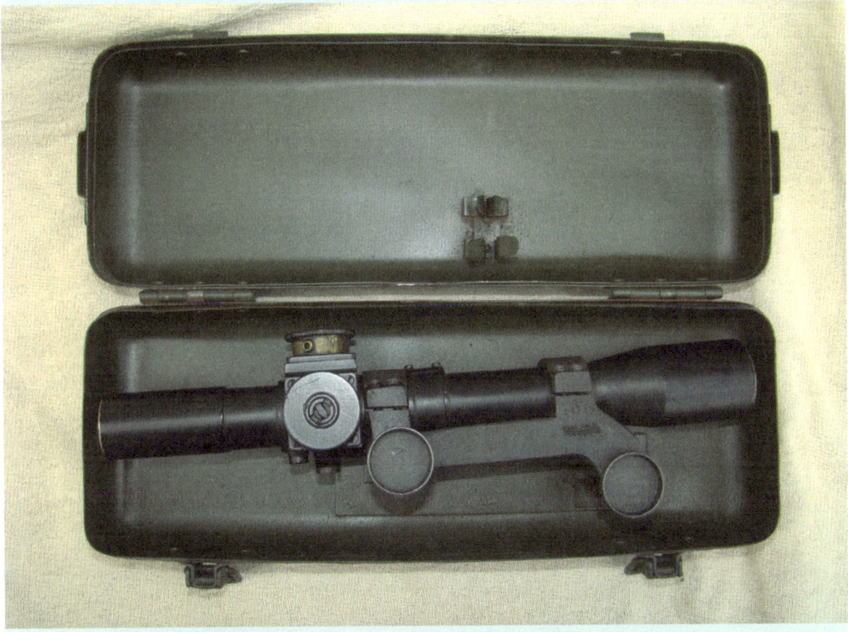

No. 32 瞄准镜能简便地从步枪上卸下，收纳于特制镜盒中。（史蒂夫·布罗德本特藏品）

无论是在北非战场，还是在对意大利的进攻中，盟军狙击手都尽职尽责。图为一队狙击手——此图摄于 1944 年的意大利利里河谷（Liri River Valley）。（图片来源：W. H. 阿格纽 [Agnew] 中尉，加拿大国防部，加拿大国家图书馆暨档案馆，编号 PA–117835）

德军狙击手曾担任后卫部队，迟滞盟军攻势，护大部队撤退。图中的盟军部队遭遇了德军的狙火力袭击——此图摄于 1943 年的意大利坎波基亚（Campochiaro）。（图片来源：亚历山大·麦肯齐·特顿 [Alexander Mackenzie Stirton] 中尉，加拿大国部，加拿大国家图书馆暨档案馆，编号 PA–129774）

此次突袭最为积极的结果之一，在于英军和加军对狙击手的重要性有了更为深刻的认识。每个加拿大步兵营中都编入了 1 个侦察狙击排，执行主要的侦察任务。这些士兵的训练方式与洛瓦特侦察兵十分相似，其中包括伪装、潜行、观察和射击训练。他们是现代侦察部队的前身。

狙击手的价值同样在北非战场得到了证明。在荒凉沙漠地形的掩护下，英军和澳军狙击手得以抵近射杀意大利军和德国非洲军团（Afrika Korps）的炮兵和观察员。1943 年 9 月，盟军入侵意大利，德军狙击手与美军交上了手。在一个战例中，仅仅 3 名德军神枪手就拖住了盟军的整个攻势，直到被盟军炮火消灭（这是种经典的反狙击手段）。事实上，狙击手之间的对决在整个意大利战役期间比比皆是，在卡西诺山（Monte Cassino）一役中尤为典型——这是整场意大利战役中最艰苦的战斗之一，为了消灭在山坡上掘壕固守的德军狙击手和机枪队，英军、美军和英联邦部队付出了许多伤亡。

德军“狙击准则”（1944年）

1. 狂热地战斗。

2. 深思熟虑、冷静射击；快速开火将一无所获；专注于命中目标。

3. 敌军狙击手是你最大的敌人；要智取他们。

4. 每个狙击点永远只开一枪，否则便会暴露。

5. 掘壕工具能让你活得更长。

6. 训练距离判断能力。

7. 成为善用伪装和地形掩护的大师。

8. 在前线后方或本土时，要勤练射击技能。

9. 狙击步枪永不离手。

10. 生存意味着 10 次伪装和 1 次射击。

二战后期，装备精良、训练有素的德军狙击手遵循着一套准则，其中既有合理的建议，又不无孤注一掷的疯狂。（供图：伊恩·桑福德 [Ian Sandford]，SBG 社团）

1944 年，法国卡昂，英军狙击手正在观察敌军动向。(图片来源：澳大利亚战争纪念馆，编号 128643)

1944 年 6 月，盟军登陆法国后，德军狙击手几乎占据了诺曼底的每一栋建筑、每一片灌木树篱。（供图：安迪·科尔伯恩，SBG 社团）

盟军在法国推进期间，遭遇了无处不在的德军狙击手。为了对付他们，盟军常常动用自己的狙击手。（科迪供图）

当盟军于 1944 年 6 月登陆法国诺曼底后，他们不得不在每一寸土地上展开激战。盟军所要面对的不仅有大炮和机枪，还有无处不在的德军狙击手，而后者多为经验丰富、久经战阵的老兵。不过，盟军也有自己的狙击手，比如美军中士弗兰克·夸伊泰克[35]——1944 年 6 月结束前，他的步枪枪托上记录狙杀人数的刻痕已达 22 道（其中也包括一些狙击手）。

著名的美国战地记者厄尼·派尔（Ernie Pyle）曾在报道中写道：“在诺曼底，狙击手无所不在。树林里，建筑里，废墟里，草丛里，到处都是狙击手。不过他们大多埋伏在又高又密的灌木树篱中，这种树篱相当于一切诺曼底田野的栅栏，存在于大大小小每条路边。”

德军狙击手一旦觅得机会，便会首先射杀盟军军官。这些军官之所以会被认出来，是因为他们随身带着双筒望远镜，或手枪，或地图。德军狙击手甚至还对留有八字须的敌人下手，因为这些人是军官或高级军士的可能性更大。有时，德军狙击手需要做的只是仔细观察，找出盟军阵中有哪些人看起来像是在发号施令。其他优先目标还包括战车车长、通信兵、炮手、观察员等等。德军狙击手也不会对医护兵手下留情，即便后者的头盔上有清晰可见的红十字标志。

在诺曼底，德军狙击手会重点关注十字路口、桥梁、狭径和纵横交错的灌木树篱（被称为“Bocage”，意为“树篱交错的农田”），因为这些地方看起来既能阻止盟军前进，又能让自己保持隐蔽。他们有的在树

盟军变得擅长于有效部署狙击手。（图片来源：肯·贝尔中尉，加拿大国防部，加拿大国家图书馆暨档案馆，编号 PA–211728）

一名战争重演者正在扮演1944年冬天的德军狙击手。（供图：安迪·科尔伯恩，SBG社团）

篱下掘壕固守，有的埋伏在废弃的建筑内外，有的攀上了教堂的尖塔或任何类型的塔楼——事实上，任何有利于射击的位置，都会成为他们的藏身之所。反制措施则收效甚微，因为诺曼底的乡村地形能使狙击手准确命中仅仅位于几百码外的目标，而如果盟军无法发现他们，便难以进行还击。不过，一旦狙击手暴露了自己的位置，便会遭到轻重武器的集火齐射，如有必要，盟军还会呼叫炮火支援。但无论采用何种方式消灭狙击手，都需经过一场漫长的苦战。

在穿越法国途中，盟军还遇到了一些另类的狙击手，他们不像久经战阵的狙击手般谨慎行事，而且会一直战斗到死，除非受伤被俘。在这些狙击手中，有许多人是曾参与过纳粹希特勒青年团运动的狂热青年，深受纳粹思想灌输，愿意不惜任何代价保卫祖国。即使在德国败局已定时，这些狙击手中仍有一些人血战到底。

伦纳德·乔克 17 岁时便志愿加入了英国皇家海军陆战队突击队，并受训成为一名狙击手。虽然在卡昂的战斗中，他的肩部和颈部都受了伤，但他仍然回归部队，参与了二战欧洲战场最后数月的战斗。在奥斯纳布吕克（Osnabrück）的巷战中，他消灭了一支正在跑向新阵地的德军机枪队。多年后，当他向儿子讲起这件事时，他只是说道："当他们在奔跑时，你只需分毫不差地向他们送去铅弹……"这种"实事求是"的作风似乎可以代表许多狙击手的作战态度。

二战中的伪装技术

随着二战的爆发，迷彩式伪装服开始在许多军队中得到不同程度的应用，取代颜色单一的暗绿色、灰色或棕色军服。不过，迷彩服主要应用于精锐部队，如伞兵和突击队，自然还包括狙击手。迷彩式伪装采用了看似矛盾的对比色和（或）互补色（如棕色、绿色、灰色和黑色），用不规则的色带、色点或图案将它们呈现于中性色背景上，从而消弭人体或物体的轮廓，达到隐蔽的目的。

自20世纪30年代中期起，德军已着手对迷彩图案展开试验，并充分利用现代制布技术，生产出适应不同地貌的多种迷彩服。有的迷彩图案甚至对应着不同的季节，还有些迷彩服可以反穿，正反两面的迷彩图案截然不同，分别对应着春天和秋天的色调。

德军有许多不同的迷彩图案，反映不同的季节和地理环境；许多德军迷彩服正反两面具有不同的迷彩图案，可以反穿。

二战期间，来自卡尔加里高地团（Calgary Highlanders）侦察狙击排的马歇尔（Marshall）中士。他身穿一件丹尼森伪装服，把伪装面纱作为头巾使用。（图片来源：肯·贝尔中尉，加拿大国防部，加拿大国家图书馆暨档案馆，编号 PA–a140408–v6）

训练中的狙击手；他们身上的伪装包括网罩、布条和面部的伪装油彩。（图片来源：德怀特·多兰 [Dwight E. Dolan] 中尉，加拿大国防部，加拿大国家图书馆暨档案馆，编号 PA–177141）

二战英军的冬季伪装衣。（图片来源：巴尼·格洛斯特 [Barney J. Gloster] 中尉，加拿大国防部，加拿大国家图书馆暨档案馆，编号 PA–137987）

为了适应冬季白雪皑皑的环境，苏联和其他许多北欧及斯堪的纳维亚国家都生产了白色伪装衣，并在枪托上贴上白色布条或画上不规则白线，掩饰步枪的形状。

一战后，英国人停止了伪装试验，直到 1940 年才设立了伪装开发与训练中心（Camouflage Development and Training Centre）。有趣的是，为了使伪装手段足以乱真，该中心甚至还聘请了一位职业魔术师——贾斯帕·马斯基林。二战中，英军的首批伪装衣是丹尼森伪装服（Denison smock）：这是种宽松的黄褐色制服，上有绿色、棕色和黑色色块。虽然丹尼森伪装服原是为伞兵设计的，但由于其良好的隐蔽性和防风雨性，包括狙击手在内的其他专业部队也很快采用了这种制服。

美国陆军于1940年起对伪装服展开试验，研制出了可以反穿的"蛙皮"式、"豹斑"式迷彩服，专为海滩战和丛林战而设计，并配发给了太平洋战场上的美国海军陆战队。

一些部队还尝试在头盔上涂制伪装迷彩，但更常见的伪装方法是在头盔上包一层伪装布，或加一层网罩，网罩上可以夹带黄褐色的布条（麻棉布）或当地植物的枝叶。

日军和澳军尤其擅长利用草叶、树枝和棕榈叶与周遭环境融为一体。在旺加贝尔（Wongabel）及其他澳军训练基地中，澳军狙击手学会了用竹子和草编盖来制作"车轮"伪装盖（cartwheel），把它罩在散兵坑上隐蔽自己——这一招是从日军那里学来的。在丛林中，澳军士兵还常常使用网罩和布条来掩盖自己的轮廓。

5S准则

轮廓（Shape）：

任何可能暴露人体轮廓或直线线条（如步枪）之处，都应使用伪装布、伪装油彩、迷彩服、网罩或自然植物加以掩饰。

反光（Shine）：

任何可能反光之处，如面部和手部，枪管和枪机，瞄准镜或双筒望远镜等等，都应加以遮掩或伪装。

阴影（Shadow）：

尽可能待在阴影中，同时要尽量避免投下影子。

剪影（Silhouette）：

不要在天空、水体或其他浅色背景的映衬下暴露自己的剪影。

间距（Spacing）：

自然物体间的间距永无规律可循；注意和你的射击同伴保持适当的间距。

其实还应当有第 6 项“S”准则：避免突然（sudden）行动，换句话说，就是永远要缓慢（slowly）而谨慎地移动——人眼最快能捕捉到的东西无疑是移动之物。

德军“橡树 A”型迷彩服。（约翰·诺里斯供图）

德军“橡树 B”（Oak B）型迷彩服。（约翰·诺里斯供图）

德军“梧桐树”型迷彩服。（约翰·诺里斯供图）

斯大林格勒的苏军狙击手在迷彩上衣外又披了层伪装布。

德军“模糊边缘”型迷彩服。（约翰·诺里斯供图）

这名澳军狙击手近在眼前地展示着迷彩伪装服的效果。（图片来源：澳大利亚战争纪念馆，编号 083462）

虽然一些欧洲城镇已被盟
但仍有不少德军狙击手出没其中
混乱。（图片来源：美国国会图

一支德军狙击二人组。许多德军狙击手都遵循自己的准则，拼死战斗到底。（科迪供图）

与日军一较高下

在太平洋诸岛、缅甸以及亚洲大陆上，盟军都面临着来自日军狙击手的威胁。与其他国家的狙击手相比，日军狙击手或许更多地使用了近距离狙击技术。他们常常在隐蔽处等上数小时乃至数天，直至目标近到能“看清他们的眼白”时才会开枪，然后持续开火，直至战死。和神风特攻队飞行员一样，日军步兵也被灌输了为天皇奋战到死的玉碎式狂热。日军“狙击手”常常只是端着制式步枪的普通步兵，他们频频在近距离开火，所以步枪安不安瞄准镜没什么区别。不过，他们会在开火前保持隐蔽，正是这一点使得他们如此危险。由于他们的存在，盟军在每一片沙滩、每一座山冈、每一寸丛林都陷入了苦战。

这张照片使我们得以一睹远东丛林的模样。在这种环境中，狙击手想必极易藏身。（图片来源：美国国会图书馆）

美国海军陆战队正在塔拉瓦（Tarawa）滩头杀出一条路来。在这里，他们遇到了日军重武器火力和狙击手的阻击。虽然日军狙击手仅仅被形容为是个“麻烦”，但从太平洋战场到远东战场，这些狙击手都已准备好狂热地死战到底。

1943 年，纽约《时代周刊》刊登的一篇文章中写道：“从南太平洋归返的海军陆战队和陆军战士几乎一致认为，在一对一时，日本兵的战斗素质不如美军士兵。但若要论隐蔽、潜行和诡计，他们则恼火地承认日本兵要强得多。

“日军深挖出可容人站立的散兵坑，若非直接遭受炮火轰击，这些散兵坑一般都很安全（比美军狭长的散兵壕强）。在防御方面，他们掘筑了用棕榈树干加以保护的防空洞，然后爬进去负隅顽抗，直到被炸药或眼尖的战士消灭。

“日军狙击手的神秘光环也被返美军官所打破。他们表示，日军狙击手是个麻烦，但也不过如此。他们藏得很好，但准头不够。不过，狙击的存在仍会让士兵有所忌惮，不敢轻举妄动……

“……但日军最大的缺陷在于缺乏想象力。他们一板一眼地执行命令，如有必要，他们至死都会如此行事。可当状况出现时，他们却不能随机应变。如果日军在进攻中遇到了抵抗，他们无论如何都要前进——日军部队因此遭受了可怕的伤亡。”

1943 年，美军狙击手在塔拉瓦。（科迪供图）

日军部队中的确有专业狙击手，这些人受过远程精准射击训练和伪装训练，并掌握了其他所有狙击技能。他们的主要武器是有坂（Arisaka）99 式栓动狙击步枪，以及更早的有坂 97 式狙击步枪（使用 6.5 × 50mm 枪弹）。这些专业狙击手擅长利用当地植物对防空洞和自己进行伪装，并以忍受艰苦条件的毅力和耐力而闻名。不过，由于他们常常不会只开一枪，因此会很快暴露，而他们的对手则是来自美国海军陆战队和澳新军团的狙击手，属于世界上最训练有素的一部分狙击手。

二战中的日军狙击步枪

二战日军的主要狙击武器为有坂 99 式栓动狙击步枪（使用 7.7×58mm 枪弹），以及更早的有坂 97 式狙击步枪（使用 6.5×50mm 枪弹）。

97 式狙击步枪是有坂 38 式步枪[36]的衍生枪型，后者曾在日本侵华战争（始于 1931 年，在 1937 年全面爆发，自 1941 年起成为二战的一部分）中服役多年。97 式狙击步枪于 1937 年开始服役，具有较长的下弯式枪栓，这样使用者的手就不会弄脏安在枪支后部的 2.5 倍望远式瞄准镜。此枪的枪托更轻，配有可折叠的金属丝双脚架。所有 38 式步枪均存有两个主要问题：一是它们太长了；二是其 6.5×50mm 制式枪弹威力不足——虽然这种子弹的确减小了狙击枪型的枪口焰，使之更难被发现。

99 式狙击步枪的枪长更短（枪管比 97 式短约 8 英寸 [20 厘米]），采用了威力更大的 7.7×58mm 步枪弹。此外，它还安装了更有用的 4 倍瞄准镜，不过，一些早期枪型使用的仍是 2.5 倍瞄准镜。

一支有坂 97 式狙击步枪，1937 年左右产自小仓市的日本帝国兵工厂。这款步枪装有望远式瞄准镜，枪托前部配有单脚架。20 世纪 30 年代，日军曾在伪满洲国使用此枪，在二战早期的新几内亚战场上亦有使用。（图片来源：澳大利亚战争纪念馆，编号 REL–07061.001）

一支有坂 99 式狙击步枪，1940 年左右产自名古屋的日本帝国兵工厂。这款步枪配有 4×7 望远式瞄准镜，由更早的 97 式步枪发展而来，枪长更短，口径更大。在整个太平洋战争期间，日军都曾使用此枪。（图片来源：澳大利亚战争纪念馆，编号 REL–07214）

有坂 38 式步枪及其衍生枪型都是当时的名枪——芬兰人差点就选择了此枪而非莫辛–纳甘步枪。据估计，这种步枪拥有所有步枪中最坚固的栓动枪机之一。

二战中的美军狙击步枪

到 1940 年时，美国陆军已采用 M1 加兰德步枪为主要战斗步枪。不过，这款步枪的弹夹装弹装置无法与顶置的瞄准镜相容。在试验了大量瞄准镜和侧置镜座后，1944 年年末，M81 和 M82 莱曼（Lyman）瞄准镜通过验收。同时，雷明顿武器公司还生产了约 2.8 万支 .30–06 口径春田 M1903A4 栓动（狙击）步枪，这些步枪在整个二战期间都有服役，在战后亦未退役，深得许多狙击手的青睐，即使在加兰德步枪的狙击枪型配发后依然如此。A4 狙击步枪没有安装开放式瞄具，枪托上常常有个手枪式握把。机匣经过改造，可以安装雷德菲尔德镜座基底和 ¾ 英寸底环，用于加装韦弗 2.5 倍 330C 瞄准镜。

由于 M1903A4 步枪上装有瞄准镜，因此无法再通过弹夹给弹匣

春田 M1903A3 狙击步枪。机匣上印有“US REMINGTON MODEL 03–A3”（美国雷明顿 03–A3 型）字样。此枪的雷德菲尔德（Redfield）镜座上装有韦弗（Weaver）73B 型望远式瞄准镜。瞄准镜镜身顶端漆有一串白色数字“3419601”。枪身附有一根两段式皮制枪带及黄铜配件。

装弹。不过，它的盒型弹匣仍可手动装弹，1 次 1 发，共可装填 5 发。

二战之初，美国海军陆战队的制式狙击步枪是春田 1903A1 步枪，配备莱曼 5A 瞄准镜（5 倍放大），后来又升级为尤那托（Unertl）8 倍瞄准镜。在整个二战期间，这两种瞄准镜都有服役。

一名战争重演者正在扮演美国海军陆战队狙击手。他的装备是支春田 M1903A3 狙击步枪，枪上装有尤那托 8 倍瞄准镜。

巴布亚新几内亚——一名日军狙击手倒毙于藏身的树下，右手边是他那已残损的步枪。澳军和美军用机枪和冲锋枪来对付树上的狙击手——通过摧毁高处的树枝，消灭任何藏身其间的狙击手。（图片来源：澳大利亚战争纪念馆，编号 013937）

1942 年，澳大利亚北领地。澳大利亚第23/21 步兵营的 R. W. 威尔逊（Wilson）中尉正在向学员讲解狙击法则。树上的狙击手身穿一件伪装衣，伪装衣由染成绿色的麻袋布制成。（图片来源：澳大利亚战争纪念馆，编号 027767）

1945年，婆罗洲博福特（Beaufort）。身为狙击手的二等兵 I. 唐克斯（Tonks），正和两名观瞄手一起搜寻日军狙击手的踪迹。（图片来源：澳大利亚战争纪念馆，编号 114097）

如果情况允许，盟军狙击手一旦发现日军步枪手便会予以射杀；但若情况不允许，其他一些反狙击技巧有时也同样有效。为了对付树上的狙击手，盟军会用机枪或半自动武器扫射一切可疑的树木，用压倒性的火力消灭任何潜藏其中的狙击手。而在消灭防空洞和岩洞中的狙击手时，火焰喷射器和炸药均发挥了高效的作用。

就算是最为久经战阵的日军狙击手，也难逃被杀或被俘的命运，而接替他们的兵员往往经验尚浅，因此，盟军面对的狙击威胁日渐减小。

在二战期间，多数同盟国都采取措施，设立狙击学校，或至少教授这一专业作战形式所需的技巧。这些举措收效显著，但令人惊讶的是，战争结束时，美国陆军和海军陆战队都决定终止狙击手项目。

为了对付藏身防空洞或掩体中的狙击手，美军的手段之一是动用火焰喷射器。

跳岛战役期间，美军在追击战中击毙了3名日军狙击手。

1944 年，布干维尔岛。当澳军部队向敌方阵地推进期间，第 25 步兵营的二等兵 T. 霍尔（Hall）射杀了一名高踞树端的日军狙击手。（图片来源：澳大利亚战争纪念馆，编号 078022）

二战中的澳军狙击步枪

二战期间，澳大利亚陆军采用的制式狙击步枪完全来源于一战时期的装备，也即带 P1918 瞄准镜的 P1914 恩菲尔德 No. 3 Mk I*（T）型狙击步枪，以及 SMLE No. 1 Mk III* 型步枪；后者在利斯戈兵工厂（Lithgow Arsenal）接受了改良，采用了更重的枪管和更厚的木制腮托，并同样加装了 P1918 瞄准镜，成为 SMLE No. 1 Mk III*（HT）型步枪。

步枪瞄准镜采用的是爪式镜座，其中，低爪式镜座应用于纯粹的狙击步枪，高爪式镜座则可两用——在近战中，射手可以迅速压低瞄准视线，改用机械战斗瞄具。这在澳军频频遭遇的丛林战中发挥了明显的作用，因为在丛林地带，澳军战士有时需要在不到 100 码的距离内迅速连发多枪。

虽然澳军狙击手的武器并非当时的现代装备，但许多人在战前已是热衷射击的步枪手或职业袋鼠猎人，在二战中也出类拔萃地完成了狙击和反狙击任务。

近窥澳大利亚光学公司（Australian Optical Company）生产的 P1918 望远式步枪瞄准镜。图中的瞄准镜产于 1944 年。（图片来源：澳大利亚战争纪念馆，编号 REL-AWM37030. 002）

P1914 恩菲尔德 No. 3 Mk I*（T）型狙击步枪采用了 P1918 望远式瞄准镜，曾在二战期间为澳军所用。（图片来源：澳大利亚战争纪念馆，编号 REL-06068-001）

战争重演中，使用春田 M1903A4 狙击步枪的美军突击队员。

美国海军陆战队狙击手装备了春田 M1903A4 狙击步枪，其上配有莱曼或尤那托瞄准镜——尤那托瞄准镜于图中可见。（约翰·诺里斯供图）

注释

[1] “布尔”一词即源于荷兰语中的“Boer”，指农民。

[2] 这种弹匣虽可拆卸，但往往只是为维护或损坏时方便更换，在使用中往往不会拆下，通过机匣顶部装弹。

[3] 弹夹（stripper-clip），也称填弹条（charger），多为金属框条，用于将子弹成排夹住，以便一次性压入弹匣。请注意弹夹与弹匣（xiá）的区别，二者虽然发音相似，但概念却完全不同。

[4] 机匣（receiver），引导枪弹入膛的装置，位于枪支后膛，是步枪的主体部分。

[5] 这是表示子弹规格的惯用形式，即乘号前的数值表示子弹口径，乘号后的表示弹壳长度，单位均为毫米。例如，7×57mm 弹指口径 7mm、弹壳长为 57mm 的枪弹。又如，7.62×54R 弹指口径 7.62mm、弹壳长度为 54mm 的枪弹，其中 R（Rimmed 的缩写）表示该弹为凸缘弹，即弹壳底部有凸起于弹壳圆柱面的一圈凸缘。

[6] 贝登堡勋爵（Lord Baden-Powell），即第一代贝登堡男爵、国际童军运动创始人罗伯特·贝登堡中将，他在第二次布尔战争的梅富根城战役中成为国家英雄。

[7] 原文为“Smelly”一词，意为“难闻的，有臭味的”，拼写与该步枪的简称“SMLE”类似，故有此绰号。

[8] 闭合待发（cock on closing），指枪栓前推时（关闭机匣）使击针待击。

[9] 开启待发（cock on opening），指扳起枪栓拉柄时（露出机匣）使击针待击。

[10] T4 步枪，即李–恩菲尔德 No. 4（T）型步枪。

[11] 低地国家（Low Countries）是对欧洲西北沿海地区的荷兰、比利时、卢森堡三国的统称。

[12] 第 28“冯·戈本”步兵团（第 2 莱茵团）即 Inf. Regt. von Goeben（2.Rhein.）Nr.28.，德文全称为 Infanterie-Regiment von Goeben（2. Rheinisches）Nr. 28。冯·戈本（August Karl von Goeben）乃普奥战争和普法战争中的普鲁士步兵将军。

[13] 被甲弹（jacketed bullet）的弹头裹有弹头壳（即被甲）；根据弹芯是否完全被弹头壳包裹，又分为全被甲弹和半被甲弹。

[14] MOA（Minute of Angle），意为“角分”，用于表示枪械精度。1 MOA 为 1/60 度，相当于一组射击的弹着点在“100 码处散布范围直径为 1.047 英寸（通常省略为 1 英寸）”或“在 100 米处散布范围直径为 2.9 厘米”。低于 1 MOA 时可称为“Sub MOA”（次 MOA）。MOA 值越小，代表枪械越精准。

[15] 英国兵（British Tommies），直译为“英国汤米”。“Tommy Atkins”（汤米 · 阿特金斯）或“Tommy”（汤米）是对普通英国陆军士兵的俚称。这个称呼源于 18 或 19 世纪，在一战中尤为盛行。

[16] 约翰 · 巴肯（John Buchan）的代表作品为《三十九级台阶》。

[17] 博登营（Camp Borden），又名博登基地（Borden Base），加拿大军事基地。1916 年为训练赴欧参加一战的士兵而设，以布尔战争时期加拿大的国防部长弗雷德里克 · 博登（Frederick Borden）命名。

[18] “.30”指弹药口径为 0.30 英寸，即 7.62mm 弹药；“06”指其推出的年份为 1906 年。

[19] 巴雪戴尔（Passchendaele），又译帕斯尚尔，比利时地名。

[20] 达达尼尔战役（Dardanelles Campaign）即加利波利战役。

[21] 比利 · 沈（Billy Sing），中英混血澳大利亚军人，一战澳军头号狙击手（详见后文）。他的父亲来自中国上海，母亲来自英国斯塔福德。他的中文姓氏已难以确证，但据约翰 · 汉密尔顿（John Hamilton）所著 *Gallipoli Sniper: The Remarkable Life of Billy Sing* 一书所述，比利 · 沈的姓氏很可能是“Xing”的英语化写法（anglicised version），发音为“Shing”；此书中还提到，这一姓氏在 19 世纪赴澳淘金的中国人中颇为常见；考虑到这两点，外加方言因素，本书依据目前的常见译法译为“沈”，但不排除“邢”或“盛”等的可能。

[22] 无托式步枪（Bullpup Rifle），又称犊牛式步枪。这种步枪的机匣移到了扳机后方的枪托内，显著缩短了枪械长度。

[23] 在瞄准镜规格中，乘号前的数字代表放大倍数，乘号后的数字代表物镜直径（以毫米为单位）。

[24] 吉利（ghillie/gillie），苏格兰词汇，指猎人（或渔人）的随从，多见于苏格兰高地。一名吉利还可受地主雇佣，负责看守猎场，防范偷猎活动，控制不受欢迎的掠食动物的数量（如狐狸和水獭），并监控野生动物的健康状况。

[25] 由于当时的战场地形不适合骑兵作战，所有澳大利亚轻骑兵均下马步战。

[26] 苏科·柯尔卡（Suko Kolkka），或苏洛·柯尔卡（Sulo Kolkka），是芬兰军中某不明身份狙击手的外号。

[27] B 型弹（“B” cartridge）中的“B”为德语词“Beobachtung”的缩写，意为“观察”“观测”（observation）等。

[28] SBG 社团（Second Battle Group，意为“第二战斗群”）成立于 1978 年，是英国最悠久的二战战争重演及历史研究社团，安迪·科尔伯恩为该社团主席。有趣的是，虽然 SBG 是英国民间社团，但却擅长扮演党卫军第 1 装甲掷弹师（阿道夫·希特勒警卫旗队 [LSSAH]）。

[29] 出瞳距离（eye-relief）指能看清整个视场（field of view）时，瞳孔与瞄准镜目镜间的最大距离。视场指瞄准镜所能看到的视野范围，视场值以角度、码或者米为单位表示。通常情况下，瞄准镜倍数越高，视场越小。

[30] 精确射手（designated marksman）一般随步兵作战，使用由通用步枪改制的精确射手步枪（Designated Marksman Rifle，简称 DMR）。精确射手的主要任务是支援步兵，与狙击手的人员编制、行动模式、战术作用都存有较大区别。

[31] 此处的瓦西里·沙尔沃维奇·科瓦强褆拉泽（Vasiliy Shalvovich Kvachantiradze）与本榜排名第二的狙击手同名，原文如此。

[32] 此人与本榜中狙杀战果为 456 人的 V. N. 普切林采夫（Pchelintsev）同名，原文如此。

[33] 霍兰德公司（Holland and Holland，简称 H&H），英国著名制枪商。公司名源于其创始人哈里斯·霍兰德（Harris Holland）。

[34] BSA公司的全称为“伯明翰轻武器有限公司”（Birmingham Small Arms Company Limited）。

[35] “弗兰克·夸伊泰克”音译自原文中的“Frank Kwaitek”，但“Kwaitek”的准确性存疑，更常见的写法为“Kwiatek”（奎亚蒂克）。

[36] 有坂38式步枪（Arisaka Type 38），在国内俗称三八大盖，因其枪机上随枪机连动的防尘盖和机匣上的“三八式”字样而得名。

美国海军陆战队下士丹尼·罗德里格兹（Danny Rodriguez）射杀了遥远山脊上的4名朝鲜士兵——图为狙击期间，他用狙击瞄准镜进行瞄准的情景（摄于1950年左右）。这一战例表明，加倍重视步枪射术常常能收到实效。（图片来源：美国海军陆战队［USMC］）

第四章

20世纪下半叶—21世纪：和平的幻影

二战结束后，世界各国渴望回归常态，避免引发任何冲突和战争。国际社会再次开始相信战争将一去不返，相信人类终已明白武力冲突的狰狞面目。但遗憾的是，这些美梦永远都不太可能成真。人们说服自己相信如今一切都好，覆辙绝不会重蹈，但却为此立刻抛弃了一切与战争及冲突有关的东西，淡忘了常常来之不易的教训。其中一个被频频抛之脑后的教训，便与狙击手的技能有关。

和一战结束时一样，各国军队几乎无一例外地抛弃了狙击训练，解

1948 年，在英属巴勒斯坦托管地（British Mandate of Palestine），英军与“哈伽拿”[1]（意为“防卫”，以色列国防军的前身）交上了火。这是二战之后，英军卷入的多场小型战争之一。此图摄于 1948 年 5 月 21 日，图中可见一男一女两名狙击手，他们爬到树上，对英军部队开火。（图片来源：赫尔顿–多伊奇档案库 [Hulton-Deutsch]、科比斯图片社）

散了大大小小的狙击队，让技术娴熟、经验丰富的狙击手们回到单调的日常工作中去。这些人曾在战争中执行过万分危险、责任重大的任务，如今却得交出所有狙击装备，要么回到原先的步枪排中，要么调入当权者们觉得合适的工作岗位，比如情报部门。有些人虽然进入了看重自身技能的政府机构（这种例子也屡见不鲜），但绝大多数人实际上被抛弃了。一同被抛弃的，还有他们的知识和经验。

这种情况的根源常常在于财政状况。战争对各国的经济都是巨大的消耗，而新当选的政府又在重重压力下快速削减开支，将资金投入平民社区，重建国家。这种选择是必要的，也是可以接受的，不过与此同时，又有一大批陆军、海军和空军将领力图保全麾下的坦克、舰船和飞机。要保留这些装备，就势必要在其他方面做出牺牲。而狙击一向只被看作“战士加步枪”，无关紧要。

经过过去约60年间的数场战争和冲突后，狙击如今不仅被视为一种合理的作战形式，还是许多情形下的必备利器，这种地位在史上绝无仅有。与此同时，一些国家的狙击手受训数量也逐年增长，每年增加两倍。

二战结束后，在各国的裁军大潮中，狙击手再次式微。例如，英国军方就很快终止了一切狙击训练计划，并解散了狙击部队。若非英国皇家海军陆战队的先见之明，英军将遗失一切狙击经验。

二战结束后，英国皇家海军陆战队完全担负起了突击队的角色，英国陆军方面则解散或调离了资质合格的突击队员。就突击行动的核心要义而言，任何能让一支小分队对敌方大军占据上风的战法，都具有不可估量的价值，而狙击恰恰就能做到这一点。

狙击不过是对步兵技能的整合，将之提升到专业级别的高水准，并训练出素质高超的战士。在突击队这样的小分队中，狙击手的技能既有价值，又受重视。英国皇家海军陆战队一向重视方方面面的职业精神，这种作风在美国海军陆战队中也有体现——后者要求所有成员首先都应

在一次对韩国船津（Sonjin）附近的共产党铁路网发起的突击行动中，两名英国皇家海军陆战队员用炸药炸毁了山谷中的铁轨——图为他们在山坡上观察这一幕。二战以后，皇家海军陆战队承担了英军突击队（也包括狙击手）的角色。（图片来源：贝特曼档案库[Bettmann]、科比斯图片社）

是步兵，无论他们具有何种特别技能，无论他们是医护兵，还是战斗机飞行员。

当今英美两军的狙击学校和狙击课程，均发轫于英国皇家海军陆战队，这一点无可非议。当战争再次无情降临时，皇家海军陆战队是唯一一支可以动用狙击手的部队——狙击手不仅在这里保留了下来，还得到了进一步的提升和完善。对分处大西洋两岸的英美两国海军陆战队而言，任务的顺利执行离不开轻装部队的行动。或许正是这种依赖，才让二者双双认识到了狙击手所具备的“乘法效应”。不论这种洞见为何者所有，狙击之所以能在后续战事中迅速克服阻力回归部队，还是得归功于两国的海军陆战队。同时，这也为狙击重返大部队赢得了时间。

朝鲜战争

和平是种难以捉摸的奖赏。不论是出于经济原因，抑或宗教原因，人类的部族精神会使之一再陷入与他人的纷争。因此，当军事冲突于 1950 年在朝鲜半岛爆发时，并没有什么好令人讶异的。二战结束后，苏联和美国崛起为超级大国。对于世界应当如何运行，苏美双方秉持不同的观点，这种矛盾也不可避免地加剧了两国间的紧张态势。原属同一个国家的朝鲜半岛，也被一分为二，成为超级大国间的角力场——苏联支持朝鲜，美国支持韩国。1950 年 6 月，当朝鲜的共产党部队跨越分界线进入韩国时，这一紧张态势全面爆发。

随着军事冲突的来临，军队急需扩大自身规模，提升作战能力，几乎没有时间重新训练狙击手。与此前的所有重大冲突一样，敌方狙击手造成的伤亡越来越多，没多久就迫使西方军队开始反思，狙击手因而很快回到了战场上。

朝鲜战争中，喷气式战斗机和各式先进武器纷纷首次亮相，但狙击手们以实际行动再次证明，虽然他们地位不高，但无论技术如何进步，他们仍有能力发起行动，对敌人造成重大损失。朝鲜半岛的地形和气候使步兵再次成为了战斗的焦点；不管如何轻描淡写，双方士兵实际上均是以步枪和机枪交战。在这样的竞技场中，克服敌军狙击手的威胁成了每个人最大的梦魇。

双方狙击手的穿着和装备均和数年前的二战狙击手别无二致。入库的

F.B.H.-1

步枪重返战场，望远式瞄准镜和高倍观瞄镜也一并再次下发，经验丰富的二战狙击手也被搜罗出来，重回老本行。

在朝鲜半岛恶劣的天气和地形中，双方部队都陷入了以堑壕战为主导的僵局中。这与一战中的欧洲北部战场颇为类似，远距离对峙成为战斗的常态。狙击再次被用于教训那些把脑袋伸出防御阵线的人，许多联合国军军官在试图观察朝军部署时被子弹放倒。和过去的所有战争一样，高级指挥官越早出现伤亡，一些未尽事宜便会越快得到落实。

狙击手具有一击入魂、重创士气的独特本领。由于不知道狙击手藏在哪儿，能看见谁，部队便无法做出有效隐蔽，常常严重影响了日常作战效率。在各种报告和新闻中，联军士兵频频提到朝鲜狙击手无处不在，这显

红外瞄准镜（sniperscope）的一次早期（20世纪40年代末）展示。借助这种瞄准镜，美国海军陆战队员能在完全黑暗的环境中辨别目标。图为配有M2红外瞄准镜的T3式卡宾枪（Model T3 carbine）。手枪式握把前的射灯能发出肉眼看不见的射线，但用红外瞄准镜却可一览无遗，让狙击手在夜间也能精准射击，并使敌人无法探知他的存在。

然是种夸张的表述，但也深切地反映了敌军狙击手是如何在心理上影响普通士兵的。若将这种威慑力放大到部队级别的规模，只消一支部队，你便能看出，在一片广阔的战区中，狙击手会对敌手的信心和士气造成多大摧残。

联军狙击手很快重新掌握了如何把控间接火力——在二战的洗礼中，他们曾将这项技能磨炼得炉火纯青。经过训练，狙击手们善于观察目标区域，而不像多数士兵仅仅是“看看”而已。也就是说，狙击手会搜寻与敌军活动、方位或惯例有关的细枝末节。它们可以是一次大意的移动，一处显眼的地面标志，或一根伪装欠佳的电台天线——这些细节都表明这一区域值得深入观察。很多时候，在经过进一步观察后，狙击手能够识别敌军的方位、路线或意图，并能够呼叫成体系的支援武器，如装甲部队、火炮、迫击炮乃至机枪等，用猛烈而准确的火力打击敌军，造成大规模伤亡和破坏。

以今天的标准来看，T-3 式卡宾枪与 M2 红外瞄准镜的组合（此图摄于 20 世纪 40 年代末的一次演示中）无疑十分笨重，但在二战期间的南太平洋战场上，这套装置在与日军的战斗中表现出色。

朝鲜战争期间，来自美国陆军第 3 步兵师第 7 步兵团的劳伦斯·霍利（Lawrence Hawley）下士正在操作红外瞄准镜装置。

朝鲜战争并不总是冷酷无情：照片中，美国陆军第2师第23步兵团的官兵们摆好了姿势，在他们新近设计的“狙击步枪”旁合影留念——此枪由.50口径重型机枪枪管和俘获的苏制反坦克炮后膛组装而成。站在照片中间的是海登·博特纳（Haydon L. Boatner）准将。

在 20 世纪 40 年代末，有种错误的观点曾风行一时，即狙击不再为作战所需，技术的进步使之变得多余。在这种观点的影响下，狙击作战装备领域没有出现任何新研究或新进展。狙击手们发现，他们得到的武器比自己还要久经沙场。另外，二战同盟诸国的分裂，以及各国政治立场的不同，此时也都卷入了朝鲜战场。于是，曾在二战中与苏军并肩作战的美英两军，如今却联手在战场上对抗苏联设计的武器。

英、澳、加军狙击武器

一种有力的观点认为，李–恩菲尔德 No. 4（T）型步枪是二战中的头号狙击步枪，因此，在朝鲜战场上，这种精准可靠的步枪也成了英军狙击手的优势所在。从维多利亚时期的军事冲突，直到朝鲜战争，李–恩菲尔德各型步枪在英国陆军表现出色，因而让使用者感觉良好。

加拿大军则没有荒废时间，他们认定李–恩菲尔德步枪需要更换。虽然加军仍然装备了带 No. 67 瞄准镜的改进型 C 系步枪，而且效果不错，但他们至少开展了新研究。而当澳军部队被部署于朝鲜战场时，他们的思路也是正确的——在他们看来，这场军事冲突将成为一场狙击手的战争。澳军装备了产自利斯戈兵工厂的李–恩菲尔德步枪，并在所有步兵连中都部署了训练有素的狙击手。在与共产党部队的远距离较量中，这些狙击手很快打出了名气。

这种步枪具有可卸式 10 发弹匣，装弹速度比其他弹夹装弹式步枪要快。此枪的设计和生产时间正值浮置枪管[2]问世之前，枪管几乎全部包裹在护木中，仅余最后几英寸，并能够加装刺刀。

多年以来，在狙击步枪上安装刺刀卡榫的做法都未能延续下来，因为人们觉得没有必要；毕竟，狙击手的活动范围通常远离近战战场，而且他们也不应在近战中现身。在我看来，这种看法有些短视，因为狙击手在潜入和撤出战场时都有可能被敌军发现，还有可能被后者定位和围歼。在这些情况下，我深信任何狙击手都会接受一切可用的防御手段。

我的看法无疑会遭到某些人的嘲讽和反对，但面对近在咫尺的敌人，如果我可以做出选择，要么用刺刀令其止步于枪长之外，要么用匕首与其展开近身缠斗，那我一定会把赌注押在刺刀上！

在 No. 32 望远式瞄准镜中，英军还采用了一种做工精良、经过实战检验的镜片。这种瞄准镜后来继续在英军中服役多年，原因在于，当北约诸国选定了制式口径后，为了兼容选定的制式 7.62mm 枪弹，李–恩菲尔德步枪的弹膛和 No. 32 瞄准镜都进行了改制。

M1903 步枪是服役时间最长的美军步枪，常被称为“春田步枪”（得名于产地）。此枪可见于图中，其上装有瞄准镜；在朝鲜的恶劣天气条件下，这种步枪在瞄准和开火上都遇到了困难。

美海军陆战队中士查尔斯·比尔（Charles R. Bill）用望远式瞄准镜冷静瞄准，击倒了一名中国人。中国人民志愿军正努力遏止美海军陆战队在朝鲜战场的推进之势。请注意图中步枪的刺刀；一旦这名陆战队员卷入白刃战，刺刀便是他最后的防身武器。

亚丁[3]的克雷特尔

狙击和反狙击战屡见不鲜的另一处殖民前哨，是阿拉伯半岛的亚丁。此地多山多岩，既有沿海低洼带，又有高原地带。在20世纪60年代早期及中期，为了取得该地区的控制权，不同阿拉伯宗教和政治派别争吵不休、冲突不断。而不论出于何种动机，英国陆军再一次介入其中。英军将伞兵团（Parachute Regiment）以及第45突击队（45 Commando）部署到了“塔伊姆”干河谷（Wadi Taym）一带，欲于从阿拉伯势力手中夺回多山的高地。和朝鲜半岛上多山的三八线一样，这一带也很适合进行远距离精准狙击战，英军和阿拉伯狙击手的特长均得到了发挥。

一处名为“克雷特尔”[4]的市区即将成为此次冲突的代名词。顾名思义，该区域有个古老的火山口，周围环绕着众多小巷和房屋，这种马蜂窝式的城市格局也成了动乱的温床。

在遭遇多次埋伏、历经各种交火后，英军决定夺回该城区。担负进攻任务的是阿盖尔萨瑟兰高地团（Argyll and Sutherland Highlanders），他们的指挥官是即将一战成名的科林·坎贝尔·米切尔（Colin Campbell Mitchell）中校。米切尔中校被媒体冠之以“疯狂米奇”（Mad Mitch）的称号——他的确率领高地团夺回了目标城区，但无论是在行动前，还是行动中，第45突击队的狙击手们都通力协作，起到了不可或缺的作用。在征召增援狙击手的命令下达后，第45突击队的狙击手们被部署在了城区周围的高地上，负责在进攻前的数日中狙击叛军，并汇报叛军的活动情况。对盘踞于城区内的阿拉伯叛军而言，这一行动无疑打击了他们的士气；由于狙击手的存在，四处行动成了件十分危险的事，对英军构成威胁的特定目标也被一一拔除。与此同时，高地团则一路打回迷宫般的城区内。在狙击史的这一时期，狙击手们使用的仍是二战时期的老步枪和旧装备。

1967 年 11 月 17 日，在英属殖民地亚丁的克雷特尔区，由于屋顶上有狙击手活动，英国皇家海军陆战队第 42 突击队（42 Commando）的队员们匆忙寻找掩护。（图片来源：贝特曼档案库、科比斯图片社）

观瞄手们也装备了性能优越的20倍望远镜，哪怕该款观瞄镜和纳尔逊在特拉法尔加海战中使用的望远镜确有几分相似。

英军之所以配发了侦察团观瞄镜（Scout Regiment Spotting Scope），原因之一在于它可以拆卸，镜片也可清洁，因而能保持较高的清晰度。但这一点的弊端在于，虽然经过培训后，所有狙击手都能拆卸这种观瞄镜，但在组装时却有可能把镜片安反，而且常常注意不到这一失误，直到观瞄镜全部组装完毕才会发现。

此外，英国军方还配发了棱镜罗盘，这种罗盘一直服役至今。对过去（以及现在）的狙击手而言，精确导航之所以十分重要，是因为当你匍匐前进时，世界在你眼中便会判若两样。棱镜罗盘制作精良、经久耐用，能让英军狙击手在潜行的同时精准判定自己的位置。

这些狙击装备虽然来自二战时期，但就英军狙击手在朝鲜战争中扮演的角色而言，已属精良。倘若把这些装备配发给如今伊拉克战场上的狙击手，他们同样有能力执行任务。

美军狙击装备

美军狙击手拥有的步枪和装备，同样曾为他们的二战前辈所用。M1加兰德步枪和春田1903步枪均配发自战争物资储备库——自二战结束以来，这两种步枪一直封存于此。就朝鲜战争的需求来说，它们已绰绰有余。美国国防预算的庞大规模，意味着这两种步枪的衍生枪型将比李-恩菲尔德步枪还多。因此，望远式瞄准镜、枪托设计和枪口焰各不相同的枪型纷纷出现。不过，这些步枪的基本设计依然保持原样，并进一步扩大了它们在上一场战争中赢得的美誉。

这两种步枪孰优孰劣众说纷纭，答案取决于你的询问对象。和多数狙击装备一样，适合一个人的，并不一定适合另一个人；个人喜好显然是个重要因素。但不论如何选择，这两种步枪都是精准而可靠的武器。此外，它们还是技术重叠的典范，因为春田步枪采用了纯粹的栓动式单发设计，而加兰德步枪则为半自动枪型——关于哪种步枪更为精准的辩论，时至今日仍在继续。

朝韩狙击装备

韩国部队的装备由其西方盟友提供，朝鲜共产党部队的装备则主要来自中国和苏联。此外，在二战期间，同盟国曾为中国国民党部队提供武器，用于抵抗日军，这些盟军武器也有一部分出现在了朝鲜战场上。在斯大林格勒会战中声名远扬的莫辛-纳甘步枪，此时也重返战场，并在实战中展现出了超越其他步枪的水准。在朝鲜战争初期，与西方部队交战的主要是经过苏联训练的朝鲜狙击手，但是后来，又有一大批训练有素的中国狙击手加入了战场。

与韩国部队相比，朝鲜部队对严寒天气的准备要充分得多，而且，他们的厚棉服也使其人体轮廓在远处看来不成比例，因此有利于他们的整体“伪装”。朝鲜战士的坚韧品质及其对战争近乎朴素的看法，使他们更为注重细节和实际决断，但这却是西方部队有所欠缺的，后者已开始养成一种对于技术的依赖。

苏联“顾问”曾为朝军执行狙击任务，这一点已是常识。与此同时，中国人民志愿军也公开承认了一些战功卓著的狙击手，比如张桃芳——他在32天内狙杀了214人。这种做法虽然模仿了二战期间苏联在斯大林格勒一役中的宣传方式，但也体现了中方知晓“无敌狙击手”所能对敌人造成的心理打击，而西方部队直到最近才开始在这方面有所行动。

这种回归本原的态度，使朝鲜狙击手在战争初期占据上风，但联军士兵的能力也并不逊色，他们很快赶了上来，将对手的狙击火力如数奉还。

1952年10月3日，朝鲜战争期间，美国陆军上尉威廉·布罗菲（William S. Brophy）正在演示一把.30口径狙击步枪。这支步枪装有性能强大的红外瞄准镜，布罗菲希望此枪能为联军狙击手所用。他推荐的这款新式步枪由温彻斯特M70（Winchester Model 70）重型枪管步枪改进而来，配备尤那托瞄准镜。不过，美军最高指挥部想要的却是现役加兰德步枪的变种枪型。

希望的微光

在20世纪50年代和60年代的多场战事中，世界各大国的部队几乎都遭遇了敌方的狙击火力，或许正是出于这个原因，这些国家开始认真审视狙击手的种种技能，更确切地说，是审视狙击手所用步枪的种种性能。

在朝鲜战争期间，为了向美国陆军强调装备专用狙击步枪的必要性，来自美国陆军第7步兵师的威廉·布罗菲上尉自掏腰包，将温彻斯特M70步枪和尤那托望远式瞄准镜合二为一。虽然他成功展示了新枪型相比于制式步枪的优越性能，但却未能

1968年10月14日，在越战“南京行动”期间，美国海军陆战队第4团1营D连的一名狙击手在持枪观瞄敌军动向。他的武器是M40栓动式狙击步枪，于1966年问世。美国海军陆战队原先订购了M700-40X步枪（M700步枪的一种打靶枪型，亦称狐鼠步枪[5]），投入越南战场。这种步枪大多有雷德菲尔德3×9倍可变倍瞄准镜（Redfield 3×9 power Accu-Range variable scope）。在越战中，此枪暴露了一些缺陷，尤其是全木枪托的变形问题。有鉴于此，海军陆战队的军械士们着手将M40步枪改良为了M40A1步枪，后者于20世纪70年代研制成功，采用了玻璃纤维枪托和尤那托瞄准镜。新枪枪管长24英寸（61厘米），枪体全长43.97英寸（111.7厘米），重14.48磅（6.6千克）；枪口初速为2550英尺/秒（777米/秒），有效射程为1095码（1001米）；供弹装置为可卸式盒型弹匣，能够装填5发7.62×51mm北约制式步枪弹。经过进一步改良，M40A3步枪应运而生。20世纪70年代，美海军陆战队全员换装A1枪型，后又于21世纪头10年换装A3枪型。

说动最高指挥部。后者认为，现有的制式步枪已足够好，没有必要再额外供应一种新弹药。

不过，布罗菲不是一个人在战斗，经过专门设计的狙击步枪不乏其他拥趸，其中就包括美国海军陆战队准将范·奥登（Van Orden）。奥登站了出来，阐明了海军陆战队对于专业狙击步枪的需求，并力挺布罗菲上尉此前建议采纳的M70温彻斯特步枪。他又进一步提议，任何步枪都可用作狙击步枪——只要其弹膛经过改造，容纳的子弹更大更重，使弹道更平更稳，并使更远射距上的弹道一致性成为可能。如今，采用.300温彻斯特马格南[6]和.338超级马格南（338 Super Magnum Rifle）枪弹的步枪已装备部队，足可见奥登准将的远见卓识。遗憾的是，他在预算部门的同僚们却没有这样的先见之明。

20世纪50年代，随着7.62mm枪弹成为北约的制式口径枪弹，许多国家的军队都开始重新审视狙击步枪问题。当比利时设计的FN FAL步枪（在英军中称为L1A1步枪）开始服役后，人们发现，这种步枪虽然十分精准，但它的机匣上盖采用了钢制冲压件，对安装光学瞄具而言过于薄弱。为了保证稳定的射击效果，光学瞄具需要更结实的固定装置。在任何军队中，资金永远都是一个问题，因此，久经考验的李-恩菲尔德No. 4（T）型步枪再次进入了军方视线，成为候选的待改装枪型。

新的口径意味着原枪需要进行大改，弹膛和枪管都要有所变化。经过挑选，No. 32望远式瞄准镜成为了新枪的光学瞄具，但这种瞄准镜的二战镜型存有种种归零校正问题，这些问题此时依然没能得到有效解决。No. 4（T）型步枪的木质枪托被大幅削减，枪管有三分之二暴露在外，并采用了新式弹匣，不过，其他配发装备均来自二战时期。

虽然美国陆军在专用狙击步枪的选择上拖拖拉拉，但他们确实曾尝试对久经考验的加兰德步枪予以改进。军方其实在这一项目上取得了重大成功，不过可以说，这一项目的最终成品——M14步枪，直到最近才获得了应有的名气和认可。越战后，美国军方设法回收了所有 M14 步枪，将它们作为礼物赠予盟友，用于当下的反恐战争。

M14 步枪采用了基本的加兰德体系，不过弹匣容量增加到了 20 发，且枪体内部有所微调，成了一种性能强大的步枪。如今，形形色色的 M14 步枪衍生枪型已在北约诸国特种部队中大行其道，此外，由于作战地形的原因，7.62mm 子弹也重新在这些特种部队中流行了起来。

顺便值得一提的是，约旦军方对美国赠予的 M14 步枪进行了改装，改用重型枪管和麦克米兰（McMillan）A5 枪托，并重制了扳机击发装置，从而生产出了精度达 0.5 MOA 的 M62 狙击步枪（之所以如此命名，是为了纪念约旦国王的出生年份）。

与此同时，加拿大军方也着手进行了测试，但不无遗憾的是，到试验展开时，加军似乎失去了研发新型狙击武器的动力。随着 FN FAL 步枪开始列装部队，加拿大人想要研制出这种步枪的狙击枪型。在最初的几次试验中，加拿大人决定强化机匣上盖，以便支撑光学瞄准镜。但最终的设计成品却无法取得稳定的射击结果，对 600 码（549 米）以外的目标更是无能为力。

不过，这一切都无关紧要，因为狙击艺术正再次沿着自己的轨道前行。在此期间，虽然私营企业一直忙于生产一些十分可靠的栓动式狙击步枪，甚至有望拿下军方订单，但它们距离成功还有一段时间。在这段时间里，东南亚爆发了一场大战。

越南战争

在越南战争期间，美国用尽浑身解数，力图阻碍共产主义的传播。到 1965 年时，大批美军部队（连同南越部队），除了要在大规模步兵战斗中面对北越正规军外，还得对付神出鬼没的越共[7]游击队，后者常

常采用“打了就藏”（hit and hide）的游击战术。虽然越共游击队装备简陋，而且普遍存在营养不良的状况，但他们拥有一条共同的纽带——在自己的土地上共御外敌。历史告诉我们，这种纽带常常会带来重大优势。在危机四伏的丛林中，越共游击队不仅要忍受疟疾和其他种种经由昆虫传播的疾病，还会随时遭到美军轰炸机突然而致命的空袭。不过，他们建立起了一个坑道和暗径错综复杂的网络，用于输送人员和物资。他们利用专业的伪装知识，不止一次地对美军形成优势；先狙击，后消失，直到美军再度进攻时才会现身。

越南战争充分反映了一个事实，那就是苏联人并未裹足不前，也未曾忽视狙击训练。在这场战争中，西方部队首次俘获了此前只闻其名、未见其形的 SVD 狙击步枪。苏联人在新式武器的设计上负有盛名，而在 SVD 步枪的研发上，他们再次取得了成功。SVD 狙击步枪为半自动（盒型）弹匣供弹式步枪，装有 4 倍 PSO 望远式瞄准镜；枪管长 24.5 英

1967 年 6 月 24 日，在美国海军陆战队第 3 师的狙击学校中，该师的一名上等兵正在瞄向目标，以便调节瞄具。照片中可以清楚地看到步枪的栓动枪机。

寸（62.2 厘米），弹膛可以发射 7.62×54mm 枪弹。自 1965 年左右起，这款步枪便已开始在苏联流通。PSO 瞄准镜设计得既简约又坚固，具备射角和横偏调节功能，能估测射距的测距标线也颇易使用。此枪还可加装刺刀，这种选择虽然看似过时，但笔者完全能够理解。SVD 狙击步枪的发现，不仅证实了苏联“顾问”再次现身，还表明北越狙击手在接受苏联的训练。

从二战结束之际，到 20 世纪 50 年代中期，训练以及（或）缺乏训练的状况，成为了许多西方国家军队中富有争议的一个问题。以英国和美国为代表的一些国家认为，没有必要再让步兵全体参与准确射击训练。有的人将此归咎于新式武器的出现以及商业的介入，其他人则把矛头指向一个日益流行的观点——技术的进步使狙击手的种种技能不再有存在的必要。

一战中，穿越无人地带向前推进的德军常常觉得自己面对的是敌军机枪，因为他们

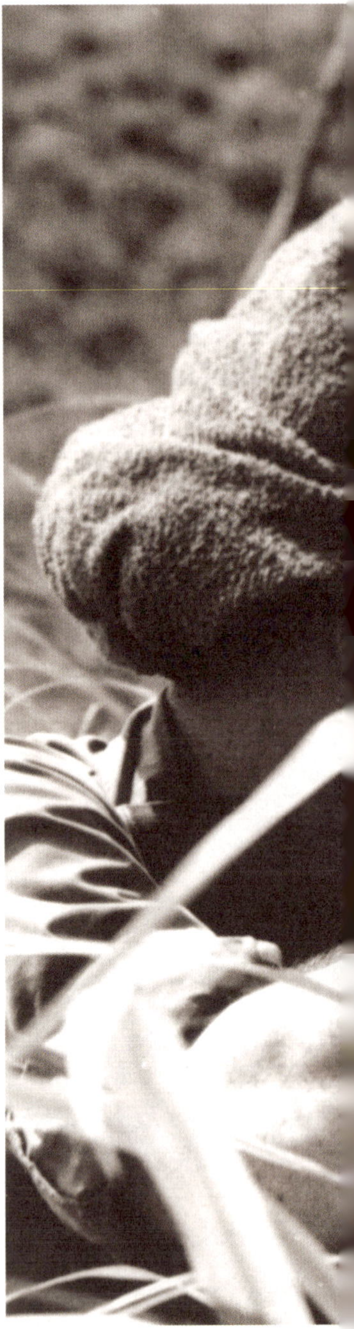

1968 年 9 月 27 日，美国海军陆战队第 3 师在越南非军事区执行扫荡任务。行动期间，来自美海军陆战队第 9 团的一等兵狙击手布莱恩特·怀特（Bryant White）为部队提供掩护。他戴了顶做工不甚优雅的针织帽，以便在南越的寒夜里保持头部温暖。

遭到了轻武器火力的猛烈射击，但实际上，他们领教到的是英军士兵（以及后来的美军士兵）的快速射击能力。如今，我们时常听闻士兵们大谈所谓栓动步枪在如今的战场上一无是处。我不禁想到，对于这种说法，两次世界大战中的士兵定会不以为然，并得出结论：从当今士兵对待射击术的态度来看，他们过于养尊处优了，甚至还有些懒惰。

半自动步枪的优点和缺点都很明显，而且，和其他任何军事技能一样，若不加以训练，枪法便会荒废。如果将越战中步兵发射的子弹数量与杀敌数目做个比较，枪法的荒废便是愈加明显的事实。

普通士兵射击技能的荒废，使狙击手成了令人敬畏有加的角色，因为后者依然有能力使弹药的效能最大化，而且，伴随着弹道一致性方面

德拉古诺夫（Dragunov）SVD 狙击步枪以及 PSO–1 4×24 望远式瞄准镜的左视图。此枪虽然较长，但重量仅为 9.5 磅（4.3 千克），不是特别沉；部分原因在于它的开放式枪托。这款步枪为气动步枪，只能以半自动模式进行射击。人们一般将此枪视为同时代狙击步枪中的佼佼者之一——而且它仍在加强。（科迪供图）

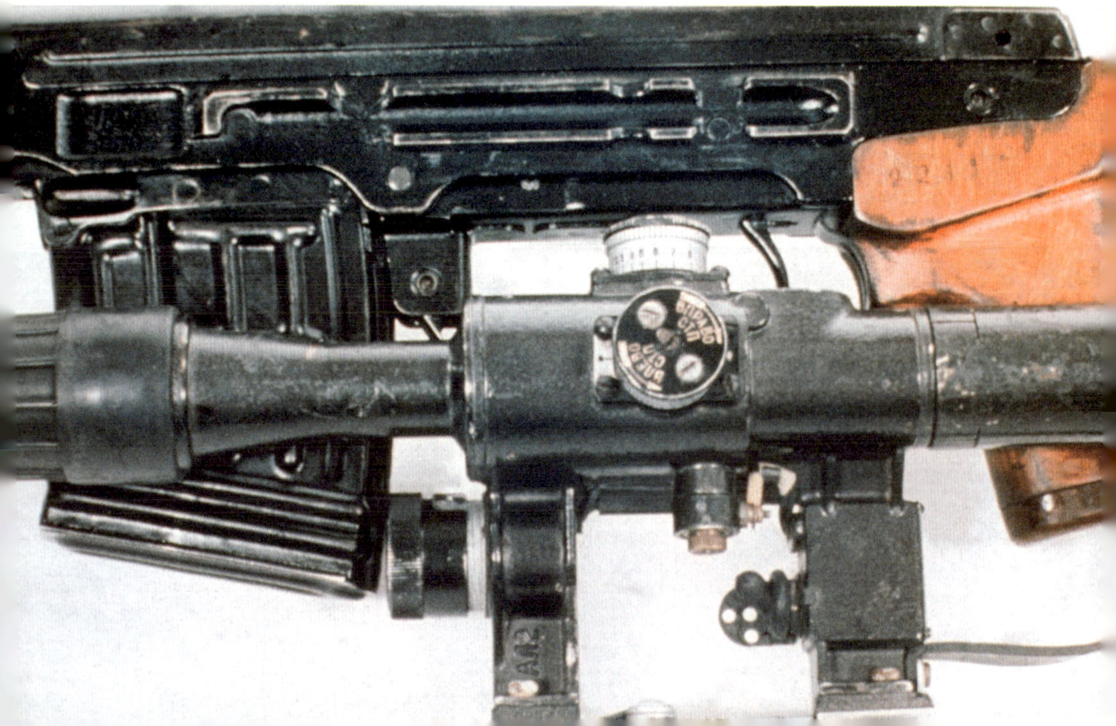

这是一名在伊拉克服役的美海军陆战队员，他手中握有一把俘获的德拉古诺夫SVD狙击步枪。此枪的设计来自20世纪60年代，年龄比这名陆战队员大了近1倍！在越南战争中，西方首次见识到了苏联设计的SVD狙击步枪，其中一些样枪俘获自北越狙击手，并接受了详尽的测试和分析。自那时起，在苏联的许可下，此枪在中国、伊拉克和罗马尼亚均有生产。（科迪供图）

1969 年 10 月 23 日，在越南行动的一支侦察狙击二人组。该小组隶属于美海军陆战队第 1 师，队中的克劳德 · 阿尔弗雷德（Claude W. Alfred）下士正在指引步枪手拉里 · 布里吉斯（Larry E. Bridges）下士锁定目标位置。

的进展，子弹的射程得到了前所未有的大幅提升。

越南的丛林不像是典型的狙击作战环境。不过，由于美军采用了一种前沿作战基地体系，设立了能够相互支援的前哨基地（通常位于高地），因此，基地周围清理一空的林地便成了理想的狙杀地带。对占据有利位置的美军狙击队而言，传说中的胡志明小道也可成为咽喉点[8]和火力区。随着夜视光学设备的发展，狙击手再次成为了令人生畏的角色。

北越军队和越共狙击手同样展开了十分有效的行动。他们常常能抵挡住美军整连的推进，或攻击悬停的直升机。北越共产党部队的射手会先行参加为期8周的狙击训练项目，然后经由胡志明小道潜入南越；为了避开美军空袭，潜入行动常常在夜幕的掩护下展开。一旦进入作战区域，这些狙击手便会展开行动，以南越及美军

图为装有瞄准镜的无后坐力炮。在越南战争期间，这种武器曾用于消灭岘港（Da Nang）附近顽强而危险的越共狙击手。

军官、通信体系和重武器小队为打击目标，并在闲暇时向越共游击队传授基本的狙击技能。

随着战事愈演愈烈，美国陆军和海军陆战队都重新开设了狙击训练项目，并培养出了许多非常成功的狙击小组。其中一些狙击手，如卡洛斯·海斯库克（Carlos N. Hathcock）和查克·马威尼（Chuck Mawhinney），后来都立下彪炳战功，在军中扬名。

在当时的美国海军陆战队中，海斯库克已是位有所成就的远程竞技射手[9]。因此，当罗伯特·拉塞尔（Robert Russell）上尉和吉姆·兰德上尉分别受命为海军陆战队第3师和第1师培训狙击手时，海斯库克便成了不言而喻的人选。吉姆·兰德在岘港附近的55号山（Hill 55）上建起了狙击学校，海斯库克也得以从宪兵队中抽身而出，临时调派到该校。

这个狙击学校的首要任务之一，便是消灭盘踞于55号山上的越共狙击手，后者屡屡向山边某狭长地带处的陆战队员开枪。兰德上尉和唐·赖因克（Don Reinke）中士首先展开侦察，确定了敌军狙击手的藏身之处。在对敌军狙击手的战术予以分析后，美军在隐蔽处部署了一支106mm无后坐力反坦克炮，等待对方再次射击。没过几天，这名越共狙击手就犯下了所有狙击手的大忌，回到了先前的隐蔽处。这是个懒惰的选择，而且他将没有后悔的余地——他一开枪，便遭到了反坦克炮的轰杀，当场毙命。

许多书中都曾突出强调了卡洛斯·海斯库克的战功，因此，我们在这里也可以理直气壮地说，海斯库克在自己的行动范围内取得了重大成功，以至于越共开出高价悬赏“白羽毛”的项上人头——海斯库克之所以有此绰号，是因为他的奔尼帽上总是夹着根白色羽毛。

美国海军陆战队三级军士长卡洛斯·海斯库克（1942—1999）

图为 1996 年 11 月 12 日，美海军陆战队范·里佩尔（P. K. Van Riper）中将向三级军士长海斯库克（已退役）授予银星勋章。站在海斯库克身旁的，是他的儿子小卡洛斯·海斯库克上士。海斯库克之所以获颁银星勋章，还得追溯到 1969 年的越南战场——当时，海斯库克乘坐的装甲输送车（APC）误触地雷；事发后，他救出了同车的 7 名海军陆战队战友。令人唏嘘的是，在经历了与多发性硬化症旷日持久的斗争之后，海斯库克最终于 1999 年去世。

1959 年，17 岁的卡洛斯·海斯库克加入了美国海军陆战队。他年纪轻轻便已获得了许多射击锦标赛的冠军，而且还将在东南亚战场上建立功勋，成为越战双方心目中的传奇。在从 1966 年开始的两次服役期内，他狙杀了 93 名北越陆军（NVA）

和越共（VC）[10] 成员（战果经过证实）。但他的实际战果无疑要高得多——根据一份报告，他的战果远超 400 人。不过，在越战期间，狙杀战果必须经由第三方人员确证才可作数；这在战场上固然可行，但狙击手往往成对行动（射手和观瞄手），常常没有第三方人员在场，使得战果难以得到证实。由于海斯库克击杀甚多，北越陆军悬赏 3 万美元取他性命，而在通常情况下，北越陆军为美军狙击手开出的赏金仅相当于 8 美元。越共和北越陆军将海斯库克称作“Lông Trắng”，意为“白羽毛”，因为他的丛林帽帽带上总是夹有一根白羽毛。

作为一名海军陆战队狙击手，海斯库克技艺超凡。虽然他的战功常常未能得到官方记录，但却在数份报告中得以体现。其中一则故事是，他曾困住并干掉了一整支越共连队。据说，当时他先射杀了一名纵队前方的士兵，又射杀了一名纵队后方的士兵。由于不知道狙击火力从何而来，这支越共连队被迫在原地滞留了数天，在此期间，“海斯库克将他们狙杀殆尽”。

海斯库克还创造了 20 世纪的实战击杀距离世界纪录——1967 年，他使用 106mm 无后坐力炮上的一支 .50 口径 M8C 弹着观测枪 [11]，在 2658 码（2430 米）[12] 的距离上击毙了一名敌军士兵。

在越战之初，美国海军陆战队没有专用的狙击步枪，而是装备了并不合适的二战老枪以及一些民用猎枪。随着战事的推进，统一枪型的需求显得愈发迫切。在海军陆战队第 1 师新任指挥官小赫尔曼 · 尼克森（Herman Nickerson, Jr.）少将的支持下，下列标准得以发布 ：

步枪和瞄准镜的射击精度必须在 2 MOA 以内；

设计成品必须坚固、简约、易于讲解，以便缩短教学时间；

步枪和瞄准镜的组合必须耐潮湿；

步枪口径必须为 7.62mm；

瞄准镜必须能够调节至 1000 码（914 米）。

在 1965 年间，数个商业化生产的步枪和瞄准镜组合都得到了试验，其中包括雷明顿 600、700 ADL、BDL 和 700–40X 枪型，温彻斯特 M70，以及数款望远式瞄准镜。最终，雷明顿 700–40X 脱颖而出，第一笔雷明顿 700 枪型的订单于 1966 年下发。该系列步枪具有内置弹仓与弹仓底板，容弹量为 5 发；枪管长 24 英寸（61 厘米），枪管和机匣均经过绿色磷化处理；枪托为胡桃木制，枪上配有雷德菲尔德 Accu-Range 3 × 9 瞄准镜。经过一系列升级改进（如采用麦克米兰玻璃纤维 A5 枪托）后，新枪被定名为 M40；时至今日，美国海军陆战队中仍有 M40A4 步枪服役。

美国海军陆战队狙击手在越南取得的成功，直接推动了狙击手在美海军陆战队中成为正职；1968 年，美海军陆战队各团团部连均受命组建狙击排——8541[13]（侦察狙击手）一职应运而生。

美国陆军的多数行动都在越南南部的低地上展开，那里拥有广袤的稻田和其他农区，使狙击手的作战环境更为开阔平坦。因此，就狙击手而言，这些地区更易于行动。然而，美国海军陆战队却得在更北之处面对丛林密布的山岳地带。此外，在参战之初，美国陆军没有任何正规的狙击训练项目，也未组建狙击排。

在第 9 步兵师的指派下，威利斯·鲍威尔（Willis Powell）少校发起了一个狙击训练项目。起初，该项目仅包含为期不超过 2 天的训练，

1966年1月，在越南战场的“双鹰行动”（Operation Double Eagle）中，美国海军陆战队第3师4团2营E连的一名狙击手正在使用一把装有瞄准镜的M1步枪。

雷明顿 M700 狙击步枪左视图。此枪装有望远式瞄准镜，被美国海军陆战队采纳并定名为 M40A1 狙击步枪。扳机护环前紧挨着的便是弹仓底板。（科迪供图）

.30 口径 M1 加兰德步枪是世界上第一款大规模列装步兵的半自动步枪。图为一名在朝鲜战场参加狙击训练的美军士兵，他手中握着的正是此枪（加装了望远式瞄准镜）。（科迪供图）

1968年5月，美军发布了一款新型夜视装置。与以往的红外装置不同的是，新装置在运行时据说不可能会被探测到。它能放大黯淡的月光、星光乃至微弱的夜空辉光，并在目标区域中予以加强。据说，这款新式夜间目标探测器削弱了越共游击队的夜战优势。图为两名瞄准中的士兵，他们的步枪便装有这种夜视装置，能将光线放大4万倍。

1968 年 10 月 7 日，在越南战场的“第二次南京苏格兰行动”（Operation Nanking Scotland II）中，美国海军陆战队第 4 团 1 营 B 连的一支双人狙击组正在评估目标选项。

1967 年，岘港附近，在越共狙击火力的压制下，一名美海军陆战队员受够了被动挨打的局面，对着敌人火力的大致来向突突就是几梭子。（科迪供图）

图为 7.62 毫米口径 M14 步枪狙击枪型的试射场面。M14 步枪有许多衍生枪型，其中一些装备了美国特种部队。M14 步枪上可溯及 M1 加兰德步枪，下可传至 M24 和 M25 狙击步枪。（科迪供图）

但到 1969 年时，训练时间已延长至 18 天。时间的增加显然能让学员们学到更多东西，同时，经验丰富的高级军士们也作为教官加入其中，向学员们传授二战和朝鲜战争中来之不易的教训。

鲍威尔的狙击学校覆盖了以往狙击学校中的一切主要科目，包括距离估测、观察、野外技能、伪装和射击术。由于缺乏专门建造的靶场，美军用推土机清出了一些场地，并标好界限，用于步枪教学；标靶则暂时由 105mm 废旧炮弹壳充当，直至配发更为合适的人影靶。

随着美国陆军开始列装 M14 半自动步枪，制式狙击步枪的选项已呼之欲出。M14 步枪满足狙击步枪的多项要求：坚固耐用，射程可达 1000 码（914 米），并且经过实战检验。万事俱备，只欠一款合适的望远式瞄准镜。经

1969 年 11 月，越南大罗隘口靶场（Dai La Pass range）的美海军陆战队狙击学员和教员（呈跪姿者）。靶场远处可见两个模糊的方框——它们是靶号（target number），设在人影标靶正前方。在靶号前的乔木与灌木间，还可以看到一条 300 码线。

20 世纪 60 年代间，M14 步枪逐渐淘汰，但仍有不少被美军改装为 M21 狙击步枪。在 M24 SWS[14] 狙击步枪列装部队之前，M21 一直是美国陆军的制式狙击步枪。（科迪供图）

过遴选，配有莱瑟伍德（Leatherwood）弹降补偿环的雷德菲尔德 3×9 瞄准镜脱颖而出。该型瞄准镜被称为“自动测距望远镜”，简称 ART，列装美军后定名为 XM–21。经过实战检验，这种步枪和瞄准镜的组合取得了巨大成功——1969 年 1 月至 7 月间，美国陆军狙击手共击杀了 1000 名以上的敌人。

马岛战争 [15]

战争常常是转移一国人民视线、掩盖国内政治难题的有效手段，而当某个主题或目标能令人们群情激昂、团结一致时，这种手段更是屡试不爽——阿根廷军政府便是这么做的。南大西洋上有一小片群岛，英国人称之为福克兰群岛，阿根廷人称之为马尔维纳斯群岛。长期以来，英阿两国对该群岛的归属问题一直存在争端。1982 年，阿根廷军政府决定利用这一争端，将阿根廷公众的视线从国内严重的经济困境中转移开来，平息民怨。

从纳尔逊时代开始，这片群岛便握于英国人掌中，岛民也是清一色的英国人。因此，群岛的归属争端看似没有意义，直到人们开始考虑该

1982 年 4 月 18 日，在“竞技神”号航空母舰（HMS Hermes）的甲板上，第 40 突击队的皇家海军陆战队员们正在等待搭乘海王直升机，从阿根廷手中夺回马尔维纳斯群岛（福克兰群岛）。（图片来源：赫尔顿–多伊奇档案库、科比斯图片社）

1982年6月16日，由40名英国皇家海军陆战队突击队员升起的这面米字旗，标志着英国最终在马岛战争中获胜。英军部队面临的一个困扰在于，敌军中的一些狙击手似乎并非阿根廷人，而更有可能是美国人，或许还是雇佣兵。（图片来源：贝特曼档案库、科比斯图片社）

英国陆军选中并列装了精密国际公司（简称 AI）的 PM[16] 反恐狙击步枪，将其定名为 L96A1。图中的这支样枪上装有鱼鹰（Osprey）OE 8050 单兵武器瞄准镜（第 418–419 页图亦可见同一款枪型）。（图片来源：精密国际公司）

地区的矿产权和采矿权问题。军政府进一步煽动了阿根廷人民对英方不法行为的反感情绪，为其侵略计划的实施铺平了道路。

当阿根廷军政府抓住时机发起行动时，英国政府正忙于削减皇家海军，裁撤南大西洋的军事部署，并愿意就这片群岛的未来归属问题展开协商。阿根廷统治者犯下的错误在于，他们不了解英国政府有多强硬，也不了解英国民众对于外国势力“夺占”群岛这一公开羞辱会做何反应。

阿根廷一方展开了数周的侦察，其间还用一架 C–130“大力神”运输机伪造了一起紧急事件，检验斯坦利港 [17] 的机场跑道是否可以进行此类军事运输。在此之后，阿根廷政府将一群废旧金属工人送上了南乔治亚岛的离岛，借工人之口宣称此地为阿根廷领土，这样就有借口部署军事人员保护这些工人的权利。阿方显然在利用这一手段打好该地区的政治提前量，让阿根廷的入侵显得有因可循，不致遭到全世界的反对。

这片海岛的守卫力量是一支 20 人左右的英国皇家海军陆战队小分队，他们仅仅装备了轻武器和轻型反装甲武器。到阿军入侵时，这支小分队的规模实际上扩大了一倍，因为当时，小分队的部署时间已满 6 个月，正在进行换防交接。不过即便如此，英方仍需以区区 40 人之力抵挡数千名阿军。事后看来，入侵的种种征兆在事前均已显现，但政治上的无所作为，加上英国上下的自负心理，使得种种迹象未能引起注意。在入侵开始前数小时，岛上的皇家海军陆战队接到了来自英国政府的预警，因而好歹进入了防御位置，没有在睡梦中被突袭营地的阿根廷特种部队——蛙人战术特遣队（Buzo Tactico）全歼。

皇家海军陆战队打了场拖延战，战况起起伏伏，直至大部退守到英国总督府内外。总督府是英国地方当局所在地，为了避免更多的流血事件，当地总督命令部队投降——时至今日，此举仍是争论的焦点，群岛也因此落入阿根廷之手。

英国政府迅速做出了回应，在 1 周内便派出了一支夺岛部队。当大部队向南航行时，英军特种部队已先行飞往目的地，执行秘密侦察任务，为大规模两栖登陆铺平道路。阿根廷一方则巩固并加强了岛上部队的实力，做好迎战英军的准备。

有个问题颇具争议，而且可能永远无法得到真正解决，那就是阿根廷在守岛期间对狙击手的使用。这个问题之所以让人困惑，原因之一在于，阿根廷部队当时并无已启动的狙击训练项目，也没有制式狙击装备，然而这两点并未妨碍他们在随后战斗中对狙击手的高效运用。

毋庸置疑的是，为了狙击英军，阿根廷射击能手们使用了装有光学瞄准镜的 FN FAL 步枪——对于这一点，有大量关于此类步枪和交火的报告可供查证。不过，引发进一步猜测和关注的，是另一类狙击手。

许多记录在案的英军目击陈述表明，阿军广泛使用了部署得当、射击精准的狙击手，他们中的被俘者既不说阿根廷语，也不说西班牙语。

精密国际公司的 PM 步兵枪型配有西姆拉德光电公司（Simrad Optronics）的 KN250 夜视仪。这种夜视仪加装于步枪瞄准镜上，通过视觉分光镜赋予步枪上的狙击瞄准镜以夜视能力。聚焦范围从 25 码（23 米）起，上不封顶。此枪发射 7.62×51mm 北约弹，枪重 14.33 磅（6.5 千克），膛线枪管长 25.78 英寸（65.5 厘米），弹匣可容弹 10 发。（图片来源：精密国际公司）

这些狙击手无疑属于雇佣兵，为阿根廷雇主弥补该国部队的不足之处。他们是西班牙裔美国人，无疑有过战斗经验——不是曾作为雇佣兵参战，就是曾效力于其母国的武装力量。这些狙击手装备了雷明顿700步枪，所用望远式瞄准镜为商用型号，没有标准规格。英军伞兵团在绿鹅村（Goose Green）一役中俘虏了至少两名这样的狙击手，他们都不会说西班牙语，而是操着一口美式英语。没有任何记录能表明他们的身份或经历，但一言以蔽之，英国人有理由怀疑，来自某个盟国（尤其是美国）的狙击手，需要为自己战友的牺牲负责。

比起英军常规部队，阿根廷部队在夜视瞄具方面更胜一筹，而且极为充分地利用了手头的AN–PVS–4第二代夜视仪，这种夜视仪的效率远比英军步兵主要装备的星光（Starlight）瞄

联合国行动为其成员国部队提供了相互交流、彼此学习的机会，比如图中这个位于科索沃的例子。图右的英国狙击教员在对比利时伞兵突击队员做讲解，后者中的一人正在使用精密国际狙击步枪。（马克·斯派瑟供图）

准镜要高。虽然英军特种部队的装备更优，但由于政府方面的限制，那些“倒了血霉的步兵佬”[18] 只能再次在装备上屈居劣势。

马岛战争也是李-恩菲尔德 L42 狙击步枪的谢幕战。虽然这款步枪此后又在英军中服役了 4 年，但英军已准备将其淘汰——原因主要是它在马岛战争中表现欠佳。在南大西洋的这场战火平息后不久，英军就装备了符合新要求的精密国际 L96A1 步枪。

联合国行动

在过去 10 年左右的时间里，为了保卫人道和民主，联合国和北约部队进行了大量军事部署。在每一次行动中，交战双方都明显使用了狙击手。随着华约组织（Warsaw Pact）的突然解体，世界起初看似转了个弯，变得完全不一样。然而，任何政府或其他统治形式上的剧烈变化，实际上都会带来巨大的真空；当一个国家向新的商业经营方式转变时，这种真空会为那些心怀不满者、嗜权恋栈者或非法牟利者提供理想的可乘之机，欧洲和中东的几

一名乌克兰狙击手在和英军狙击手一同训练。借此机会，他们试用了彼此的武器。照片后方的英军狙击手使用的是德拉古诺夫 PSV 狙击步枪，乌克兰狙击手则使用了精密国际 PM 狙击步枪。（马克·斯派瑟供图）

一名法国外籍军团的准尉（图右）听完一名英军狙击手的简要叙述后，正在对手下的狙击手做出指示；其中，英军狙击手来自威尔士王妃皇家团（Princess of Wales's Royal Regiment）第1营。时值联合国科索沃维和行动期间，这些狙击手正在参加一次交叉训练。（马克·斯派瑟供图）

笔者曾在服役期间去过巴尔干半岛，在饱受战火创伤的科索沃拍下了这两张照片（见上下两图）。从照片中可以看出，飞越预定区域和特定建筑，可以帮助狙击手更好地选择目标行动区域。这些被轰炸过的建筑物位于普里什蒂纳——科索沃最大的城市。从1999年开始，在科索沃战争期间，北约对这座城市的战略目标发动了一次又一次空袭；战火已在这一动荡地区燃烧了10年之久。（马克·斯派瑟供图）

个国家莫不如此——虽然不见得人人都喜欢苏联，但它的确能将彼此敌对的派别团结起来，并压制犯罪分子，纵然手段多显残酷，但效果却不错。

前南斯拉夫虽地处华约势力范围的边缘，但在其战时领袖约瑟普·布罗兹·铁托的统治下，它依然是个共产党国家。该地区的民族多样性，以及旧时的领土及部族分裂状况，也因此受到了约束。随着铁托去世，苏联的支持一去不返，不久之后，旧日的憎恨和积怨也重新抬头。南斯拉夫分裂后，原南斯拉夫诸邦之间很快产生了公开冲突。由于不同地区的人们纷纷寻求独立、权力，或仅仅出于报复，各敌对民族派别于1992—1995年间爆发了激烈的战争，战火席卷了波斯尼亚(Bosnia)、克罗地亚，以及随后的塞尔维亚和科索沃。在这场地区性冲突中，基督徒和伊斯兰教徒彼此交战，塞尔维亚人和阿尔巴尼亚人纷争不断。北约最终介入其中重建和平，尽管这种和平无比脆弱。

与一切小规模游击活动一样，狙击手在种种行动中扮演着日益重要的角色，并推动了.50口径步枪在北约部队中的部署。该地区拥有颇为完善的军事工业，大量本土设计、性能出色的.50口径步枪四处扩散——对于经联合国授权而来到此地重建和平、保护无辜者的北约部队而言，这将为他们的高层军官带来一个始料未及的问题。

在波斯尼亚的行动期间，每日猎杀平民的波斯尼亚塞族狙击手也不断骚扰着联合国部队。在连接萨拉热窝工业区和老城区的主干道一带，这种情形最为突出。这里迅速成了所谓的“狙击手之路”(Sniper Alley)。由于此处是市内供应清洁饮水的唯一去处，因此在生存的驱使下，当地平民百姓别无选择，只能勇敢面对日复一日的狙击火力。数据显示，有1030名平民被狙击火力所伤，225人被打死，其中包括60名儿童。

在英军的配合下，法国安全部队展开了反狙击行动。其间他们发现，一座处于波斯尼亚政府军控制下的建筑，实际上被狙击手用于滥杀

无辜平民，指责的矛头却对准了与其交战的伊斯兰教徒。虽然此事被予以否认，但法方还是向联合国递交了报告。

在这场冲突期间，各式各样的步枪都成为了狙击武器——从南斯拉夫仿制的SVD德拉古诺夫步枪，到M48毛瑟枪机式步枪，再到精度提升后的SKS步枪。城区中比比皆是的高层建筑，也为狙击手提供了多样化的狙击点，成为了任何守军的噩梦。

幸运的是，萨拉热窝当地的狙击手大多缺乏训练，或惰于改变。他们的行动很快便流于固定模式，被训练完备的英军和法军狙击手轻易识破。通过进攻性巡逻或反狙击火力，英法狙击手开始一一拔除或消灭这些狙击威胁。

一个值得担忧的问题是，波斯尼亚塞族一方拥有大量.50口径步枪。这些步枪的射程明显超过了联合国部队的7.62mm狙击步枪，对英军而言更是如此。在这一时期，

笔者在科索沃的普利什蒂纳市区进入了一处掩护射击点。笔者发现，要在废弃的受损建筑中找到藏身之所，已变得愈发困难。那些身处伊拉克城市的狙击手也面临着同样问题，并因此丧失了一些优势，因为叛乱分子和恐怖分子已经觉察到了这一问题。（马克·斯派瑟供图）

一支法军双人狙击组在靶场上射击 .50 口径 PGM 赫卡忒（Hecate）步枪。作为法国陆军中的制式重型狙击步枪，赫卡忒步枪是“终极手段”（Ultima Ratio，简称 UR）枪族中体型最大的一款武器。它本质上是一种反器材栓动步枪，并和勃朗宁 M2 重机枪一样，采用 .50 口径 BMG[19]（12.7×99mm）枪弹。（马克·斯派瑟供图）

在马岛执行狙击训练任务期间，笔者意外遇到了一把帕克–黑尔（Parker-Hale）M85 狙击步枪，并进行了试射。笔者发现，这是款十分精准的武器。虽然此枪为英国设计，但生产权已外售。此枪的设计目的原是为了替换英国陆军中的 L42A1 狙击步枪，后者在 1982 年的马岛战争中表现欠佳；不过，英国军方最终还是没有采纳这款步枪。此枪的基本参数为：口径 7.62mm，采用 7.62×51mm 枪弹；枪体全长 47.5 英寸（120.7 厘米）；枪管长 27.5 英寸（69.9 厘米）；弹匣容弹量为 10 发；枪重 12.57 磅（5.7 千克），含望远式瞄准镜和空弹匣在内。制造商宣称，此枪可在约 655 码（599 米）内的任意距离上做到 100% 首发即中。（图片来源：帕克–黑尔公司）

另一款重磅枪型是匈牙利杰帕德（Gepard，意为“猎豹”）枪族的M3狙击步枪，发射14.5×115mm苏式枪弹，设计用途是摧毁轻型防御工事和建筑、装甲步兵车、悬停直升机以及其他类似目标。制造商称，此枪的有效射程接近1200码（1097米）。枪体全长74英寸（188厘米），枪管长58.25英寸（148厘米）；枪重44磅（20千克），含弹匣和后瞄具在内；弹匣容量为5或10发，外加枪管里的1发。此枪为重力闭锁式（weight-locked）半自动步枪，射速为20发/分钟。（图片来源：杰帕德公司）

M85狙击步枪上集成有燕尾式导轨座，因而能安装多种多样的被动夜视仪。

德拉古诺夫 SVD 狙击步枪试射图。虽然此枪采用的是 20 世纪 60 年代的老技术，并已服役 40 余年，但依然得到了世界各地正规和非正规部队的有效使用与一致好评，其中也包括恐怖分子。（马克 · 斯派瑟供图）

除特种部队以外，英军并未装备任何 .50 口径步枪。为了弥补这一明显差距，英军迅速从美国陆军处获取了一些巴雷特 .50 口径步枪。法军则装备有麦克米兰 .50 口径栓动步枪，并对其进行了高效部署。

当科索沃的阿尔巴尼亚人想方设法从塞尔维亚独立出去时，他们的行动很快遭到了拒斥；塞尔维亚人试图通过种族屠杀消灭一切反抗力量。据统计，阿尔巴尼亚人口在该地区占多数，但塞尔维亚和南斯拉夫政府无意让科索沃实现独立。因此，在 1996 年，塞尔维亚 / 南斯拉夫部队与科索沃解放军（KLA）之间爆发了一场消耗战，战争一直持续到

1999 年联合国介入为止。

在整场战事中，双方再次高效运用了狙击手，为军事行动提供支援，并在平民中散播恐惧。许多平民在日常生活中被隐蔽的射手蓄意射杀。双方相互指责对方袭击北约部队的情况也屡见不鲜，例如，曾有法军士兵在米特罗维察（Mitrovica）的塞族区内腹部中弹；凶手实为阿尔巴尼亚人，但躲在塞尔维亚建筑内，以便嫁祸于人。

在笔者于科索沃执行任务期间，联合国狙击手开展了大量行动，为维和行动提供支援，保护成百上千的联合国警察顺利执行任务，而后者却不一定会觉察到周围匿影藏形的军事狙击手。

交叉训练期间，一名法国陆军的狙击上尉正在射击“轻 50”（Light Fifty）狙击步枪，即美国海军陆战队中的巴雷特 .50 口径 M82A1 狙击步枪。这种反器材步枪发射 .50 BMG（12.7×99mm）弹，具有一个 10 发装可卸式盒型弹匣。此枪全长 48 英寸（121.9 厘米），枪管长 20 英寸（50.8 厘米）。它本质上是一款短后坐行程式半自动步枪，最大有效射距约为 1970 码（1801 米）。（马克·斯派瑟供图）

车臣战争

众所周知，俄罗斯人不仅善于在实战中运用狙击手，还善于利用与狙击手相关的宣传事迹。因此，有些奇怪的是，二战结束后，苏军抛弃了专业狙击手，改为在每个步兵排中设立 1 名排级神枪手，装备新式 SVD 德拉古诺夫狙击步枪。数个北约国家同样采用了这一机制。这种做法抹除了狙击手主要的进攻威慑力——在战场上独立行动、自由攻击，从而牵制大量敌军的能力。

在俄罗斯人与车臣叛军的首场战争中，这一决定的错误性得到了印证。这场战争发生在 1994 到 1996 年间，地点位于与俄罗斯相邻的车臣。

俄军神枪手们很快发现自己落于下风，因为与多年以前的斯大林格勒一役不同，他们不再担当独立猎杀小队，而是被训练为排级部队的一分子，为常规组织下的多兵种混编小队提供支援。车臣一方则拥有大量狙击步枪，射手们对战场地形也了如指掌，因而优势明显。他们不久便将这种优势转化为了战果，对俄军部队造成了大量杀伤。

车臣人明白，面对在数量上占据绝对优势的俄罗斯大军，能让己方占得上风的，当属狙击手。因此，组建一群 4 人狙击小队，既能让狙击手充分发挥本领，又能为他们提供保护。每支狙击小队都由 1 个双人狙击组和 1 个双人保护组组成；狙击组装备有 1 把德拉古诺夫步枪和 1 把 AK–47 步枪，保护组则配备了 1 支 RPG 火箭筒和 1 挺 RPK 机枪。采用这种装备方式，这些狙杀小队能够重创俄军巡逻队，并提供支援火力，掩护狙击手撤退，来日再战。（在如今的阿富汗和伊拉克，这种战术也明显得到了运用——在这些战场上，经验丰富的车臣伊斯兰教徒加入了叛军队伍，与联合国部队对抗。）

当战斗转向农村和山区时，车臣人将狙击小队中的保护组扩充到了 4 人，这再次体现了他们对狙击手及其人身安全的重视。不过，车臣狙击手对俄军人员及士气造成的重创，并未被俄军高层忽视。到 1999 年俄军卷土重来时（即第二次车臣战争，时至今日仍在以反恐行动的名义继续），俄军已重新恢复了专业狙击训练，并组建了装备精良、训练完备的狙击猎杀小队。

俄军在专业精英部队中增设了职业化狙击手部队，这些狙击手需要接受为期更长的训练，训练内容以步兵技能为基础。

俄军同样认识到了保护狙击人才的价值，并部署了 5 至 20 人不等的保护组，具体安排取决于双人狙击组的任务和位置情况。俄军还对行动成员进行定期轮换，确保他们有空在心理上做好充分准备。

俄军狙击手通常装备有：合适的狙击步枪和消音器，伪装装备，

2000 年 12 月，一名俄军士兵正持枪瞄准车臣叛军。此图摄于第二次车臣战争期间；这场战争始于 1999 年 10 月，并一直持续到了 21 世纪。虽然第二次车臣战争实际上已于 2000 年年底结束，但人质劫持、炸弹爆炸等暴力事件仍层出不穷，其中也包括狙击袭击。（图片来源：欧新社 [EPA]、科比斯图片社）

用于近距离防御的随身武器（或冲锋手枪）和手雷，无线电装置，以及夜视光学设备。双人狙击小组会建立和占据隐蔽狙击点，暗中控制战场的特定区域，同时，他们的保护小组也会各就各位，在需要时提供火力支援。

俄罗斯特种部队的装备包括著名的 SVD 德拉古诺夫步枪，但有所改良，且版本多样。除此之外，俄特种部队还购买了一些英制精密国际狙击步枪，与英国陆军使用的枪型相似，用于在车臣的行动。另外，他们还以十分成功的民用 Record–1 运动步枪为基础，研制出了一款新枪型。新枪的外观与精密国际步枪颇为相似，但内部设计却大相径庭。新枪可以发射俄制 7.62×45R 弹、北约 7.62mm 弹以及 .338 拉普阿弹（Lapua）。枪管上装有隔热罩，能消除枪管在过度使用后上升的热气，如若不然，热气便会影响到步枪瞄准镜的视野清晰度。

俄军还研制了一系列用于执行特定任务的狙击步枪，包括可拆卸的隐蔽式步枪，以及完全消音的反哨兵（anti-sentry）狙击步枪。多年来，俄军一直在为与北约间可能爆发的大规模装甲战做准备，但却因此荒废了狙击技能。而今，通过在格罗兹尼[20]和车臣的战斗，俄军正在重拾这些技能。

苏军在阿富汗

苏军未能征服阿富汗的“圣战者”（mujahideen）——对于这一失败，已有诸多探讨，但平心而论，美国及其盟友合力推高冷战成本，才是间接导致苏军败退的主要原因。另外，苏联的撤军，以及美英特种部队在研发和训练任务中与阿富汗人共同展开的训练、装备和行动部署，亦对苏军构成了阻碍。

冷战期间，最让人胆寒的词语无疑是“斯贝茨纳兹”（spetsnaz），该词是苏联各特种作战旅的总称。这些特种部队负有特殊使命——在战争时期对北约后方造成重大破坏。在阿富汗战争中，这些部队取得了积极的战果，但他们的事迹却鲜有报道。

在进入阿富汗前，常规的“斯贝茨纳兹”部队接受了一系列高强度训练，其中包括山地战、布雷以及扫雷。此外，至少还有一些成员接受了狙击训练。在一支苏军 22 人小分队中，通常有 2 名受过专业训练的狙击手，他们的装备包括：德拉古诺夫 SVD 半自动步枪，5 个弹匣，150 发 7.62×54R 狙击弹，外加一支夜视步枪瞄准镜。

每当这些部队获取敌军蛰伏或途经某地的情报时，就会向山区据点进发，力图将战火烧向“圣战者”。他们拥有火炮或迫击炮支援，一旦发现敌军，便会埋伏起来，或发动攻击。苏军狙击手不大关心命中精度的问题，对他们来说，只要子弹能“落”在敌人的上半身便已足矣，在当时的情况下也的确如此。因此，当狙击弹偶尔出现短缺时，狙击手也可用普通枪弹权且替代，这种做法也并不会造成太大妨碍。苏军特种部队的狙击手们学会了如何凑合使用手头的装备。

在苏军占领阿富汗期间，“斯贝茨纳兹”各旅参战人员取得了出色的战果，让“圣战者”忌惮不已。苏军狙击手常常在1000码（914米）开外的距离上攻击敌方部族战士。

1980年1月11日，在赫拉特附近，阿富汗叛军正对苏军阵地发起狙击。在一次为期3天的突袭中，叛军突袭队骑着摩托或马匹，从伊朗直插阿富汗的杜亚卜山谷（Doab Valley）。（图片来源：伊什梅尔·安萨里[Ishmael Ansary]，贝特曼档案库、科比斯图片社）

阿富汗是个内陆国家，地处中亚、南亚和中东的交界处，被称为“东西方之间的十字路口”。几个世纪以来，这片土地上有许多侵略者来来去去，这里的人们也曾对邻国发动侵略，建立自己的帝国。特别是在过去 40 年中，阿富汗陷入了持续不断的残酷内战；不论是苏军，还是以美国为首的多国部队，都试图推翻暴虐的当地政府，重建这个国家。但与此同时，几乎无人能如阿富汗的“自由斗士们”一般，惯于对抗占据人数和技术优势的对手，善于从崎岖的山间隐蔽处发起猛袭——如图所示。（科迪供图）

来自苏联时期的德拉古诺夫 SVD 半自动狙击步枪，如今已得到了世界各地正规和非正规部队的使用。但值得担忧的是，这样一款武器越来越容易落入恐怖分子手中。（私人藏品）

与西方部队中的同类狙击步枪相比，SVD 狙击步枪集成了发光分划板和内置的测距标线，因而在配件上更胜一筹。与大众媒体报道相左的是，在山地作战行动中，“斯贝茨纳兹”狙击手拥有精良的装备和充足的支援，他们通常会执行 3 到 5 天的任务，然后返回大本营。从技术上来说，苏军并未战败，但出于经济上的原因，他们被迫接受了《日内瓦协议》(Geneva Accord)，开始撤军。在苏军完全撤离阿富汗前，他们在各方面都是“圣战者”所不可击败的；对后者而言，苏军过于强大。

美军遭遇阿富汗战争

在“9・11”事件中，恐怖分子袭击了美国纽约的双子塔，这对全球的恐怖分子而言都是个巨大的错误。美军完全有能力将科技、政治和训练有素的职业士兵结合起来，向全球任意地点投送大量兵力。由于阿富汗拒绝交出在该国立足的基地组织首脑奥萨马・本・拉登，也拒绝交出本・拉登手下的任何一名恐怖分子，阿富汗境内的塔利班据点被美军轻车熟路地端掉了。

为了与反塔利班的北方联盟（Northern Alliance）军阀达成政治协议，美军向阿富汗派遣了特种部队。起初，这些特种部队并没怎么用到狙击战术。不过后来，由于要用战机和战术导弹对塔利班阵地发动准确空袭，美军需要进行大量详细观察，以便识别和定位塔利班阵地。在北方联盟武装力量的协助下，以美军为首的联军很快击败了塔利班，让热炒阿富汗人是如何击败超级大国苏联的媒体纷纷闭嘴。不过，这一胜利主要应当归功于美国空军的实力和能力。目前，赫尔曼德省和其他南部省份战事的增多，不仅证明了新生政府难以替代已被强行推翻的旧政府，还表明了败方有能力扭转被动局面，再度变得咄咄逼人。

在这场战争中，敌境的地形，以及敌人的诡秘行踪，均使攻方难以定位并打击敌人。因此，狙击很快成了最有效的解决方案，特别是那些使用大口径步枪进行的狙击——这类狙击步枪能够击中深壑另一头的敌人，而由于距离的原因，后者常常自以为安全地四处走动，殊不知自己已完全暴露。

一名来自国际安全援助部队（ISAF）的加拿大狙击手正在俯视朱利安营地（Camp Julien）。该营地为驻阿加拿大部队驻地，位于阿富汗首都喀布尔的达鲁拉曼宫（Darlulaman's palace）附近。（图片来源：曼卡·尤万 [Manca Juvan]，科比斯图片社）

在越南战争的一次行动期间，卡洛斯·海斯库克曾创下了最远单发射击毙敌的世界纪录。当时，他用 106mm 无后坐力炮上的一支 .50 口径弹着观测枪（M8），在 2423 码（2215 米）的距离上击毙了一名敌人。这一纪录将在阿富汗的作战行动中作古，海斯库克若能看到自己的头衔后继有人，定会感到欣慰。2002 年 3 月，在为美军第 101 空降师和第 10 山地师提供掩护期间，加拿大帕特丽夏公主轻步兵团（Princess Patricia's Light Infantry Regiment）的一支狙击小组打出了刷新纪录的一枪。当时正值“蟒蛇行动”（Operation Anaconda）期间，他们在沙伊库特山谷（Shah-i-kot Valley）与塔利班、基地组织联军交上了火。

加拿大狙击手的装备为麦克米兰 Tac–50 狙击步枪，发射 .50 AMAX 竞赛枪弹。他们的任务是掩护美军部队攀上 1 万英尺（3048 米）高的山脊。在行进途中，美军遭遇了

笔者试射了精密国际全消音式 AW（Arctic Warfare，意为“北极作战”）步枪。AW 步枪的枪管可更换为其他口径，在实战中，更换枪管需花费 15 分钟左右。这种设计使得步枪口径可以依任务需求而定。AWS（S=Suppressed，指消音）步枪专为使用亚音速子弹而设计，最大有效射程约为 330 码（302 米）。（马克·斯派瑟供图）

1990 年，在阿富汗法尔哈尔山谷（Farkhar Valley），阿富汗“圣战”组织成员正在检查和测试一把新型德拉古诺夫步枪。（图片来源：雷扎 [Reza]，韦比斯坦图片社 [Webistan]、科比斯图片社）

敌军机枪和迫击炮的远距离攻击，很快便停滞不前。各狙击小组开始在 750 码至 1640 码（686 米至 1500 米）的距离上消灭敌军火力小队，使美军得以继续前进。其中，一名加军下士瞄定并击杀了一名 1860 码（1701 米）远的机枪手，并很快又射杀了第二名敌军射手——这次的射击距离达到了惊人的 2658 码（2430 米），在刷新世界纪录的同时，也证明了 Tac–50 狙击步枪的精准性和高生产标准，并体现了加拿大狙击手的敬业精神和专业水准。

目前，加拿大陆军的每个步兵营中均配有 8 名狙击手，不过，鉴于加军狙击手在阿富汗的出色表现，这一数字还有望大大提升。与美国陆军中为期 5 周的现行狙击课程不同，加拿大狙击手必须参加为期 9 周的基础狙击课程，并通过考核。一名加拿大步兵在申请参加狙击课程之前，必须先成为合格的侦察兵——他必须上过侦察学校，掌握相应技能，以便更好地完成狙击课程中的高水准训练，通过考核。

加拿大部队中的狙击课程不仅涵盖了射击基础和高级射击术，还包括了距离估测方面的技能；狙击学员不仅需要能够准确测算自己与猎杀对象之间的距离，同时还要善于隐蔽、潜行、观察和跟踪。这一课程旨在培养技能全面的职业猎杀者和侦察兵，而加拿大狙击手在阿富汗取得

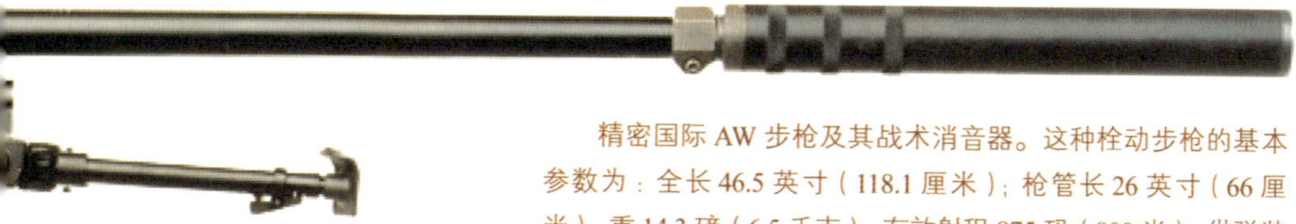

精密国际AW步枪及其战术消音器。这种栓动步枪的基本参数为：全长46.5英寸（118.1厘米）；枪管长26英寸（66厘米）；重14.3磅（6.5千克）；有效射程875码（800米）；供弹装置为10发装可卸式盒型弹匣；适用枪弹为7.62×51mm北约弹。该步枪自1988年起便在英国陆军中服役。（马克·斯派瑟供图）

一支双人狙击组在演示他们的隐热服；所有英国陆军狙击手都配发了这种衣服。隐热服的目的在于骗过热成像系统，因为后者的工作原理是：通过目标散发的热量或反射的太阳光线使其现形。从理论上来说，狙击手很难在热成像仪的视野中保持隐蔽。不过，如果狙击手藏在土坡之类的隐蔽物后，便不会被热成像仪“看见”。隐热服的制作材料经过特殊设计，可以掩盖狙击手的热辐射图像。（马克·斯派瑟供图）

的成就，也足以证明该课程的成功性。加军还为狙击手们提供了天然的职业发展途径——足够老练的狙击手可以参加狙击教员课程，学习如何选择、训练、部署和指挥初级狙击手，并担任高级军官的顾问，在狙击手的技能及部署选项上提供建议。

和美军狙击手一样，如今，加军狙击手也能呼叫和引导来自间瞄武器[21]（如迫击炮和火炮）的火力支援，以及来自友方机场的空中支援。这种需要源于伊拉克和阿富汗战场；在这些战场上，借助高超的观察技能，狙击手常能定位遥远的敌军阵地或编队，并请求或建议己方呼叫重武器支援。

一名法国特种兵在演示经过改良的仰卧射姿。他使用的是性能出色的PGM狙击步枪，配有全消音枪管。（马克·斯派瑟供图）

加拿大军还将狙击手的基本编制从 2 人小组扩大到 4 人小队，但从本质上来说，4 人小队相当于 2 个双人组协同作战，形成 1 个战斗单位。这些狙击小队曾在高危地带行动，远离其他友军的直接火力支援，因而需要额外的安全保障。当 4 人小队中的双人主狙击组对敌人发起攻击时，另一组成员可以提供保护，并对敌方攻击进行预警。

同时，加军的狙击指挥官也在选择一系列新式狙击武器，与他们的麦克米兰 TAC-50 大口径狙击步枪配合使用。在加拿大军中，TAC 50 狙击步枪被命名为 C15，用于替换接近退役的帕克－黑尔 7.62mm 狙击步枪。帕克－黑尔狙击步枪如今在加军中被命名为 C3A1，于 1979 年开始服役，入役时定名为 C3，采用的是木质枪托和凯莱斯－赫利俄斯（Kahles Helios）望远式瞄准镜；后来经过升级，又改用了尤那托望远式瞄准镜，枪名也因此改为了 C3A1；到了 20 世纪 90 年代末，早先的木质枪托又换成了迷彩式麦克米兰 A2 复合材料枪托。

不巧的是，这款步枪的主色调为绿色，与阿富汗的山地环境格格不入。阿富汗的地貌以棕褐和赭石色为主，这迫使加拿大军依照当地环境对步枪迷彩做出改变，将步枪重新喷涂为单调的棕褐色，并根据需要增加额外的伪装材料。

加拿大人还意识到，他们需要一系列从 5.56mm 到 .50 英寸（12.7mm）口径不等的狙击步枪，让加军狙击手能根据任务需求选择射程适当的武器。在试验了几款新型狙击步枪之后，加军选择了 C14 森林狼（Timberwolf）步枪，并着手开始用新枪替换老旧的 C3A1。如今，全球已有多支特种部队列装了半自动 Mk 11 与 Mk 12 狙击步枪，这两款步枪的原型是经过实战检验的 M16A4 突击步枪，加拿大人也在考虑购入此枪。

许多现役狙击步枪都采用了螺纹型枪管，用于加装消音器。这种枪管之所以会流行起来，还得从与阿富汗塔利班的交火说起。据观察，用无消音器步枪开火的士兵，会很快遭到定位和还击，而那些采用有消音器步枪进行射击的士兵，则很难被敌人发现。这是因为任何枪械在射击时，枪机都会发出较大噪声，消音器则会消除这种噪声。从头上高速掠过的子弹突破音障时，会发出“噼啪”的响声，而步枪枪机在开火和复进时，又会发出“砰”的一声。因此，只要测出这两种声音的时间间隔，多数步兵都有可能确定开火者的位置——此即“噼啪与砰”判断法。不过，由于消音器消除了枪支的“砰砰”声，此法便不再管用，使开火者难以被定位。此外，消音器还能从总体上大幅削弱步枪开火时的枪声，进一步降低了狙击手被敌人定位的可能性。

在阿富汗战场上，.50 口径巴雷特狙击步枪也颇为抢眼，因为这种步枪在美军中仍然得到了广泛使用，在美国海军陆战队中尤为如此。巴雷特狙击步枪是半自动步枪，可以快速发射一连串子弹。但与麦克米兰

TAC–50 之类的狙击步枪不同的是，巴雷特狙击步枪是反器材步枪，缺乏高精准度。即便如此，对于那些具备远程作战经验和知识的射击能手而言，他们仍可在极限射程上击中人体大小的目标。

美国海军陆战队用巴雷特狙击步枪来打击和摧毁敌军迫击炮——开火之前，利用良好的观察技能，陆战队员会先在 1300 码至 1640 码（1189 米至 1500 米）外的村庄屋顶上确定迫击炮的位置。除此之外，美海军陆战队还用巴雷特狙击步枪来摧毁敌装甲输送车和自行火箭炮。随着更远距离上的交锋出现在阿富汗战场上，.50 口径狙击步枪也常常

就在第一次海湾战争（1990—1991）爆发前，美国海军陆战队及时装备了巴雷特 M82A1 步枪。该步枪是种反器材步枪，发射 .50 口径 BMG 弹，攻击目标多为雷达、航空器、装甲车以及导弹系统等，而非这些装备的操作人员。（马克·斯派瑟供图）

精密国际的 AS50 反器材狙击步枪专为美国特种作战司令部[22]而研发，并已装备美国海军海豹突击队。这款步枪采用气动式半自动枪机，用于向多个目标快速射击。此枪无须任何工具便可在 3 分钟内拆解完毕。（图片来源：精密国际公司）

成为车载部队的自选武器，但却较少得到特种部队和轻步兵的使用，因为这些部队均是徒步行动，常常需要随身携带所有武器装备，在不同地形上一次行军数日。

由于要在如此苛刻的条件下持续猎杀敌人，一些美军和英军部队开始对步枪口径做出改变，进而推动了 5.56mm 和 7.62mm 半自动狙击步枪的发展和成功部署。这些狙击步枪脱胎于经过实战检验的 M16 步枪，有 9 成零部件和钻孔都与 M16 及其常用的衍生枪型 M4 相同。这意味着，作为小型作战单位一分子的狙击手，如今拥有了集狙击步枪和突击步枪为一体的武器，可以在遭遇突如其来的猛烈交火时进行有力还击。经实战检验，这些狙击步枪十分成功。

笔者曾亲眼见证了 5.56mm 和 7.62mm 狙击步枪在战友手中所能达到的远程精准度，并认为所谓栓动步枪准过半自动步枪的陈旧观念，如今已不复成立。这类步枪的另一项积极影响，在于减轻了单兵负重——为了猎杀恐怖分子，战士们往往必须翻山越岭，一走就是数日。

一名英国皇家海军陆战队突击队员在试射黑克勒–科赫（Heckler & Koch）MSG–90 狙击步枪。此枪枪管长 23.6 英寸（60 厘米），枪重 14.1 磅（6.4 千克），通过 5 发或 10 发装的弹匣供弹（使用 7.62×51mm 北约弹）。此图摄于匡提科，美国海军陆战队在此地对该枪进行评估，看它是否有可能作为精确射手步枪使用。最终，MSG–90 败给了 M21 狙击步枪的升级版。（马克·斯派瑟供图）

麦克米兰TAC-50狙击步枪

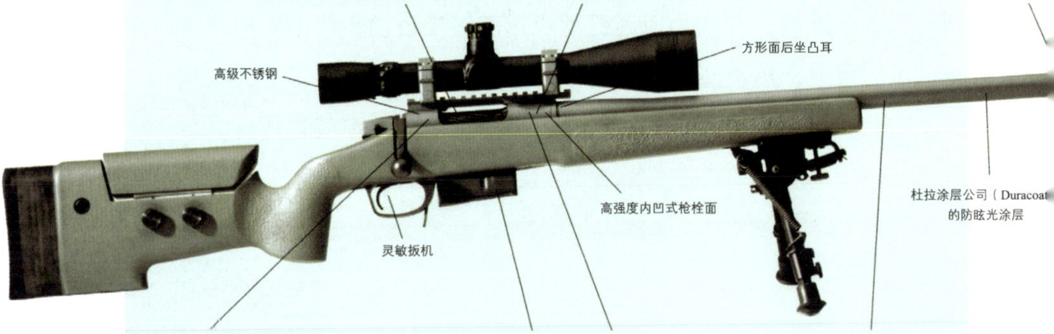

2002 年 3 月，在阿富汗服役期间，来自加拿大帕特丽夏公主轻步兵团的罗布·弗朗（Rob Furlong）下士刷新了作战狙杀距离世界纪录，从此载入史册。他使用麦克米兰 Tac–50 狙击步枪，以一枚超低阻子弹（very-low-drag bullet）在 2658 码（2430 米）的距离上击毙了一名敌方战斗人员。

麦克米兰 Tac–50 狙击步枪产于美国，制造商是麦克米兰兄弟步枪公司（McMillan Brothers Rifle Company）。这种远程反器材 / 反人员武器由该公司早先的几种枪型发展而来，于 20 世纪 80 年代末首次出现。麦克米兰公司以同一种专利枪机为基础，生产了数个版本的 .50 口径步枪，用于军事、执法和民用领域。

Tac–50 步枪是种军事和执法武器，自 2000 年起成为加拿大军队的制式远程狙击武器（LRSW），得名 C15。

Tac–50 为手动操作，采用旋转式栓动枪机。大枪栓上有一对前闭锁凸耳；为了减轻重量，枪栓栓体上还具有多道螺旋槽。重型竞赛级枪管同样经过槽化，以便快速散热，减轻整体重量。此枪还装有枪口制退器，能有效减小后坐力。此枪的供弹装置为可卸式盒型弹匣，每个弹匣可容弹5发。

Tac–50的枪托由玻璃纤维制成，根据设计，只能搭配双脚架使用。步枪后托可通过拉伸橡胶垫片调节长度，还可折叠至侧面，或卸下后压缩存放。此枪没有开放式瞄具，但可配备一系列望远式或夜视瞄具。在加拿大军中，Tac–50步枪的制式望远瞄准镜为16倍里奥波特光学瞄准镜。

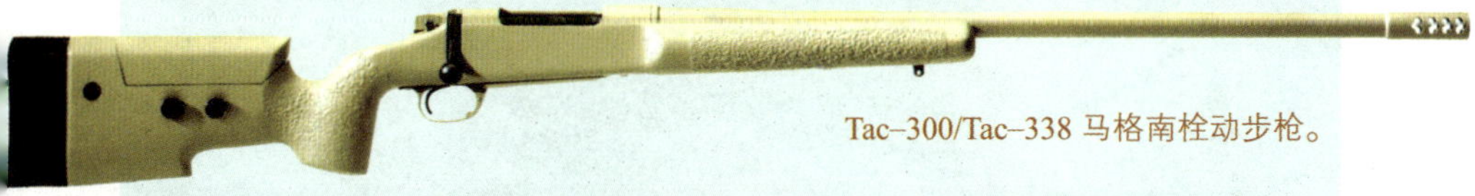

Tac–300/Tac–338马格南栓动步枪。

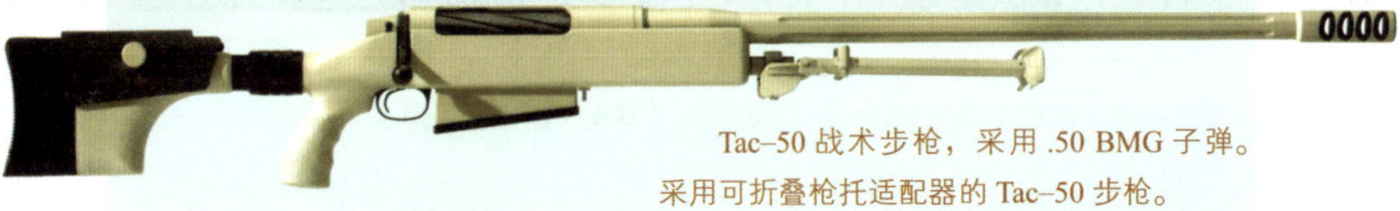

Tac–50战术步枪，采用.50 BMG子弹。
采用可折叠枪托适配器的Tac–50步枪。

麦克米兰.50口径战术步枪已装备了世界各地的武装部队，用于执行超远程狙击任务。其弹膛可容纳.50 BMG枪弹，并采用了29英寸（73.7厘米）竞赛级枪管和枪口制退器。枪托结构紧凑，可以节约空间，因此颇受欢迎；枪托上的橡胶垫装置和可调式鞍形腮托都是其特色所在。

麦克米兰Tac–50狙击步枪的简要参数

枪机：手动操作的旋转式栓动枪机	口径：.50英寸（12.7mm）
弹药：.50 BMG弹（12.7×99mm）	全长：57.0英寸（144.8厘米）
枪管长度：29.0英寸（73.7厘米）	重量：26磅（11.8千克）
枪口初速：2700英尺/秒（823米/秒）	有效射程：2190码（2003米）
供弹装置：5发装可卸式盒型弹匣	瞄具：可定制（加拿大军中采用16倍制式望远瞄准镜）

在被炸毁建筑的残垣断壁中，一名英军狙击手身穿改制过的美制沙漠夜战服，做到了颇为有效的伪装和隐蔽。（马克·斯派瑟供图）

伊拉克自由行动

2003 年 3 月 20 日，以美国为首的多国联军入侵伊拉克，拉开了伊拉克战争的序幕。这场战争又被称为“第二次海湾战争”[23]（Gulf War II）或“第二次波斯湾战争”（Second Persian Gulf War）。多国联军主要由美英两军组成，辅以来自澳大利亚、丹麦、波兰等国的小部队。在某些圈子中，伊拉克战争又被称为“伊拉克解放行动”（Operation Iraqi Liberation）或“伊拉克自由行动”（Operation Iraqi Freedom），后一种说法更为普遍。为了给入侵行动正名，美国总统乔治·布什和时任英国首相托尼·布莱尔辩称，伊拉克涉嫌持有和追求大规模杀伤性武器（WMD），该国对美国、欧洲和中东其他国家的安全和利益构成了紧迫威胁。这一观点得到了英国情报部门的支持，同时，俄罗斯情报部门也将伊拉克与恐怖主义联系在一起。

这次入侵致使伊拉克军队迅速溃败，总统萨达姆·侯赛因踏上逃亡之路，并于2003年12月被捕，后又于2006年12月遭到处决。以美国为首的联军占领了伊拉克，并试图建立一个新的民主政府。但在最初的入侵过后不久，针对联军的暴力事件以及不同教派间的暴力冲突此起彼伏，由此引发了针对伊拉克叛乱的非对称作战，许多逊尼派和什叶派团体也陷入纷争，同时，基地组织也在伊拉克展开活动。

和此前的（第一次）海湾战争一样，在这种攻势中，狙击手自然会扮演活跃的角色。在海湾战争中，狙击手的实际战果乃不宣之秘，而且，我们也希望狙击行动能够保持机密，原因是军方仍处于政客们“政治正确”的打压之下，就这一点而论，狙击依然不受待见，因此应当矢口否认。

不过，有个战例倒是使狙击扬眉吐气了一把，也即美海军陆战队在装备新式巴雷特.50口径步枪之初所经历的一次交火。在此之前，为了选择合适的.50口径步枪，使陆战队员能在更远距离上攻击敌人及其装备，美国海军陆战队发起了一个测试项目。测试尚未完全结束，这些巴雷特步枪便匆匆服役，经海路运输，送到已做好战斗部署的部队手中。

美国海军陆战队第1团便是配备了这种步枪的部队之一；该团位于沙特阿拉伯和科威特间的一小片狭长地带上。在战事初期，团中一支装备了巴雷特步枪的双人狙击组盯上了一列驶近的车队。起初，他们还以为车队来自友方，但经过进一步观察，他们发现这些车辆实为敌人的BMP装甲输送车。在向上级汇报有敌人接近后，他们获准向车队开火。狙击小组将巴雷特步枪对准首辆BMP装甲车，并装填了一枚穿甲燃烧弹（API）。这种子弹不但能够击穿敌军战车的装甲钢板，还会在穿过装甲后产生燃爆。

首发子弹立刻让目标战车燃起了大火，据目测，敌方乘员无一逃生。随后，又有两发子弹击中了第二辆战车，使之瘫痪并退出战斗。

在第二次海湾战争（伊拉克战争）中，美国海军陆战队再次充分利用了巴雷特狙击步枪。有无数目击报告可以证明这一点，其中一个战例发生在巴格达的海法（Haifa）一带。当时，一支库尔德治安巡逻队遭到了叛乱分子的伏击。距交火地点约600码（549米）外，有一处掩护射击点，一支美海军陆战队狙击队驻守于此。随着战况愈演愈烈，一直关注着战事进展的狙击队决定加入其中。在对当下交火情况做出目测评估之后，陆战队员们锁定了一群靠着一堵墙的叛乱分子，后者正向陷入苦战的库尔德人大肆射击。一名陆战队狙击手冷静瞄定目标，先发一枪，命中了首名恐怖分子的头部，使他当场毙命。就在敌人还来不及对战友之死有所反应时，

巴雷特“轻50”反器材狙击步枪的弹匣容量为10发，采用“带弹托轻型装甲穿透弹”（Saboted Light Armor Penetrator，简称SLAP），弹长5.45英寸（13.84厘米）。（科迪供图）

在一座被炸毁的建筑中，一名狙击手身着试验性的迷彩服从隐蔽处现身。在植被茂盛的乡村地区，狙击手往往身穿花纹天然的迷彩服，但在城市建筑中，身穿满是直线线条的迷彩服，更有助于狙击手遁迹匿影。（马克·斯派瑟供图）

第二枪便已出膛，击倒了第二人——这一次，子弹击中的是胸口。随后，陆战队员们又对该区域进行了持续监视，观察有无恐怖分子回来搬运尸体，成为额外的目标。恐怖分子的确适时返回了交火地点，并遭到了狙击队的攻击，但无人中枪。

从约 1 年前开始，联军狙击手渐渐不复最初的成功。主要原因在于，叛乱分子逐渐适应了狙击手的打击，成了更难得手的目标——这种情况也曾出现在与英国陆军对抗的爱尔兰共和军（IRA）身上。叛乱分子还改进了自身的反侦察训练，并利用牧羊人和儿童来探明外围区域的植被和废墟，确保没有狙击队藏身其间。

在北爱尔兰，为了驱逐或打击包括侦察人员、特种部队以及狙击手在内的英军秘密行动部队，爱尔兰共和军召集了农民和支持者，在清晨进行扫荡式巡逻。巡逻队伍中还包括一些狗，多为杰克罗素梗犬（Jack Russell Terrier）。在伊拉克，面对联军狙击手的打击，叛乱分子原本就对自身弱点心知肚明，这似乎也迫使他们重新思考自己的日常惯例和行动方式。

另一项影响因素在于战争的持续时间，许多好的狙击点不是曾被用过，就是已被叛乱分子识破。因此，狙击手越来越容易在进入狙击点时遭到袭击——这里的“袭击”，指的是遭到数量占优之敌的攻击，而且这些敌人一心想置你于死地。

对恐怖分子而言，联军狙击手之死值得大吹大擂——这便是他们对狙击手所怀有的高度敬意。恐怖分子的腾腾杀意，以及联军指挥官对同胞性命的担忧，导致狙击手的常规行动部署模式受到了种种限制。例如，美国海军陆战队狙击手一般两两行动，但由于在战争早期，有两支狙击小组阵亡，他们的步枪和装备也被洗劫一空，因此，陆战队狙击手们如今被迫以更大规模行动。在许多狙击手看来，这不仅削弱了他们的秘密行动能力，还大大增加了遭袭风险。

一支双人狙击组在伊拉克某处的屋顶上设立了狙击点，并在墙上敲出了“老鼠洞”，让射手可以用枪从中射击，射手的搭档则使用了二战时期的老式苏制潜望镜进行观察。（马克·斯派瑟供图）

2004 年，在拉马迪（伊拉克中部城市，位于巴格达以西约 70 英里 [110 公里]），美海军陆战队的一支 4 人狙击队在城郊的隐蔽处构建了一个观察点，但出乎他们意料的是，他们一枪未放便被优势敌军逮了个正着。有迹象表明，这些陆战队员沦为了俘虏，并遭到处决。在 2005 年的另一事件中，来自美海军陆战队某预备队的一支 6 人狙击队在哈迪赛一带（位于巴格达西北约 150 英里 [240 公里] 处）被杀；事发时，这支狙击队正在积极行动。这次杀戮很快成了叛乱分子的宣传素材，他们制作了一个视频，并发布到了互联网上，视频中展示了受害陆战队员们的“狗牌”[24] 和装备。

在直接对战中，双人狙击组可能会在火力上遭到完全压制，不过，由于人数少，他们可以更为有效地隐蔽起来，不易像动静较大的 7 人狙击队那样遭到袭击。数据统计表明，指挥官们对狙击手面临的风险反应过激：4 年间，美军仅损失了 2 支海军陆战队狙击队。毕竟这是战争，牺牲在所难免。

总的来说，狙击手们觉得自己受到了不公平的阻碍，认为部队对他们的能力缺乏信任；再加上指挥官的过度谨慎，狙击手们便无法发挥出全部潜力。他们愿意承担风险，也对自身的抗敌技能充满信心，并觉得自己应当获准像往常训练中那样开展行动。

狙击手受到的其他限制，还包括必须穿戴防弹衣和头盔——这类限制是出于对相关伤亡事件的担忧。在训练中，狙击手并未穿戴防弹衣和头盔，因为二者会严重限制移动能力；但到了战场上，狙击手却必须服从命令，穿戴防弹衣和头盔。若要充分发挥狙击手的能力，就必须放手让他们按照训练方式自主行动，根据具体行动自行选择相应的装备方式。

在“伊拉克自由行动”中，联军步兵再次与伊拉克步兵发生了正面交锋。虽然在萨达姆被迫下台以前，已有许多伊军官兵被哄骗“回家”，但仍有一大队人马囤下武器，发起秘密的游击行动，行动一直持续到今日。

这名狙击手深藏在受损建筑的角落中，从这里向外射击。他身穿一件灰中带黑的城市迷彩服，由北极白迷彩服改制而来。注意他为了稳定射击姿态而采用的简易三脚架。（马克·斯派瑟供图）

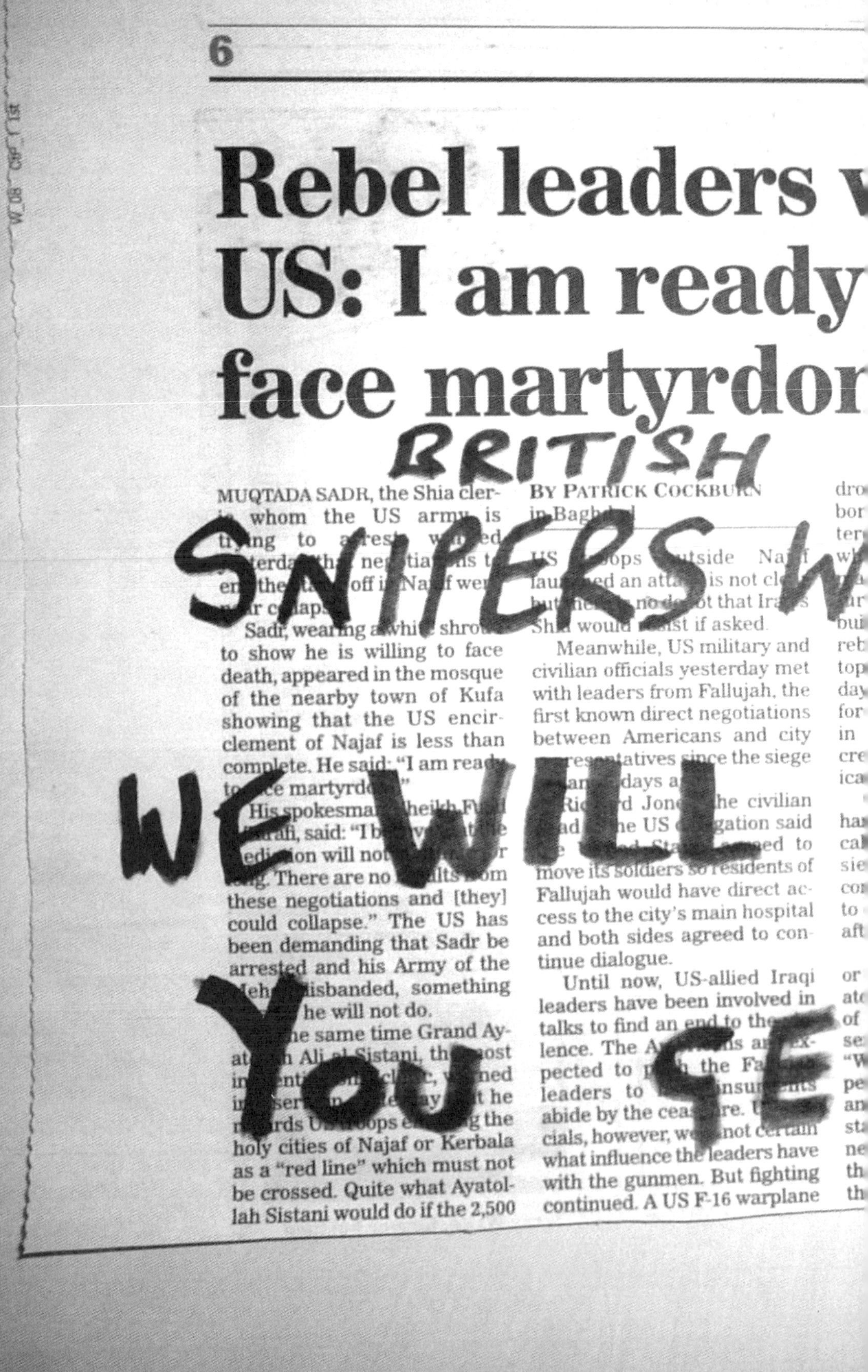

Rebel leaders v[illegible] US: I am ready [illegible] face martyrdo[illegible]

MUQTADA SADR, the Shia cleric whom the US army is trying to arrest, [illegible] yesterday that negotiations to end the [illegible] off in Najaf were near collapse.

Sadr, wearing a white shroud to show he is willing to face death, appeared in the mosque of the nearby town of Kufa showing that the US encirclement of Najaf is less than complete. He said: "I am ready to face martyrdom."

His spokesman [illegible], said: "I [illegible] mediation will not [illegible] long. There are no results from these negotiations and [they] could collapse." The US has been demanding that Sadr be arrested and his Army of the Mehdi disbanded, something [illegible] he will not do.

[illegible] the same time Grand Ayatollah Ali al-Sistani, the most [illegible], warned in a sermon [illegible] he regards US troops [illegible] the holy cities of Najaf or Kerbala as a "red line" which must not be crossed. Quite what Ayatollah Sistani would do if the 2,500

By Patrick Cockburn in Baghdad

US [illegible] outside Najaf launched an attack is not clear but [illegible] Iraq's Shia would resist if asked.

Meanwhile, US military and civilian officials yesterday met with leaders from Fallujah, the first known direct negotiations between Americans and city representatives since the siege [illegible] days ago.

Richard Jones, the civilian head of the US delegation said the United States agreed to move its soldiers so residents of Fallujah would have direct access to the city's main hospital and both sides agreed to continue dialogue.

Until now, US-allied Iraqi leaders have been involved in talks to find an end to the violence. The [illegible] are expected to push the Fallujah leaders to [illegible] insurgents [illegible] abide by the ceasefire. US officials, however, were not certain what influence the leaders have with the gunmen. But fighting continued. A US F-16 warplane

RAQ IN CRISIS

THE INDEPEN

Saturday 17 Apri

ns

…nd (900kg) …allujah yes- …a building …been seen, …s …re- …strike on …be housing Lebanon's …eric yester- …mpts by US Shia cities …would in- …inst Amer- …mic world. …also …o … their …'s promise …acy in Iraq …ein. …bout killing …Sadr," Ay- thousands …his weekly …t mosque. …nded Iraqi …ng killings …olidify their …establish a …aistered by …the will of …he holiest

…da Sadr: Told worshippers in Kufa he was ready to face martyrdom Re…

…hia site – the Imam Ali shrine …n Najaf – is only metres away from the office where Sadr, a fiery anti-American cleric, is holed up, surrounded by gunmen. The remarks by … …US troops and Sadr in the holy city. Some 2,500 US troops are ringing Najaf as they prepare for a final showdown with Sadr's militia, the Mehdi Army. US commanders have vowed to

"kill or capture" him after his militia launched a bloody uprising last week taking control of a number of cities.

US forces were also sur- rounding … Fallujah, … fierce fighting … stronghold of anti-American militants in overwhelmingly Sunni Muslim central Iraq.

Ayatollah Fadlallah, 69, strongly opposed Saddam Hus- sein's regime and the US-led

war against Iraq. A harsh… ic of US policies in the r… he is respected among S… the … and is the … ligi… …ty for Leba… 1.2 … His ra… gr… … is the hig… Shia cleric … attain. … from the mosques for poli… … Iraqi Civil D… Corps to return to duty. A… dian and three Czech ho… were released yesterday… Danish businessman w… ported kidnapped in Ba…

在这篇 2007 年的报道中，伊拉克军事和政治领袖穆克塔达·萨德尔（Muqtada al-Sadr）呼吁伊拉克军队和警察停止与美国合作，并敦促手下的游击队战士们专注于将美军赶出伊拉克。一名英军狙击手发挥了典型的冷嘲式幽默，在报纸上添了几笔——图中文章标题意为“叛军领导人警告美国：我已做好殉教准备”；图中手写字意为“英军狙击手警告：我们会送你一程！！”。（马克·斯派瑟供图）

在这场战争中，狙击手是多数指挥官优先考虑的选择，因此他们从第一天起便参与了行动。与入侵阿富汗时相比，这种优先度可谓有过之而无不及。参战部队并未以友军生命为代价，迟迟不将狙击手投入战场。相反，从一开始，各支狙击队就被例行部署在战斗部队中，担负支援和防御任务。

狙击手总算迎来了黎明。随之而来的是媒体压力——媒体汲汲于报导狙击手的战果（这自然与早先的海湾战争有关）。在此之前，狙击手从未像现在这样，被上级指挥官用作传媒武器。围绕着美英两军的狙击手，涌现了不计其数的电视节目和报纸文章。随着狙击手频频接受媒体的拍照和采访，曾经那套严守狙击手身份的匿名做法，也已被抛到九霄云外。

乍看之下，这或许有些鲁莽，但指挥官们似乎总算认识到了狙击队的宣传价值。人们注意到，狙击手不会造成附带伤害，不会伤及无辜的局外人，也无须近距离接敌，故而不会增加友军的伤亡风险。因此，从各方面来看，由于能切实有效地提升部队的作战效能，狙击手最终赢得了认可。

在随后数年间，联军部队将会发现，叛乱分子也利用了狙击手的宣传价值，并且也认识到了狙击手对部队作战效能的加成作用。

联军狙击手正在逐渐习惯媒体的关注，与此同时，他们的世界也愈发为人所知——从种种艰难困苦，到他们对待死亡的淡定态度。狙击手和其他战斗人员的主要区别在于 借助狙击步枪上安装的高倍望远式瞄准镜，他们能够看到子弹造成的冲击效果。随着高清晰度夜视瞄具和热成像瞄具的诞生，这种情景在夜间也能得见。

狙击手能够从敌群中挑选出单名目标，按优先级别予以消灭，并看着目标死去。根据不同的射击距离、射击精度或选定的弹着点，狙击手能看到现代高速子弹对人体造成的种种伤害。许多狙击手都曾目睹枪弹是如何打爆人头的，或曾眼见 .50 口径武器是怎样摧残人体的。不过，多数狙击手要确认自己已命中目标，靠的是子弹击中目标、释放动能后，在目标的衣物上激起的一团尘土，同时，目标还会像断了线的木偶一样倒地。

狙击手天生就具有沉着冷静、有条不紊的特质，在执行任务时一般也处变不惊，丝毫不会考虑敌人的家庭，因为这么做会带来犹豫。许多国家的政府都颁布了“交战规则”（Rules of Engagement）；假如一名狙击手有理由将枪口指向一名敌人，那么后者必须业已满足相应的交战规则，因而属于正当目标。

狙击手的角色不在于不加区分地取人性命，而在于识别敌人的关键战斗资产，并予以拔除，这反过来也会保护其战友的生命。如果一个人捡起了武器，并用之瞄准友军，那么他便立刻让自己成了狙击子弹的正当目标。

当部队与惯于躲在平民和学童身后的敌人交战时，狙击手指哪打哪的精准射术便显得无比关键。这种关键性在最近的一次行动中得以彰显，此次行动的成员包括美国陆军史崔克旅（Stryker Brigade）的狙击手。在巴格达以北约 80 英里（129 公里）处，坐落着古城萨迈拉[25]。在萨迈拉的街巷中，戴维斯（Davis）中士和他的专业观瞄手威尔逊（Wilson）卷入了一场战斗。当时，B 连的战士们遭到了叛乱分子的持续攻击——叛乱分子们骑着摩托，从一群放学的学童身后发起突袭。在接下来的 45 分钟内，戴维斯发挥狙击技能，击杀了 11 名伏击者中的 7 人。3 天后，戴维斯再添 例战果 当时，他锁定了一名叛军枪手，后者正趁着夜幕进入射击点，试图伏击一支联军徒步巡逻队；当这名装备德拉古诺夫步枪的叛军狙击手从阴影中现身之际，戴维斯用 M14 步枪击毙了他。

夜视仪

德国陆军 G22 步枪所用的夜视仪，安装于前置皮卡汀尼导轨上。（马克·斯派瑟供图）

夜视装置最早应用于二战期间，并在越南战争中得到了广泛使用。自夜视装置问世以来，相关技术已取得了重大进展，催生了数代夜视装备，各代装备的性能也逐步提升。夜视装置具有两种工作方式——被动式和主动式。被动式装置能放大环境中已有的光线，主动式装置则依赖一个红外光源提供足够的照明。

狙击观瞄手和狙击武器系统使用的夜视装置基本可以分为两类：一类直接安在狙击步枪的望远式瞄准镜前，通常固定于前置皮卡汀尼导轨（武器上的一种标准化托架，为望远式瞄准镜、光源和激光器等配件提供安装平台）上；另一类安在望远式瞄准镜上，其棱镜部件装在瞄准镜的光学透镜前。两类装置均可见于配图。

精密国际 AW 狙击步枪的德国版，装有夜视仪。（马克·斯派瑟供图）

美国海军陆战队的 M40A1 狙击步枪，步枪瞄准镜上方加装了西姆拉德夜视仪。（马克·斯派瑟供图）

此图摄于伊拉克——敌人永不眠，狙击手亦然。在某些环境中，狙击手可能会用到红外光棒（通常被称为“黑光灯”）。将其与夜视设备结合使用，便可“照亮”敌人的预期活动区域。敌人则对此浑然不觉，还以为自己处在黑夜的掩护下。（马克·斯派瑟供图）

皮尔金顿-凯特（Pilkington Kite）图像增强瞄具，在英国陆军中也被称为“通用武器瞄具”（Common Weapon Sight，简称 CWS）。（马克·斯派瑟供图）

当狙击手们进入一条熙熙攘攘的伊拉克街道时（图中战士来自驻扎于阿马拉[26]的英国皇家爱尔兰团），他们并不能确定谁是朋友、谁是敌人，也不确定暗处是否埋伏着狙击手或其他虎视眈眈的袭击者。（马克·斯派瑟供图）

狙击手们常常面临着困难的抉择，其中一些抉择在多年后还会在心头萦绕不去。在饱经战火的非洲，以及现在的伊拉克，都有儿童得到了突击步枪，并被送往战场对抗受过职业训练的成年士兵。一些狙击手表示，他们从未杀过儿童，然而在战争的现实环境中，你会面临着杀或被杀的抉择。无论敌人是谁，狙击手都必须以保护战友为前提做出决定。

另一位广受认可的美国陆军狙击手，是吉姆·吉利兰（Jim Gilliland）上士。2006年9月，吉利兰率领一支10人“影子小队”（shadow team），配合2/69特遣队[27]在伊拉克城市拉马迪展开行动。此地敌情频现、战况激烈，因此，不少狙击手也取得了丰硕的战果，有的甚至接近了卡洛斯·海斯库克的成绩——在越战中，海斯库克经证实的战果为93人。（必须指出的是，海斯库克的多数狙杀都是通过潜行追踪目标完成的，而伊拉克和阿富汗的狙击手们一般则藏在隐蔽的狙击点中进行静态射击。）

塔楼屋顶上的联军狙击手可以担负掩护射击任务，保护地面上的友军，或对特定目标开枪，消除这些目标对狙击手或当前任务造成的潜在威胁。（马克·斯派瑟供图）

在听闻一名枪手刚刚击杀了一名美军后，吉利兰在他的战术区域内展开了搜索和排查，并最终锁定了一名敌方狙击手。在遭到战火破坏的拉马迪医院四楼，这名狙击手正若无其事地站在窗前，暴露无遗。该名叛乱分子距吉利兰的狙击点约有 1250 米远；在根据风力和大气情况做出调校后，吉利兰仅发一枪便击中了目标的上胸部，使之当场毙命。据信，这是 7.62mm 狙击步枪在伊拉克战场上经证实的最远击杀纪录。吉利兰对这一枪则持有务实的态度，他对自己能否复制这一战例表示怀疑，这也体现了狙击手在训练中逐渐养成的低调作风。

美国海军陆战队和他们的陆军兄弟们一样繁忙，在部署伊拉克期间，海军陆战队的狙击手们一直积极展开行动。在入侵伊拉克 1 周年之际，美国海军陆战队从第 82 空降师手中接管了费卢杰地区。在最初的两周内，海军陆战队损失了 12 人，其中有不少死于敌方狙击手枪下。海军陆战队有着浓厚的狙击传统，而他们的狙击手发现，作为叛乱分子的主要据点之一，费卢杰存在着大量狙击目标。海军陆战队狙击手很快震慑了叛乱分子，因为他们能在各种距离上锁定和击杀目标，即使到了夜晚也是如此——狙击手如今装备的夜视光学设备的清晰度可见一斑。

在参与了最初的入侵行动之后，美国海军陆战队第二次部署到了费卢杰地区。在此期间，海军陆战队的各支狙击队为英国友军提供掩护，确保皇家工兵部队能顺利清理建筑和诡雷，免受敌人火力困扰。在陆战队员们展开部署的次日，就有两辆满载伊拉克士兵的卡车向他们疾驰而来。就在观瞄手用轻机枪与卡车展开交火之际，狙击队队长也用 M40A3 狙击步枪连发 3 枪，然后改用 M16 步枪，朝第一辆逼近的卡车继续开火，打光了满满一弹匣 30 发子弹。在随后的战斗中，陆战队员们失去了自己的排长，后者的腹部挨了致命一枪，中枪处恰巧在防弹衣略下方。不过，全排队员一共打死了 24 名伊拉克人，打伤 10 人。此外，还有许多敌军士兵死于随后的密集炮火和近距离空中支援。

在伊拉克南部，一支由多名成员组成的英军狙击队占据了己方前沿基地的屋顶。（马克·斯派瑟供图）

在向巴格达进军途中，海军陆战队狙击手在一座塔楼上击毙了840码（768米）外的一名伊拉克炮兵观察员，并很快又加入了在萨达姆的一处大型宫殿周围展开的战斗。宫殿周围的战斗十分激烈；当狙击队到达屋顶时，他们很快发觉，若要在屋顶的墙上钻洞，就必定会引来敌军火力。于是，他们做出了一项战术决策，回到楼下，像在狙击学校中学到的那样搭建藏身之所，从隐蔽点向敌人射击。

经过一段时间的等待和观察后，狙击手们终于有所收获——一名伊拉克士兵试图进入射击点，用一把AK–47攻击美军士兵；此外，还有一名装备了RPG–7火箭筒的同伴和他一同行动。装备步枪的那名叛军很快被干掉了，但在同伴毙命的瞬间，另一名敌人迅速逃出了视线，直到数小时后才重新现身，迎接他的则是一枚陆战队狙击手的子弹。

在伊拉克和阿富汗，除了隐藏的爆炸装置外，狙击火力对联军造成的伤亡超过了其他任何一种敌军活动。不论是美国海军陆战队和美国陆军的狙击手，还是塔利班和伊拉克的狙击手，都充分发挥了他们在无数冲突和系统狙击训练中积累起来的种种经验，在敌对部队精心策划的攻击中为战友提供掩护。此图摄于 2008 年 6 月 15 日——在对阿富汗诺扎得（Now Zad）的一处塔利班据点发动攻击期间，美国海军陆战队第 7 团 2 营 F 连的士兵正在奔向掩蔽处。（图片来源：美国海军陆战队）

荒漠中的一次谈判。倘若照片中的车辆来自友军，而处在相机位置的是敌方狙击手，那么这些车辆和相关人员都会被一网打尽，因为四下的掩蔽物和可供逃跑的路线都很有限。不过反过来看，相机所在位置也会成为友军狙击小组理想的掩护射击点，因为他们将能在几英里外发现接近的敌人。（马克·斯派瑟供图）

在这一地区，海军陆战队的狙击手们发挥了过去的种种经验，迅速对敌人造成了伤亡，并占领了繁忙的费卢杰市。费卢杰位于巴格达以西 40 多英里处，随着该市落入联军手中，联军射手们也开始发挥本领，从隐蔽的掩护射击点射杀敌人，取得了大量经过证实的狙击战果，有力地保护了联军战士和海军陆战队员，使他们能稳步扫荡敌方街道和建筑。

反恐之战

多年以来，作为一种多少有些诡秘和有失公平的作战形式，狙击总是不招人待见，而狙击手本领中常见的技巧和胆量，以及狙击手对敌人心理层面造成的深刻影响，则完全被无视了。不过近来，狙击手不仅成为了许多指挥官的优先选项，还获得了前所未见的媒体关注度。新闻媒体上充斥着阿富汗和伊拉克战场狙击手的照片，同时狙击手在全球反恐战争中的功劳，以及他们的超凡枪法，也被无数报道所推崇。

西方社会对狙击手关注度的上升，其根源似乎在于媒体需要进行正面报导。因为在这场战争中，死亡和破坏的阴影时时笼罩着军事力量和平民社区——除了简易爆炸装置（IEDs）带来的威胁外，为了打击叛乱势力，西方联军部队也常常发力过猛。一枚激光制导炸弹或迫击炮弹无法对敌军阵地和隔壁房屋做出区分，因而容易造成附带伤害。这种伤害频频削弱了当地民众对联军的尊重和支持，不利于联军为中止敌对状态而展开的行动。狙击手则恰恰能够辨别敌人，像外科手术般精确消灭敌人威胁，同时还不会造成爆炸性破坏，也不会让无辜者丧命，因而成了挽留人心、继续作战的工具。

在有些人看来，这种新晋的名声早该属于狙击手，但实际上，这种名声并不像初看上去那样对狙击手有益。狙击手是受过高度训练的战士，目标是利用导航、隐蔽和观察技能将战火烧向敌境，因此不会苟且偷安，也不会停下进击的脚步。双人狙击组特别适合在其他狙击队或相应后备部队的掩护下行动，这些掩护部队可以在前者需要时提供火力支援。这种作战形式的问题在于，指挥官一方面需要充分信任狙击小组的能力，一方面还要能接受狙击手有所死伤。

这两种情形似乎都没有发生。随着媒体开始关注人员死伤，而人员死伤又会削弱本国民众对战争的支持度，高级指挥官们不大愿意放手让狙击手向敌人开战。因此，狙击手们在战术选择上也是束手束脚。在这种限制下，狙击手要么成了“光荣的门卫”，要么被迫随过多人员一起行动，毫无秘密行动、暗中穿插的机会，无怪乎联军狙击手不再能像从前一样有效对付叛乱分子，而且就算如此，他们的阵亡数字仍在增加。

恐怖分子则没有性命方面的顾虑，因而在遍及伊拉克战场的狙击战中占据了上风。但这并不是说联军狙击手不成功，或他们的活干得不漂亮，而是说他们不得不像戴着手铐般执行任务，反观敌人却没有这种限制。

恐怖分子一贯以炸弹作为武器，弥补与强大对手间的差距。但值得警惕的是，在这场战争中，恐怖分子已开始认识到狙击手的技能。在与联军的对抗中，恐怖分子狙击手得到了充分运用，发挥出了致命的效率。

当伊拉克军队“消失”时，一大批武器也跟着不见了，其中包括数千支伊拉克仿制的俄罗斯 SVD 德拉古诺夫半自动狙击步枪——塔布克（Tabuk）。自以美国为首的联军部队初次踏入伊拉克以来，就有证据表明，伊拉克恐怖分子开展了狙击行动。不过，直到某一时刻，某位敌军指挥官或情报分析员才意识到，精心策划的狙击袭击可以带来潜在的心理优势，并认识到，不断展开狙击战，还能带来宣传价值，赢得支持者和资金，用以对抗强大的入侵者。

虽然西方狙击手并未主动谋求宣传自己，但狙击队（比如在伊拉克战争中，这群穿越荒漠的皇家爱尔兰团狙击手，他们正在前往巴士拉以北的阿马拉）的战绩还是在报纸、杂志以及读者中引发了轰动。（马克·斯派瑟供图）

也正是在此时，人称“朱巴”(Juba) 的“巴格达狙击手”(Sniper of Baghdad) 诞生了。他是名虚实难辨的叛军狙击手，名下已有多条联军人命。不过，朱巴传奇的诞生，与其说是出自真凭实据，也即多次狙击死亡事件确属一名射手所为，不如说是出自新闻界不负责任的报道。叛乱势力很快认识到，和爱尔兰共和军一样，他们也能以敌人的媒体为工具，并着手发起了一整套狙击手宣传计划。虽然朱巴很可能只是个假名，其名下战果来自数名叛军狙击手，但毫无疑问的是，除爆炸装置以外，狙击袭击对联军造成的伤亡超过了其他任何一种袭击形式。

任何从旁关注这场战事的政客，都应对一点感到担忧，那就是恐怖分子狙击手正在逐渐进步，因为他们已经见识到自己所能造成的影响，而且这种影响无须耗费多少实际投入。在成为一名合格的狙击手前，联军狙击手需要经历 8 到 10 周的高强度训练，他们是宝贵的资产。恐怖分子狙击手则来自那些甘愿赴死的射击好手，因此对高伤亡率不那么抗拒。证据显示，如今他们已开始设立自己的狙击训练学校，用密集的训练强化已有的基础技能。另据信，叛乱分子如今已组建了自己的狙击旅，证据来自一系列已经发布的宣传视频，在其中一些视频中，美军士兵正是倒在狙击火力下。

有传闻称，2005 年 6 月 2 日，在一次针对美军的失败袭击中，“朱巴”实际上已经被俘。据悉，朱巴当时开了一枪，打中了一名美军士兵，但那名士兵的防弹衣救了他一命。很显然，在随后的行动中，这支敌方狙击小队被逮了个正着。

不过，笼罩在“朱巴”身上的谜团仍未消散，因为在 2006 年 11 月 29 日，伊拉克内政部逮捕了一名叫作阿里·纳扎尔·阿尔朱伯里（Ali Nazar Al-Jubori）的人，此人被指称为“巴格达狙击手”。

华盛顿特区连环狙击案

2002年，约翰·艾伦·穆罕默德（曾名约翰·艾伦·威廉姆斯）[28]伙同约翰·李·马尔沃（曾名李·博伊德·马尔沃 [Lee Boyd Malvo]），在大华盛顿地区制造了多起狙击袭击事件。两人藏在一辆经过改装的雪佛兰凯普瑞斯（Caprice）轿车中，从车内向外射击，不露形迹地打死打伤忙于生计的无辜平民。许多狙击手强烈要求凶犯不应被称为狙击手，因为将这种冷酷的谋杀与他们的职业头衔相挂钩，无异于一种侮辱。笔者虽然完全理解这些职业狙击手的反对理由，但仍认为他们是错的。

一个常常为人忽略的事实是，狙击是一种战术；但多年以来，“狙击手”一词已被用于指代执行狙击任务的个人，而非其中包含的实际战术。狙击是种从隐蔽处向个人或器材射击的战术。多数狙击手之所以在远距离上射击，是因为他们能够做到这点，而且他们也希望离敌人越远越好，从而增加自己的生存概率。然而，这并不意味着狙击一定要在远距离上进行，远距离行动只是一种选择。之所以要提这点，是因为警方总在远距离上寻找两名凶犯，因此才会找错地方。两名凶犯的开枪距离从未超过200码（183米），超过100码（91米）的也只有1次。

常常为人忽略的另一个事实是，凶犯的“作战”（确实是一种作战行动）思路，与军事狙击队在对抗大批敌军时所用的思路几乎一模一样。在这起大案中，华盛顿特区的警察和联邦部队，便相当于“大批敌军”的角色。一个狙击二人组要想有效对抗在数量和实力上均远超自己的武装力量，就必须能够识别敌方作战序列中的薄弱之处，并予以充分利用。要做到这些，他们就必须首先对敌人进行研究，了解敌人的行事方式。

大体而言，为了利用我们的恐惧和弱点来对付我们，叛乱分子和恐怖分子多年来一直在对我们进行观察和研究，华盛顿狙击事件便是佐证。威廉姆斯和马尔沃熟悉每日特定时段的交通模式，了解警方的反应时间，知道不同辖区间的边界，还掌握了其他许多对自己有利的细节，并将之化为己用。两人还会回到罪案现场，偷听警察间的讨论，在警戒线外提问，看上去与清白的普通市民无异，因而能再次从“敌人”那儿搜集到额外的信息。这种行事方式类似于军事狙击手，后者会用高倍光学装备从隐蔽处观察敌人活动，掌握任何有价值的模式或习惯，为未来的攻击做好铺垫。

此外，狙击手还能在能力所及的最大范围内散播恐惧，从而确保自己能最大限度地扰乱敌人的日常活动，对敌人的士气和经费造成双重打击。在华盛顿的一连串狙击事件中，犯案的狙击二人组首先袭击了加油站内的平民。这么做起到了一箭双雕的作用：一是能随机覆盖整个社区，因为任何人在加油时都可能遭到狙击；二是引发了公众对于枪击的恐惧，从而降低汽油销量，打击金融基础设施。

相较而言，到了军事场合中，狙击手则会攻击相对薄弱的后方支援部队，使其无法为前线部队提供作战必需的重要补给，从而散布恐惧，扰乱敌方的日常活动，并将补给链的运输速度限制在步行水平，削弱敌军的作战能力。

华盛顿狙击二人组杀害的无辜平民来自各行各业，跨越了从学童到退休人士的各个年龄层面，并涵盖了案发地区的各种族、肤色和信仰，因此公众无不人人自危。这一系列连环狙击事件冷酷无情、计划周密、行事缜密，反映了军事狙击手经由训练而掌握的行动方式——只是在战争环境中，他们对抗的是身穿制服的正当之敌，而非手无寸铁的无辜平民。对于那些具备相关经验和知识的人来说，这种威胁不足为奇，因为他们早已认识到了狙击手的破坏潜力。需要警醒的是那些高层人物，他们必须意识到，狙击手在种种行动中是多么高效，而当狙击手成为敌人时，又会变得多么危险。

人们想当然地认为狙击手只能在远距离上进行射击，而在 2002 年的华盛顿狙击事件中，两名狙击手之所以能在 9 到 10 月的 3 周内连续作案，一个重要原因便在于人们的这种思维定式。专案组集中实施了防御计划，但选错了地方，也选错了距离。人们应当打破狙击手不会在近距离发起攻击的固有印象。

如今，伊拉克的叛军狙击队已经制造了几起特殊的袭击事件。在这些事件中，叛军狙击队使用了与联军双人狙击组近似的装备，乘坐经过改装的轿车和货车发动袭击，并录下袭击场面。

华盛顿狙击二人组在雪佛兰轿车的后备箱上开了个洞，供步枪射击。两人中的助手负责安全戒备，在警察出现时提供预警，并为后备箱中视野有限的狙击手选择目标。

伊拉克的叛乱分子采用了十分相似的战术和改装，而由于对华盛顿狙击手的行动方式总体缺乏了解，驻伊美军难以识别潜在的狙击射击平台。叛军狙击车辆显然着力于利用宣传来削弱联军士气；经过改

图中战士来自美军第25步兵师第14（轻）步兵团1营A连。2004年10月5日，在伊拉克萨迈拉市，他正用M25狙击步枪瞄准疑似的叛乱分子。（图片来源：美国陆军[US Army]）

在伊拉克，敌方狙击手已有能力将武器藏在车内，直到欲对联军人员发动攻击时才会取出。因此，路边检查乃是家常便饭。图为2004年2月6日，“钢铁决心行动”（Operation Iron Resolve）期间，来自美军第1装甲师第27野战炮兵团4营B连的战士们接到任务，在伊拉克萨利希耶（Salhiya）南部的一处临时控制点对车辆和居民进行搜查。他们的任务是清除该社区的非法武器、恐怖分子和黑市活动。（图片来源：美国陆军）

图为美军第 5 骑兵团（5th Cavalry Regiment）2 营“科曼奇”（Comanche）连的一名战士。在伊拉克萨德尔城（Sadr City）中，他正用一把德拉古诺夫狙击步枪进行瞄准，为攻击叛乱分子的战友提供反狙击火力掩护。2004 年 8 月，科曼奇连“白排”对叛乱分子占据的一座房屋发起了突击，图中步枪正是在此次行动中缴获的。（图片来源：美国陆军）

装，车上看似平平无奇的破损车窗成了狙击手的射击孔——在巴格达，破损的车辆比比皆是；同时，车内还装有隐蔽的摄像机，藏在遮阳罩或车帘后等不起眼之处——遮阳罩和车帘在巴格达的街道上同样随处可见。视频中的配乐常常包括吟唱的经文，内容与殉教有关，而当射击达成后，便会出现献给穆罕默德的谢辞。以上种种做法都有利于赢得同情者的支持，瓦解敌方士兵的士气。

一个并不夸张的假设是，叛乱分子不仅了解华盛顿连环狙击事件，还完全明白它对美国公众内心以及美国东海岸经济造成的影响，联军的政治家们不应忘记这两点！

这种明显在逐步演进的战术，

2004 年 12 月 27 日，美海军陆战队侦察狙击手赫伯特·汉考克（Herbert Hancock）中士（左）和杰弗里·弗劳尔斯（Geoffrey Flowers）下士在屋顶上执行监视任务，配合在伊拉克拉马迪乡村地区展开的徒步巡逻行动。乡村地区可为敌方狙击手和恐怖分子提供隐蔽和支持。（图片来源：美国海军陆战队）

巴格达市区杂乱无序，处处是小路和窄巷。在这类拥挤的城市中，联军狙击手的秘密行动可能会变得极度危险，如果被抓，就有可能落入暴怒的当地组织手中，遭受重伤或死亡。（马克·斯派瑟供图）

应当引起世界各国的警惕。伊拉克伊斯兰军（Islamic Army）主要由被联军部队打发回家的 40 万名伊拉克军人组成，该组织的一名发言人曾表示，己方狙击手已对美军的士气造成了巨大影响，而且，狙击手录下所有袭击场面是十分关键的，因为“拍摄士兵中弹画面起到的效果远远超过了其他任何一种武器”。

在伊拉克，联军部队常常易于成为狙击手的目标，因为在城市环境中，任何形式的巡逻都会带来巨大的劣势。为了使车辆在巡逻途中免遭埋伏，巡逻队中必须有人在车顶上操作各种武器和旋转枪塔，但却会因此暴露于狙击火力之下。美国及其盟友已向军队配发了防弹衣，并在脆弱的旋转枪塔周围加装了装甲钢板，竭尽全力加强士兵的防护，不过，叛军狙击手也瞄得越来越准，受害者的中弹处常常位于防弹衣之上或之下，其中也包括防弹衣罩不到的左右两肋。

伊拉克的城市布局混杂无序，常常乱成一团。这种布局同样有助于敌方狙击手展开袭击，因为这些城市中有大量隐蔽路线和射击点，可以用来攻击必定处在明处的联军士兵。联军狙击手一般被部署于掩护射击位上，为巡逻部队提供些许保护，但他们常常遭到袭击——要么是因为他们被迫使用了不合理的战术（如人员过多、缺乏隐蔽），要么是因为叛乱分子建立了十分完善的情报和监视网络，能迅速将联军狙击手从猎手转变为猎物。

在多国联军中，英军部队驻扎在更南边的巴士拉地区，他们也常为狙击袭击所患。在至少 8 起狙击事件中，叛乱分子使用了俘获的美军狙击步枪来杀害英军战士。

随着战争的进行，为了不犯错误，也为了避免造成无辜平民的死伤，联军收紧了“交战规则”，但这么做只会助长叛乱分子的气焰。在此前的行动中，美军曾获准向任何接打手机者开枪，只要他们认为该目标正在指挥一次袭击，或正在传递有关美军动向的情报，协助敌人展开袭击。这么做有个明显的缺点，那就是容易出现误判，让打电话回家的人无辜蒙难。而到此时，狙击手的攻击对象仅限于：携带武器并实际参与敌对行动者，或携带武器并明显有意参与敌对行动者。这种变化使得恐怖分子开始隐藏武器，直到需要时才亮出来，一用完就马上藏到看不见的地方，并混入平民之中，避免成为狙击目标——联军狙击队无时无刻不在警惕观察中。

说了这么多，贯穿其中的要点在于，叛乱分子和恐怖分子已经认识到，在对战强大得多且装备更优的敌人时，狙击手具有特别的战略价值。狙击手能够通过行动影响更大的战局，但这种能力在很大程度上被低估了；历史已经证明，狙击手所能取得的战果远在其兵力之上。从美国独立战争，到第二次世界大战，再到现代时期，狙击手已一再削弱敌人士气，扼杀敌人的开战能力。实战证明，狙击手永远是件难以征服的武器。

狙击手之所以难以受到有效打击，原因在于，某些人本应更加了解狙击手的思考和行动方式，但却长期对此缺乏了解。狙击手们不被视为特种部队，但实际上他们正是特种部队——队伍小，目的明确，能够取得远超其表面规模和实力的战果。如果对手继续忽视一两名步枪兵所能造成的破坏，那么狙击手将会继续取得成功。

恐怖分子领会了这一事实，并在当前的所有战事中积极利用相关战术，对抗我们在异国土地上的友军。因此，这种情形终究会出现在我们的国土上，一切只是时间问题。对此，我们只能期待当权者能制订好相应计划，并做足准备。倘若他们没能做到这些，恐怖分子狙击手发动的袭击便会造成一国基础设施和商业的大规模瘫痪，进而影响该国自我防卫和发动战争的能力。

在叛军狙击手愈发精准的火力面前，典型的军用防弹衣仍然无法为躯干（尤其是左右两肋）和双腿处的多个部位提供防护。不过，狙击手之所以在行动中排斥穿戴头盔和重型防弹衣，是因为它们会对移动和射击构成限制。（马克·斯派瑟供图）

狙击的未来

如前所述，狙击手受到了媒体的热捧，“从阴影中现身”，凡此种种都足以表明狙击这门“行当”依然重要，远未过时，就像许多狙击防御技术厂商想让我们相信的那样。为了定位和消灭狙击手，目前正有数以百万美元计的资金被投入相关系统的设计中，这一事实进一步确证了狙击手在常规和非常规战中具有的威胁。

然而，许多厂商都忽略了一点，那就是无论他们的产品在技术上有多先进，都无法像人类猎手一样思考，因而会被智取。要击败当今大多数反狙击防御系统，狙击手只需对其运行原理和组成部分有个基本的了解。毕竟，这些系统是人类设计的，因此必然具有弱点。

许多现行的反狙击系统的确拥有十分出色的性能和射速。在狙击手的子弹尚未击中预定目标前，这些系统便可利用从动武器装置，对狙击手发起攻击。此类系统多采用空气置换法追踪狙击枪弹，在以帧为单位的极短时间内测定枪弹来源，并确定狙击手的位置。不过，它们无法在多发射击中确定威胁来源，因此可以被欺骗。

这类探测设备并不是什么新发明。早在20世纪70年代初，英国陆军就拥有一种车载系统，该系统不仅部署在了在路虎巡逻车上，还安装在了北爱尔兰基地的瞭望塔上。当袭击者对巡逻车或陆军基地开火时，该系统便能判定枪弹来向。这种系统固然受当时的技术水平所限，但还是能让士兵更快确定开火者的位置，并予以还击。

随着技术的进步，如今的反狙击系统不仅更为小巧，反应速度也大大加快，在追踪和确定枪弹来源上也比从前要精确得多。此外，如今的系统还具备一项优点，那就是能够控制和发射受系统计算机远程操纵的武器，比如机枪。这不仅意味着在狙击子弹命中目标前，狙击手的位置就会得到确定，还意味着在狙击子弹飞抵目标前，反击的子弹便已射出，直奔狙击手而去——这些都是狙击手不得不面对的事实。以上种种挑战固然令人望而却步，但一旦你了解了反狙击系统的运行参数和限制，便能战而胜之。

在过去的岁月中，狙击手从未真正遇到过来自空中的威胁。飞机过于昂贵，而且通常很忙，不会专程飞来寻找狙击手。如今，这种情形已经改变。随着“猎人”（Hunter）、“扫描鹰”（ScanEagle）、“渡鸦”（Raven）和“收割者”等小型和微型无人机的问世，以及它们在前线部队中的部署，狙击手陷入了一种无比真实的危险之中——他们成了无人机搜寻的焦点；无人机一旦发现他们，便会指引迫击炮或火炮等间瞄武器进行轰炸。在倒了大霉的情况下，狙击手还会被装有导弹的无人机盯上，比如“收割者”无人机。

还有一种装置号称是狙击手的终结者。这种装置利用了物镜的反光特性，能探测到正在使用的光学瞄具，进而判定狙击手的所在。不过，这种装置缺点明显：在如今的战场上，许多士兵的制式突击步枪都装有光学瞄具，如此一来，当你遭到任何形式的多发射击时，识别出狙击手位置的概率便会下降。因此，在参与大规模行动时，狙击手显然能提供支援火力而不暴露，但在单独行动时，狙击手的确得提高警惕。不过，探测技术的每一次进步，都会带来反制技术的进步，推动发展的车轮滚滚向前。

此外，狙击手对本职工作怀有的激情和奉献精神，也常常为人所忽略。常言道，是这一行选择了个人，而非个人选择了这一行。从我的自身经历来看，事实也确实如此。我曾见过许多人在涉足狙击后半途而废，因为他们发现这一行既不光鲜，更不舒适。这一行的工作负担并不轻，实际上还更重，而且你的技能和职业水准很少会得到普遍认可。

即便如此，我仍然看到有许多人拒绝晋升，拒绝职业发展更佳的职位，并提出了自己的理由：留在团队里，从事自己热爱的工作。为了

图为英军皇家爱尔兰团的一辆路虎军车，专为伊拉克战争而打造。车侧夹有一支精密国际 .338 口径超级马格南狙击步枪。（马克·斯派瑟供图）

1057

取得成功、保持生存，你必须对狙击怀有某种感情，这种感情用“激情”一词来形容再好不过。对细节的注重，以及超越他人的不懈动力，是让你保持前行的法宝。但冲突也可能因此而生，例如，一名狙击手在与同行进行比较时，试图宣称自己高人一等或无所不知。这自然是信口开河，因为没人可以垄断好的想法，同时，狙击手也没有所谓“最好”一说，因为强中自有强中手。每个狙击手都拥有属于自己的经验，而这种经验是独一无二的。

有种观念认为，狙击手总是与危险为伍。事实的确如此，但并没有乍看上去那么严重。因为，如果狙击手能以正确的方式执行任务，便会提前研究敌人，了解敌人的一切能力和优势。举例来说，狙击手会提前做好应对敌方无人机的准备，并加倍重视自己朝向上空方向的伪装，但若他了解敌人不具备这种空中监视能力，便不必多费心思。了

美国陆军和美国海军陆战队都在伊拉克部署了无人机（UAV），图中的 RQ-7B“影子”（Shadow）无人机便是一例。敌方狙击手对此颇为担忧，因为无人机可以用来确定他们的位置，让他们遭到炮轰或空袭。有的无人机还配备了武器，如 MQ-9“收割者”[29] 猎杀无人机（曾名 RQ-9“捕食者”无人机）。（图片来源：美国国防部 [DoD]）

在伊拉克放飞一架 RQ-11 “渡鸦” 小型无人机。“渡鸦” 无人机可受地面站点遥控，也可利用 GPS 航点导航执行全自动飞行任务。（图片来源：美国国防部）

一名英军狙击手在巴尔干某城镇执行掩护射击任务。这名狙击手远离了前方窗户的反光玻璃，很好地藏进了阴影之中。他很可能会在此处待上数小时，在隐蔽中为许多行动部署提供掩护。（马克·斯派瑟供图）

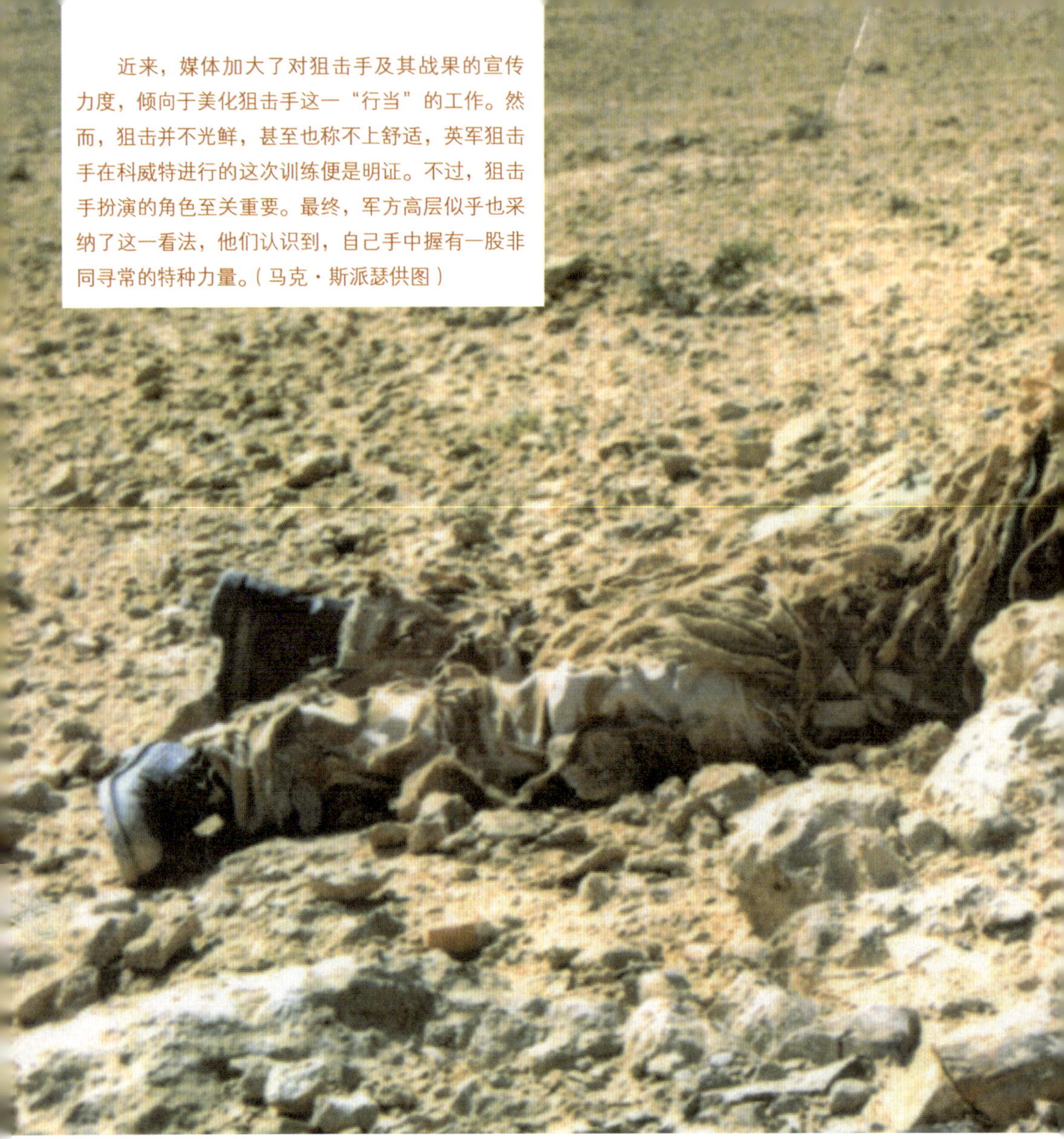

近来，媒体加大了对狙击手及其战果的宣传力度，倾向于美化狙击手这一“行当”的工作。然而，狙击并不光鲜，甚至也称不上舒适，英军狙击手在科威特进行的这次训练便是明证。不过，狙击手扮演的角色至关重要。最终，军方高层似乎也采纳了这一看法，他们认识到，自己手中握有一股非同寻常的特种力量。（马克·斯派瑟供图）

解敌人，方能战胜敌人。

许多人曾说，热成像瞄具标志着狙击手的终结，但他们很快又了解到，热成像装置无法看穿自然植物，无法顾及侦测死角，也无法看穿制作精良的屏障，因此狙击手依然可以生存。

如今的一些技术的确使狙击手处境艰难，如果他（她）不能及时研究和掌握市面上的所有新装置，便有可能死于非命。伴随这种挑战而来

的技能，以及智取对手的思维过程，吸引着许多狙击手。这在本质上不仅让他们富有求知欲，还往往让他们成为睿智者，而非许多人眼中的杀人狂徒。因此，在我看来，狙击手远远没有过时，事实上，他们的时代可能才刚刚来临，迄今为止的狙击史便是明证。

注释

[1] 亦称“哈伽拿卫军”（Haganah/Hagana），是1928—1948年间活跃在巴勒斯坦的犹太地下军事组织。

[2] 浮置枪管（floating barrel）常见于高精度步枪，指枪管仅和机匣相连，不设护木（枪托前部），用于提升步枪的射击精度。在常规步枪中，枪管与护木相连，若护木受环境或使用影响发生变形，便可能使枪管发生轻微偏移，改变子弹的弹道和弹着点；此外，枪管与护木的接触还会影响枪管的自然频率，改变枪管在开火时的谐振，进而影响射击精度。

[3] 1839年，亚丁被英国殖民者占领，沦为英国殖民地长达一个多世纪。1967年，也门民主人民共和国成立，亚丁被定为首都。

[4] 克雷特尔（Crater）本意为“火山口”。

[5] 狐鼠步枪（Varmint Rifle），一种主要用于射击中小型害兽或害鸟（如狐狸、老鼠、麻雀、野兔、乌鸦等）的小口径步枪。

[6] 马格南（Magnum）并非人名，而是指装药量较大（与同口径一般弹药相比）的枪弹，即大威力弹。

[7] 1960年12月20日，越南共和国（南越）境内的反政府组织成立越南南方民族解放阵线，西方和当时的南越政府习惯称之为“越共”（Viet Cong），越共游击队为其武装力量。虽与北越的越南人民军同由越南共产党领导，但越南南方民族解放阵线在名义上是独立的。

[8] 咽喉点（choke point）是军事战略中一种易守难攻的地理特征，如陆地上的山谷、隘道或桥梁，或海洋中的海峡等。在希波战争中的温泉关一役，斯巴达三百勇士扼守的温泉关，便是一处咽喉点。

[9] 在远赴越南战场前，卡洛斯·海斯库克已获得过多个射击竞赛的冠军，如温布尔登杯（Wimbledon Cup）。

[10] 在越南战争（1959—1975）期间，越南人民军被称为“北越陆军”（North Vietnamese Army，简称 NVA），以区别于南方的越共（简称 VC）游击队。

[11] 弹着观测枪（spotting rifle）是一种小口径步枪，常作为无后坐力反坦克炮（如火箭筒）的瞄准设备使用。弹着观测枪的弹道与对应火炮的弹道相符，因此可以预测炮弹的弹着点。

[12] 另有一说为 2500 码（2286 米）。此外，下文提到这次射击的距离为 2423 码（2215 米），前后矛盾。

[13] 在美国陆军和美国海军陆战队的军职专长编码（MOS）体系中，MOS 8541（现为 MOS 0317）曾是美国海军陆战队侦察狙击手的军职编码。

[14] SWS 是“Sniper Weapon System”的缩写，意为“狙击武器系统”。

[15] 原文为“Falklands War”（福克兰群岛战争），即马岛战争（马尔维纳斯群岛战争 [Malvinas War]）的英方称谓。为便于理解，下文均译为国内更熟悉的“马岛战争”，相关地名也采用“马岛”或“马尔维纳斯群岛”的译法。

[16] PM 是“Precision Marksman”的缩写，意为“精准射手”。

[17] 斯坦利港（Port Stanley）是马尔维纳斯群岛首府和唯一的城镇，阿根廷人称之为阿根廷港（Puerto Argentino）。

[18] “倒了血霉的步兵佬”（Poor Bloody Infantry，简称 PBI）为英语习语，是对普通步兵自嘲式的俚称，形容他们总是顶在阵地上，承受各式各样的火力打击。类似的俚称还有第三章中提及的“Tommy”（汤米）。

[19] BMG（Browning Machine Gun）意为“勃朗宁机枪”。

[20] 格罗兹尼（Grozny），车臣共和国首府。从 1994 年开始，俄罗斯军队与车臣非法武装先后在此爆发了两次大规模巷战。

[21] 间瞄武器（indirect weapon）包括迫击炮、榴弹炮、火箭炮等采用间瞄方式瞄准目标的武器，特点是弹道弯曲、射程远。通过计算弹道，炮手无须看见目标也可开火。

[22] 美国特种作战司令部（U.S. Special Operations Command，简称 USSOCOM 或

SOCOM）是指挥美国陆军、海军、空军和美国海军陆战队所属各特种部队的联合作战司令部。

[23] “第二次海湾战争”发生的时间为 2003—2011 年。

[24] “狗牌”（Dog Tag），即用于识别军人身份的金属吊牌，是美军的标配。“狗牌”上常记录有佩戴者的姓名、血型、宗教信仰和预防接种史等信息。

[25] 萨迈拉（Samarra）位于伊拉克萨拉赫丁省，曾是 9 世纪阿巴斯王朝（古代中国史籍中称为“黑衣大食”）的首都，城中的阿里·哈迪清真寺为伊拉克什叶派宗教圣地之一。

[26] 阿马拉（Al Amarah），伊拉克东南部城市，人口以伊斯兰教什叶派为主。

[27] 2/69 特遣队（Task Force 2/69），即第 69 装甲团第 2 营特遣队，隶属于美军第 3 步兵师下的第 3 旅级战斗队（3rd Brigade Combat Team）。

[28] 约翰·艾伦·穆罕默德（John Allen Muhammad），华盛顿连环狙击案主犯，原名约翰·艾伦·威廉姆斯（John Allen Williams），2001 年改姓穆罕默德。在美国陆军服役期间，他获得了专家级步枪手徽章（代表美国陆军战士基础步枪枪法中的最高级别），并曾参与海湾战争。

[29] MQ–9“收割者”（Reaper），又译 MQ–9“死神”——西方神话中拿着大镰刀的地狱使者。

世界著名狙击手不完全名录

（F 代表女性狙击手）

姓名	国籍	战绩	背景
西蒙·海耶 （Simo Häyhä）	芬兰	542+（另有冲锋枪战绩200+）	苏芬冬季战争
米哈伊尔·伊里奇·苏尔科夫 （Mikhail Ilyich Surkov）	苏联	700+	二战
瓦西里·沙尔沃维奇·科瓦强褆拉泽 （Vasiliy Shalvovich Kvachantiradze）	苏联	534	二战
伊万·西多连科 （Ivan Sidorenko）	苏联	500	二战
尼古拉·雅夫列维奇·伊林 （Nikolay Yakovlevich Ilyin）	苏联	496	二战
苏科·柯尔卡 （Suko Kolkka）	芬兰	400+	苏芬冬季战争
费奥多尔·玛维耶维奇·欧克洛普科夫 （Fyodor Matveyevich Okhlopkov）	苏联	400+	二战
瓦西里·格里戈里耶维奇·扎依采夫 （Vasily Grigoryevich Zaitsev）	苏联	400	二战
弗朗西斯·佩格默加博 （Francis Pegahmagabow）	加拿大 （印第安人）	378	一战
马蒂亚斯·海岑诺尔 （Matthais Hetzenauer）	德国	345	二战
柳德米拉·帕夫利琴科 （Lyudmila Mikhailovna Pavlichenko）	苏联	309（F）	二战
娜塔莉·考夫肖娃 （Nataly V. Kovshova） 玛利亚·波丽瓦诺娃 （Maria Polivanova） （二人组）	苏联	300（F）	二战
泽普·阿勒伯格 （Sepp Allerberger）	德国	257	二战

姓名	国籍	战绩	背景
张桃芳	中国	214	朝鲜战争
布鲁诺·苏库斯（Bruno Sutkus）	立陶宛	209	二战
比利·沈（Billy Sing）	澳大利亚	150+	一战
克里斯·凯尔（Chris Kyle）	美国	160	伊拉克战争
亨利·诺韦斯特（Henry Norwest）	加拿大	115	一战
卡洛斯·海斯库克（Carlos N. Hathcock）	美国	93+	越南战争
查克·马威尼（Chuck Mawhinney）	美国	103	越南战争
内维尔·梅思文（Neville Methven）	南非	100+	一战
玛丽耶·勒佳科娃（Marie Ljalková）	捷克斯洛伐克	30（F）	二战
蒂莫西·墨菲（Timothy Murphy）	美国	1+	美国独立战争
罗布·弗朗（Rob Furlong）	加拿大	1+	阿富汗战争

英汉词汇对照表

人名（含军衔、贵族头衔等）	
Abbasov	阿巴索夫
Abdukhani Idrisov	阿卜杜哈尼·伊德里索夫
Admiral Pavel Nakhimov	帕维尔·纳希莫夫上将
Afanasy Gordienko	阿法纳西·戈尔季延科
Alexander Henry	亚历山大·亨利
Alexander Pavlovich Lebedev	亚历山大·帕夫洛维奇·列别杰夫
Alexandra Shlyakhova	亚历山德拉·舒娅科娃
Ali Nazar Al-Jubori	阿里·纳扎尔·阿尔朱伯里
Aliya Moldagulova	阿利娅·莫达古洛娃
Alonzo Chappel	阿隆索·查普尔
Alvin Cullum York	阿尔文·卡勒姆·约克
Anatolij Chekhov	阿纳托利·契诃夫
Andruhaev	安德鲁哈耶夫
Banastre Tarleton	伯纳斯特·塔尔顿
Berthollet	贝托莱
Brigadier General Haydon L. Boatner	海登·博特纳准将
Bruno Sutkus	布鲁诺·苏库斯
Bryant White	布莱恩特·怀特
Butterfield	巴特菲尔德
California Joe	加利福尼亚乔
Captain Alexander Fraser	亚历山大·弗雷泽上尉
Captain Jim Land	吉姆·兰德上尉
Captain Norton	诺顿上尉
Captain Patrick Ferguson	帕特里克·弗格森上尉
Captain Peter O'Hare	彼得·奥黑尔上尉
Captain Robert Russell	罗伯特·拉塞尔上尉
Carlos Hathcock	卡洛斯·海斯库克
Carsten Edler	卡斯滕·埃德勒
Casimir Pulaski	卡齐米日·普瓦斯基
Casper Trepp	卡斯帕·特雷普
Charles R. Bill	查尔斯·比尔
Chaumette	肖梅特
Christian Friedrich Schönbein	克里斯蒂安·弗雷德里希·舍恩拜
Christian Sharps	克里斯蒂安·夏普斯
Chuck Mawhinney	查克·马威尼
Claude-Etienne Minié	克劳德-埃蒂安·米涅
Colonel Adair	阿代尔上校
Colonel Baron de Rottenburg	上校德·罗滕博格男爵
Colonel George Washington	乔治·华盛顿上校
Conradie	康拉迪
Coote-Manningham	库特-曼宁汉
Corporal Lawrence Hawley	劳伦斯·霍利下士
Count Franz Totleben	弗朗茨·托特列宾伯爵
Count Pulaski	普瓦斯基伯爵
Cpl. Geoffrey Flowers	杰弗里·弗劳尔斯下士
Daniel Morgan	丹尼尔·摩根
Danny Rodriguez	丹尼·罗德里格兹
David Teboevich Doev	大卫·特波耶维奇·多耶夫
De Kalb	德·卡尔布
Don Troiani	唐·特罗亚尼
Duke of Orleans	奥尔良公爵
Ezekial Baker	伊齐基尔·贝克
Feodosy Smeljachkov	费奥多西·斯梅佳奇科夫
Francis Pegahmagabow	弗朗西斯·佩格默加博

Frank Koons	弗兰克・孔斯
Frederick Russell Burnham	弗雷德里克・罗素・伯纳姆
Friedrich Pein	弗雷德里希・派恩
Friedrich von Martini	弗雷德里希・冯・马提尼
Fyodor Djachenko	费奥多尔・德佳琴科
Fyodor Kuzmich Chegodaev	费奥多尔・库兹米奇・切格达耶夫
Fyodor Matveyevich Okhlopkov	费奥多尔・玛维耶维奇・欧克洛普科夫
Gareth Sprack	加雷斯・斯普莱克
Gefreiter Meyer	二等兵迈耶
General Auguste Colbert	奥古斯特・科尔贝将军
General Birdwood	伯得伍德将军
General Braddock	布拉多克将军
General Burgoyne	伯戈因将军
General Edward Woodgate	爱德华・伍德盖特将军
General Ferey	弗雷将军
General Joubert	茹贝尔将军
General Lytle	莱特尔将军
General Robert S. Garnett	罗伯特・加内特将军
General Sedgwick	塞奇威克将军
Gennadij Iosifovich Velichko	根纳季・伊奥斯沃维奇・韦利奇科
Geroge Hanger	乔治・汉格
Gilbert Stuart	吉尔伯特・斯图尔特
Goodlake	古德莱克
Graham Lay	格雷厄姆・莱
Graham Mitchell	格雷厄姆・米切尔
Grjaznov	吉尔加兹诺夫
Heinz Thorvald	海因茨・托瓦尔德
Helmut Wirnsberger	赫尔姆特・温斯伯格
Henri Bouquet	亨利・布凯
Henry Norwest	亨利・诺韦斯特
Hesketh-Pritchard	赫斯基斯-普里查德

Hiram Berdan	海勒姆・伯丹
Ian Sandford	伊恩・桑福德
Inna Semyonovna Mudretsova	因娜・谢苗诺夫娜・穆德莱索娃
Irma Coucill	厄玛・考西尔
Ishmael Ansary	伊什梅尔・安萨里
Ivan Filippovich Abdulov	伊万・菲利波维奇・阿卜杜洛夫
Ivan Ivanovich Bocharov	伊万・伊万诺维奇・博恰罗夫
Ivan Pavlovich Gorelikov	伊万・帕夫洛维奇・戈列立科夫
Ivan Petrovich Antonov	伊万・彼得罗维奇・安东诺夫
Ivan Sidorenko	伊万・西多连科
James Paris Lee	詹姆斯・帕里斯・李
Janis Roze	亚尼斯・罗泽
Jim Land	吉姆・兰德
John Jakob	约翰・雅各布
John Norris	约翰・诺里斯
John Pearce	约翰・皮尔斯
John Shiwak	约翰・希瓦克
John Trumbull	约翰・特朗布尔
Johnson Paudash	约翰逊・保达什
Josef "Sepp" Allerberger	约瑟夫・"泽普"・阿勒伯格
Joseph Egg	约瑟夫・埃格
Joseph Manton	约瑟夫・曼顿
Joshua shaw	约书亚・肖
Juba	朱巴
Jubal A. Early	朱巴尔・厄尔利
Keller	凯勒
Kerr	克尔
Ketterlinus	凯特莱纳斯
Konings	科宁斯
Kulbertinov	库尔伯蒂诺夫
Lance Corporal Simo Häyhä	一等兵西蒙・海耶

Leonard Chalk	伦纳德·乔克
Leonid Yakovlevich Butkevich	里奥尼德·雅科夫列维奇·布特克维奇
Liba Rugova	利巴·鲁戈瓦
Lidiya Gudovantseva	利季娅·古多万采娃
Lieutenant Baillie	贝利中尉
Lieutenant Colonel Beckwith	贝克威思中校
Lieutenant Colonel Colin Campbell Mitchell	科林·坎贝尔·米切尔中校
Lieutenant Colonel D. Davidson	D. 戴维森中校
Lieutenant Colonel Thorneycroft	桑尼克罗夫特中校
Lieutenant General Warren	沃伦中将
Lieutenant Henry Tryon	亨利·特赖恩中尉
Lieutenant Neville Methven,	内维尔·梅思文中尉
Lieutenant R. W. Wilson	R. W. 威尔逊中尉
Lord Baden-Powell	贝登堡勋爵
Lord Chatham	查塔姆勋爵
Lord Hardinge	哈丁勋爵
Lord Horatio Nelson	霍雷肖·纳尔逊勋爵
Lord Howe	何奥勋爵
Lord Lovat	洛瓦特勋爵
Lt. Alexander Mackenzie Stirton	亚历山大·麦肯齐·斯特顿中尉
Lt. Barney J. Gloster	巴尼·格洛斯特中尉
Lt. Dwight E. Dolan	德怀特·多兰中尉
Lt. Frank L. Dubervil	弗兰克·杜伯维尔中尉
Lt. Frederick G. Whitcombe	弗雷德里克·惠特科姆中尉
Lt. Ken Bell	肯·贝尔中尉
Lt. W. H. Agnew	W. H. 阿格纽中尉
Mad Mitch	疯狂米奇
Major Erwin König	埃尔温·柯尼希少校
Major General Herman Nickerson, Jr.	小赫尔曼·尼克森少将
Major General Robert Ross	罗伯特·罗斯少将

Major John Graves Simcoe	约翰·格雷夫斯·西姆科少校
Major John Whittaker	约翰·惠特克少校
Major Willis Powell	威利斯·鲍威尔少校
Malcolm Green	马尔科姆·格林
Manca Juvan	曼卡·尤万
Maria Polivanova	玛利亚·波丽瓦诺娃
Marie Ljalková	玛丽耶·勒佳科娃
Mark Spicer	马克·斯派瑟
Martin Meylin	马丁·麦林
Matthais Hetzenauer	马蒂亚斯·海岑诺尔
Maxim Passar	马克西姆·帕萨尔
Medvedeva-Nazarkina	梅德韦杰娃-娜扎金娜
Merkulov	梅古洛夫
Michael Yardley	迈克尔·雅德利
Mikhail Budenkov	米哈伊尔·布登科夫
Mikhail Ignatievich Belousov	米哈伊尔·伊格纳季耶维奇·贝洛索夫
Mikhail Ilyich Surkov	米哈伊尔·伊里奇·苏尔科夫
Mikhail Stepanovich Sokhin	米哈伊尔·斯捷潘诺维奇·索欣
Moisej Timofeyevich Usik	莫伊西·季莫费耶维奇·乌西科
Muqtada al-Sadr	穆克塔达·萨德尔
Nataly V. Kovshova	娜塔莉·考夫肖娃
Nicolaev	尼古拉耶夫
Nikolai Ilyin	尼古拉·伊林
Nikolay Yakovlevich Ilyin	尼古拉·雅科夫列维奇·伊林
Nina Alexeyevna Lobkovskaya	尼娜·阿列克谢耶芙娜·洛伯科夫斯卡娅
Nina Lobkovskaya	尼娜·洛伯科夫斯卡娅
Noj Petrovich Adamia	诺杰·彼得罗维奇·阿达米亚
Oleh Dir	奥勒·迪尔
Pat Farey	帕特·法里
Paul Marie Eugène Vieille	保罗·玛丽·尤金·维埃耶

Pchelintsev	普切林采夫
Petrova	佩特洛娃
Philipp Yakovlevich Rubaho	菲利普·雅科夫列维奇·鲁巴赫
Private George Tostee	二等兵乔治·托斯蒂
Private I. Tonks	二等兵I. 唐克斯
Private T. Hall	二等兵T. 霍尔
Reverend Alexander Forsyth	亚历山大·福赛斯牧师大人
Reza	雷扎
Richard Clark	理查德·克拉克
Richard Mann	理查德·曼
Rob Furlong	罗布·弗朗
Robert Guillemard	罗伯特·基里玛
Robert Rogers	罗伯特·罗杰斯
Roy Daines	罗伊·戴恩斯
Roza Shanina	罗扎·沙妮娜
Roza Yegorovna Shanina	罗扎·耶格洛夫娜·沙妮娜
Semen D. Nomokonov	萨满·诺莫孔诺夫
Semyonnov	谢苗诺夫
Sergeant William Beech	威廉·比奇中士
Sgt. Al W. Grayston	阿尔·格雷斯顿中士
Sgt. Herbert Hancock	赫伯特·汉考克中士
Sgt. Pdorzhive	普多采夫中士
Sikoak	西科克
Simon Fraser	西蒙·弗雷泽
Sir Edward Pakenham	爱德华·帕肯汉爵士
Sir Frances Clerke	弗朗西斯·克勒克爵士
Sir George Colley	乔治·科利爵士
Sir Isaac Brock	艾萨克·布洛克爵士
Sir John Keane	约翰·基恩爵士
Sir John Moore	约翰·摩尔爵士
Sir Joshua Reynolds	乔舒亚·雷诺兹爵士
Sir Samuel Gibbs	塞缪尔·吉布斯爵士
Staff Sgt. Jim Gilliland	吉姆·吉利兰上士
Stepan Petrenko	斯捷潘·彼得连科
Steve Broadbent	史蒂夫·布罗德本特
Steve Neville	史蒂夫·内维尔
Suko Kolkka	苏科·柯尔卡
Tatiana Igantovna Kostyrina	塔蒂娅娜·伊甘托夫娜·科斯蒂莉娜
Tatiana Nikolaevna Baramzina	塔蒂娅娜·尼古拉耶夫娜·巴拉姆金娜
Thomas Plunkett	托马斯·普伦基特
Timothy Murphy	蒂莫西·墨菲
Truman Head	楚门·黑德
Vasilij Ivanovich Golosov	瓦西里·伊万诺维奇·戈洛索夫
Vasiliy Shalvovich Kvachantiradze	瓦西里·沙尔沃维奇·科瓦强提拉泽
Vasily Grigoryevich Zaitsev	瓦西里·格里戈里耶维奇·扎依采夫
Victor Ivanovich Medvedev	维克多·伊万诺维奇·梅德韦杰夫
Vladimir Ptchelinzev	弗拉基米尔·普切林泽夫
Westley Richards	韦斯特利·理查兹
William E. Metford	威廉·埃利斯·梅特福德
William Green	威廉·格林
William Grice	威廉·格赖斯
William Malcolm	威廉·马尔科姆
William S. Brophy	威廉·布罗菲
William Thompson	威廉·汤普森
Yakov Mikhajlovich Smetnev	雅科夫·米哈伊洛维奇·斯梅特涅夫
Yekaterina Zuranova	叶卡捷琳娜·祖拉诺娃
Yelizaveta Mironova	伊丽莎白·米罗诺娃
Zhambyl Evscheyevich Tulaev	江布尔·艾夫斯切亚维奇·图拉耶夫

地名

Al Amarah	阿马拉
Badenville	巴登维尔
Barba Del Puerco	巴尔巴·德尔·普埃尔科
Bosnia	波斯尼亚

British Mandate of Palestine	英属巴勒斯坦托管地
Bronkhorstspruit	布龙克霍斯茨普雷特
Camp Borden	博登营
Campochiaro	坎波基亚罗
Chatham's Post	查塔姆之哨
Clermont	克莱蒙特
Corunna	科伦纳
Crater	克雷特尔
Culpepper	卡尔佩珀
Da Nang	岘港
Dai La Pass range	大罗隘口靶场
Darlulaman's palace	达鲁拉曼宫
Devil's Den	魔鬼穴
Doab Valley	杜亚卜山谷
Dorchester Heights	多切斯特高地
East Anglia	东盎格利亚
East End of London	伦敦东区
Farkhar Valley	法尔哈尔山谷
Fort de la Peigney	陆军部要塞
Germanic states	日耳曼诸邦
Goose Green	绿鹅村
Greater Washington area	大华盛顿地区
Haifa	海法
Hill 55	55号山
Hythe	海斯
Ingogo	因戈戈
Inkerman	因克尔曼
King's Mountain	国王山
La Haye Sainte	拉海圣
Ladysmith	莱迪史密斯
Laing's Nek	朗峡
Lancaster County	兰开斯特县
Le Cateau	勒卡托
Liri River Valley	利里河谷

Look-out Hill	瞭望山
Low Countries	低地三国
Majuba Hill	马朱巴山
Mitrovica	米特罗维察
Monte Cassino	卡西诺山
Northern Natal	北纳塔尔
Now Zad	诺扎得
Obidos	奥比都斯
Orange Free State	奥兰治自由邦
Passchendaele	巴雪戴尔
Polygon Wood	波利贡森林
Quatre Bras	四臂村
River Agueda	阿圭达河
River Tugela	图盖拉河
Sadr City	萨德尔城
Salhiya	萨利希耶
Schuinshoogte	舒因斯呼赫特山
Shah-i-kot Valley	沙伊库特山谷
Sonjin	船津
Spion Kop	斯皮恩山
Syracuse	雪城
Transvaal	德兰士瓦
Twin Peaks	双子峰
Vincennes	万森讷
Wadi Taym	塔伊姆干河谷
Whitechapel Road	白教堂路
Wongabel	旺加贝尔
Woolwich	伍利奇
术语	
"crack and thump" method	"噼啪与砰"判断法
"Scentbottle" lock	"香水瓶"枪机
"Sword" bayonet	剑形刺刀
106mm recoilless antitank rifle	106mm无后坐力反坦克炮
1st U.S. Sharpshooter Regiment	联邦第1神枪手团

27th Field Artillery Regiment	第27野战炮兵团
300 Winchester Magnum	.300温彻斯特马格南（弹）
338 Super Magnum	.338超级马格南（弹）
3rd King's Rifles	国王第3来复枪队
3rd Marine Division	美国海军陆战队第3师
42 Commando	第42突击队
45 Commando	第45突击队
4-draw stalker's telescope	4节伸缩式追踪者望远镜（单筒）
4th Marines	美国海军陆战队第4团
5th Cavalry Regiment	第5骑兵团
62nd Royal American Regiment	第62皇家美洲团
82nd Airborne	第82空降师
8541 (Scout-Sniper)	8541（侦察狙击手）
Accuracy range	准确射程
African veldt	（非洲南部的）稀树草原
Afrika Korps	非洲军团
AI（Accuracy International）	精密国际（公司）
Air displacement tracking	空气置换追踪
Ajak	阿雅克
Aldis Brothers	奥尔迪斯兄弟（公司）
Algonquin	阿尔冈昆人
AMAX match .50-caliber ammunition	.50 AMAX竞赛枪弹
American doughboy	（尤指第一次世界大战时的）美国步兵
Andrews Sharpshooters	安德鲁神枪队
AN-PVS-4 generation two sight	AN–PVS–4第二代夜视瞄具
Anti-Glare Duracoat Coating	杜拉涂层公司的防眩光涂层
Anti-sentry	反哨兵
AP	美联社
Arctic white	北极白

Argyll and Sutherland Highlanders	阿盖尔萨瑟兰高地团
Armor plating	装甲钢板
Armored personnel carrier（APC）	装甲输送车
Armorer	军械士
Armor-piercing incendiary（API）	穿甲燃烧弹
Arms industry	军事工业
Army of Northern Virginia	北弗吉尼亚军团
Artillery embrasure	炮眼
Artillery observer	炮兵观察员
Assault rifle	突击步枪
Assault troop	突击部队
Asymmetric warfare	非对称作战
Australian Optical Company	澳大利亚光学公司
Auto Ranging Telescope	自动测距望远镜
Baker rifle	贝克步枪
Ball mold	子弹模具
Ballistic coefficient	弹道系数
Barrel	枪管
Barrel band	枪管箍
Barrett "Light Fifty" anti-materiel sniper rifle	巴雷特"轻50"反器材狙击步枪
Battle of Brandywine	布兰迪万河战役
Battle of Camden	卡姆登战役
Battle of Chickamauga	奇卡莫加战役
Battle of Copenhagen	哥本哈根海战
Battle of Cowpens	考彭斯战役
Battle of Freeman's Farm	弗里曼农场战役
Battle of Lexington	列克星敦战役
Battle of Mine Run	矿奔战役
Battle of New Orleans	新奥尔良战役
Battle of Quebec	魁北克战役
Battle of San Juan Hill	圣胡安山战役

Battle of Saratoga	萨拉托加战役
Battle of Spotsylvania	斯波齐尔维尼亚战役
Battle of Trafalgar	特拉法尔加海战
Battle of Vimeiro	维梅罗战役
Battle of Waterloo	滑铁卢战役
Battle sight	战斗照门
Bayonet bar	棒状刺刀卡榫
Bayonet socket	刺刀卡榫
Belted balls	凸圈弹
Benjamin Willlets	本杰明・威利茨公司
Berdan's Sharpshooters	伯丹神枪队
Bettmann	贝特曼档案库
Bipod	双脚架
Black light	黑光灯
Block	闭锁块
Boat-tail-shaped	舟尾形
Body armor	防弹衣
Boer commando	布尔突击队
Bolt-action	栓动枪机
Bolt-action Arisaka Type 99 Sniper Rifle	有坂99式栓动狙击步枪
Bolt-operated	栓动
Bolt-Way	枪栓滑道
Booby trap	诡雷
Boonie hat	奔尼帽
Botha's Commando	博塔突击队
Bow guard	护手
Box magazine	盒型弹匣
Breech	后膛
Breechloading	后膛装填（子弹）
Bren Gun	布伦轻机枪
British Army School of Musketry	英国陆军射击学校
British Rangers	英军突击队
British Royal Irish Regiment	英国皇家爱尔兰团

British Tommies	英国兵
Broached	拉刀加工
Brown Bess	棕贝丝
Brunswick rifle	布伦瑞克步枪
Bucktail	鹿尾队
Bullet drop compensator ring	弹降补偿环
Bush hat	丛林帽
Buttstock	后托
Buzo Tactico	蛙人战术特遣队
C models	C系步枪
C14 Timberwolf	C14森林狼
Caçador	卡萨多尔猎兵
Caisson	弹药车
Calgary Highlanders	卡尔加里高地团
Calm day	无风之日
Camouflage Development and Training Centre	伪装开发与训练中心
Camouflage equipment	伪装器材
Camouflaged mcmillan A2 composite stock	迷彩式麦克米兰A2复合材料枪托
Camp Julien	朱利安营地
Cap	雷帽
Cascading command hierarchy	逐级指挥体系
Chamber	弹膛
Chasseur	沙瑟尔猎兵
Chasseurs à pied	沙瑟尔步猎兵
Chemical propellant	化学发射药
Chevy Caprice saloon car	雪佛兰凯普瑞斯轿车
Chief of scouts	侦察长
Choke point	咽喉点
Claw Extractor for Positive Extraction	爪式自动拉壳钩
Close air support	近距离空中支援
Close order	密集队形

Cock	击铁
Cock on closing	闭合待发
Cock on opening	开启待发
Collateral damage	附带伤害
Colonial outpost	殖民前哨
Comanche	科曼奇
Commander Zulu	祖鲁指挥官
Common Weapon Sight	通用武器瞄具
Congress	大陆会议
Consistency	弹道一致性
Continental Army	大陆军
Corbis	科比斯图片社
Criminal element	犯罪分子
Crisp Trigger	灵敏扳机
Croce di Guerra	意大利英勇十字勋章
Croix de guerre	法国英勇十字勋章
Cross-hair	十字丝
Culpepper Minutemen	卡尔佩珀义勇兵
DC pair	华盛顿狙击二人组
Dead center	正中心
Deflection	横偏
Delvigne rifle	德尔维涅步枪
Demilitarized Zone	非军事区
Denison smock	丹尼森伪装服
Desert night suit	沙漠夜战服
Designated marksman	精确射手
Designated Marksman Rifle	精确射手步枪
Detachable Box Magazine	可卸式盒型弹匣
Disruptive-patterned camouflage	迷彩式伪装服
Distinguished Conduct Medal/DCM	杰出行为勋章
Distinguished Service Cross	美国杰出服役十字勋章
DoD	美国国防部

Double-set trigger	设定式双扳机
Dovetail slot	燕尾式导轨
Draft horse	役马
Dragunov	德拉古诺夫
Drawn	拉制
Dual Fail-Safe Ejector	双保险抛壳挺
Dugout	防空洞
Dummy head	假人头
Earthy tones	大地色
Elevation	射角
Engine bay	引擎室
EPA	欧新社
Expander	扩弹楔
Expanding metal	膨胀金属
Expanding round	扩张式子弹
Experimental Corps of Riflemen	来复枪试验队
Eye focus	眼控对焦
Eye pad	眼垫
Eye-relief（或eye relief）	出瞳距离
Falling block action	下落式闭锁枪机
Fiberglass stock	玻璃纤维枪托
Field batteries	野战炮兵连
Field of fire	火力区
Fighting asset	战斗资产
Firing bench	射击台
Firing pin	撞针
Fixed post sight	固定式柱状瞄具
Fixed sights	固定式瞄具
Flag-bearer	旗手
Flash hole	传火孔
Flash pan	引火盘
Flintlock	燧发（式枪机）
Flip-up leaf sight	折叠照门

Floating barrel	浮置枪管
Floor plate	弹匣底板，弹仓底板
Fluted	槽化
Focus range	聚焦范围
Folding stock adaptor	可折叠枪托适配器
Follow through	跟随瞄准
Forage cap	军便帽
Fore-end	枪托前部
Fort Stevens	史蒂文斯要塞
Forward operating base	前沿作战基地
Fouling	烬渣
Fraser's Company of Select Marksmen	弗雷泽特选射手连
French Foreign Legion	法国外籍军团
French-Indian Wars	法国-印第安人战争
Frizzen	L形火镰
Frizzen spring	火镰簧片
Front locking lug	前闭锁凸耳
Front sight	准星
Front sight blade	准星片
Full cock	全待击状态
Fully suppressed	完全消音的
Furniture	枪托
Galton & Sons	高尔顿父子公司
Gamekeeper	猎场看守人
Gas-operated	气动
Geneva Accord	日内瓦协议
Gepard	杰帕德（公司）
Ghillie Suit	吉利服
Great War Society	一战学会
Green parkerized	经绿色磷化处理过的
Guard	扳机护环
Guerrilla warfare	游击战
Guerrilleros	游击队员
Guide slot	导槽
Gulf War II	第二次海湾战争
Gun emplacement	火炮炮位
Guncotton	火棉
GunMart	《枪市》
Gunnery Sergeant	三级军士长
Gunpowder	有烟火药
Haganah	哈伽拿（卫军）
Hair trigger	微力扳机
Half-cock	半待击状态
Hand grip	握柄
Harassing tactic	侵扰战术
Headquarter company	团部连
Hearts and minds	“赢得人心”
Heat shield	隔热罩
Heat signature	热辐射图像
Heavy-barreled	重型枪管
Heckler & Koch	黑克勒-科赫
Heliograph	日光反射信号器
Hensoldt	亨索尔特
hexagonal bullet	六角柱形子弹
Hexagonal rifling	六角形旋膛
High turret mount	高旋钮式镜座
High-impact wound	高冲击伤口
Hinged Floorplate	铰接式弹匣底板
HMS Victory	“胜利”号
Ho Chi Minh Trail	胡志明小道
Hold over / hold-over	距离补偿
Holland & Holland	霍兰德公司
Hooded boiler suit	兜帽连衫服
House-to-house fighting / street to street fighting	巷战
Hovering helicopter	悬停（的）直升机
Hulton-Deutsch	赫尔顿-多伊奇档案库
Illuminated reticule	发光分划板
Image intensifying sight	图像增强瞄具

Imperial Russian Army	俄罗斯帝国陆军
Improvised explosive device	简易爆炸装置
India Pattern	印度型
Indian Hall of Fame	印第安名人堂
Indian Mutiny	印度反英暴动
Indirect fire	间接火力
Indirect weapon	间瞄武器
Individual weapon sight	单兵武器瞄准镜
Inf. Regt. Von Goeben (2.Rhein.) Nr.28.	第28"冯·戈本"步兵团（第2莱茵团，1900—1919）
Infrared light sticks	红外光棒
Intelligence analyst	情报分析员
International Security Assistance Force	国际安全援助部队（ISAF）
Iron cup	杯状铁塞
Iron sights	铁瞄具（机械瞄具）
Islamic Army	伊斯兰军
Jack Russell Terrier	杰克罗素梗犬
Jacketed bullet	被甲弹
Jäger	耶格猎兵
Jaws	燧钳
Kahles	凯莱斯
Kahles Helios	凯莱斯-赫利俄斯
King's Royal Rifle Corps	国王皇家来复枪队
King's Royal Rifles	国王皇家来复枪队
Knights Cross	骑士十字勋章
Krag-Jørgensens rifle	克拉格-约根森步枪
Laminated stock	层压式木质枪托
Lapua round	拉普阿弹
Laser	激光器
Laser guided bomb	激光制导炸弹
Leaf sight	梯式表尺
Leatherwood	莱瑟伍德
Lebel rifle	勒贝尔步枪
Lee-Metford magazine rifle	李-梅特福德弹匣式步枪
Leupold	里奥波特
Lever-action	杆动枪机
Lever-operated	杆动
Library and Archives Canada	加拿大国家图书馆暨档案馆
Light anti-armor weapon	轻型反装甲武器
Light Company	轻装连
Light cover	轻型掩体
Light Division	轻装师
Light troop	轻装部队
Lithgow Arsenal	利斯戈兵工厂
Lock	枪机
Long Branch Arsenal	朗布兰奇兵工厂
Long Land Pattern	长管陆用型
Long Range Sniper Weapon（LRSW）	远程狙击武器
Lovat Scounts	洛瓦特侦察兵
Loyalist defender	亲英守军
Lug	凸耳
Lyman	莱曼
M8C spotting rifle	M8C弹着观测枪
Machine pistol	冲锋手枪
Machine pistol/ submachine gun	冲锋枪
Magazine cut-out plate	弹仓截断板
Magazine-fed rifle	弹仓，弹匣供弹步枪
Mallet	填弹槌
Manufacturing right	生产权
Marksman	射击能手，射手
Martini-Henry rifle	马提尼-亨利步枪
Massed ranks	集群队列
Master of Ordnance	军械总监
Match Grade Barrels	竞赛级枪管
Mathias Barker	马赛厄斯·巴克公司
Mcmillan Brothers Rifle Company	麦克米兰兄弟步枪公司

Medal of Honor	荣誉勋章
Medic	医护兵
Metallic cartridge	金属弹壳
Metallic cartridge primer	金属弹壳底火
Metford-Pritchard bullet	梅特福德-普里查德子弹
MG42 general-purpose machine gun	MG42通用机枪
Military junta	军政府
Military Medal	军事勋章
Mineral and mining rights	矿产权和采矿权
Minié ball	米涅弹
Minié rifle	米涅步枪
Minny	米尼弹
MOA（Minute of Angle）	角分
Mobile rocket launcher	自行火箭炮
Model T3 carbine/ T3 Carbine	T3式卡宾枪
Monopod	单脚架
Morgan James rifle	摩根・詹姆斯步枪
Morgan's Sharpshooters	摩根神枪队
Moscow Treaty	《莫斯科和平协定》
Mosin-Nagant rifle	莫辛-纳甘步枪
MQ-9 Reaper hunter/ killer	MQ-9 "收割者" 猎杀无人机
Musket	滑膛枪
Muzzle brake	枪口制退器
Muzzle flash	枪口焰
Muzzle velocity	枪口初速
Muzzleloader	前装枪
NCO	军士
New Land Pattern	新陆用型
Night optic	夜视光学设备
Night sight	夜视仪
Nipple	火嘴
Nipple bolster	火嘴衬垫

No 45 and 46 RM Commandos	英国皇家海军陆战队第45、46突击队
No-man's-land	无人地带
North Vietnamese Army	北越陆军
Notes of a Sniper	《狙击手记》
Objective lens	物镜
Ojibwa	奥吉布瓦人
Open order	松散队形
Open sights	开放式瞄具
Open stock	开放式枪托
Operating parameter	运行参数
Operation Anaconda	蟒蛇行动
Operation Double Eagle	双鹰行动
Operation Iraqi Freedom	伊拉克自由行动
Operation Iron Resolve	钢铁决心行动
Operation Nanking Scotland II	第二次南京苏格兰行动
Order of battle	作战序列
Osprey	鱼鹰
Other ranks	普通士兵
Ottawa	渥太华人
Outlying island	离岛
Oy Physica	物理公司
Pack mule	驮骡
Paper cartridge	纸药筒
Parachute Regiment	伞兵团
Para-commando	伞兵突击队员
Parallax adjustment	视差调节
Parker-Hale	帕克-黑尔（公司）
Passive night vision light	被动夜视仪
Patched ball	布衣弹
Pattern 1776 rifle	P1776来复枪
Peninsula War	半岛战争
Percussion lock	撞击式枪机
Periscopic Prism Company	广角棱镜公司

Personal weapon	单兵武器
Picatinny rail	皮卡汀尼导轨
Pickelhaube	钉盔
Picket	哨兵
Pilkington Kite	皮尔金顿-凯特
Pillared breech	顶柱式后膛
Pin-fire cartridge	针发式弹壳
Pistol grip	手枪式握把
Pith helmet	木髓盔
PM	精确射手
Point of impact	弹着点
Point sight	点状瞄具
Point-of-aim	瞄准点
Point-of-aim correction	瞄准点修正
Pontiac's War	庞蒂亚克战争
Powder cartridge	火药药筒
Powder chamber	药室
Powder horn	（牛角制）火药筒
Precise navigation	精确导航
Precision marksman	精准射手
Precision shooting	精准射击
Premium Grade Stainless Steel	高级不锈钢
Priming powder	引火药
Princess of Wales's Royal Regiment	威尔士王妃皇家团
Princess Patricia's Light Infantry Regiment	帕特丽夏公主轻步兵团
Prismatic compass	棱镜罗盘
Prismatic sight	棱镜式瞄准镜
Progressive rifling	渐进式膛线
Pump-action	泵动枪机
Queen's Own Rifles of Canada	王后属加拿大来复枪团
Queen's Rangers	王后突击队
Raiding	突袭
Ramrod	推弹杆

Range	靶场，射击场
Range adjuster ring	距离调节环
Rear sight bed	照门座
Rear sight（"backsight" in English terms）	照门，后瞄具（包括表尺）
Receiver	机匣
Recessed Bolt Face for Strength	高强度内凹式枪栓面
Redfield	雷德菲尔德
Redfield 3×9 power Accu-Range variable scope	雷德菲尔德3×9倍可变倍瞄准镜
Redoubt	多面堡
Redoutable	"敬畏"号
Repeating rifle	连发步枪
Resupply chain	补给链
Revolving cylinder	旋转弹膛
Ribbed bullet	棱纹弹
Rifle pit	射击掩体
Rifled barrel	来复枪管
Rifling	膛线/来复线
Rifling twist	缠率
Ring	内圈
Ringed breech	内圈式后膛
Rogers' Rangers	罗杰斯突击队
Rogers' Rules of Ranging	罗杰斯突击准则
Rolled	轧制
Ross rifle	罗斯步枪
Rotary bolt-action rifle	旋转式栓动枪机步枪
Royal Engineers	皇家工兵部队
Royal Marine Commandos	皇家海军突击队
Royal Marines	皇家海军陆战队
Royal Small Arms Factory	皇家轻武器厂
RPG launcher	RPG火箭筒
Rubber spacer	橡胶垫片
Rules of Engagement	交战规则

Runner	传令兵
Saboted Light Armor Penetrator（SLAP）	带弹托轻型装甲穿透弹
Saddle-type cheekpiece	鞍形腮托
Sappenpanzer	胸甲
Sapper	坑道工兵
Scaneagle	扫描鹰（无人机）
Scout Regiment spotting scope	侦察团观瞄镜
Scrap metal worker	废旧金属工人
Second	临时调任，临时调派
Second Battle Group (SBG)	第二战斗群
Second Persian Gulf War	第二次波斯湾战争
Secretary of War	战争部长
Selective aiming	选择性瞄准
Self-cocking action	自动待发枪机
Self-expanding bullet	自膨式子弹
Self-loader	半自动步枪
Self-loading	自动装填（子弹）
Sepoy Rebellion	印度兵变
Set battle	对阵战
Settler	定居者
Shadow Team	影子小队
Shako	筒状军帽
Sharps rifle	夏普斯步枪
Sharpshooter	神枪手
Shawnee	肖尼人
Short Land Pattern	短管陆用型
Short Magazine Lee-Enfield（SMLE）	李-恩菲尔德弹匣式短步枪
Short recoil	短后坐行程式
Short-range	近程
Shoulder	膛肩
Side rail mount	侧轨式镜座
Siege of Boston	波士顿之围
Sight base	瞄准基线
Sight picture	瞄准图像
Sighting system	瞄准系统
Signaler	通信兵
Simrad Optronics	西姆拉德光电公司
Single-shot Trap-Door Springfield rifle	春田活门式单发步枪
Sir Abe Bailey's Sharpshooters	亚伯·贝利爵士神枪队
SKG3 (Society of King George the Third)	乔治三世国王学会
Skirmisher	散兵
Skyglow	夜空辉光
Sliding ramp rear sight	滑坡式后瞄具
Sling swivel	枪带环
Small arms	轻武器
Snap shooting	快速射击
Sniperscope	红外瞄准镜
Socket bayonet	套筒式刺刀
Soft point	软尖弹
Southern Skirmish Association (soskan)	南方散兵协会
Spanish Mauser	西班牙毛瑟
Spetsnaz	斯贝茨纳兹
Spiral flute	螺旋槽
Spitzer	尖头弹
Split type	分体式
Spotlight	射灯
Springfield Armory	春田兵工厂
Springfield Model 1861 Rifled Musket	春田M1861步枪（来复枪）
Square Surfaced Recoil Lugs	方形面后坐凸耳
St. Etienne Arsenal	圣埃蒂安兵工厂
Stadia	测距标线
Starlight scope	星光瞄准镜
Steyr Mannlicher company	斯太尔-曼利夏公司

Stirnpanzer	额甲
Stock	枪托
Stock wrist	腕托处
Striker	击砧
Striker (firing pin)	撞针
Stripper-clip	弹夹
Stryker Brigade	史崔克旅
Sturmtruppen/ stormtroopers	强击部队
Sub-caliber	次口径
Sun shade	遮阳罩
Support unit	支持小队
Support weapon	支援武器
Suppressor	消音器
Symien sniper suit	人猿式狙击服
Tabuk	塔布克
Take-down covert rifle	可拆卸的隐蔽式步枪
Target aperture sight/ aperture target sight	觇孔式打靶瞄具
Target grade	打靶级
Target number	靶号
Target rifle	打靶步枪
Task Force 2/69	2/69特遣队
Telescopic sight	望远式瞄准镜
The 5th Light Horse Regiment	第5轻骑兵团
The 95th Rifles	第95来复枪团
The Duke of York's Own Rifle Corps	约克公爵属来复枪队
The First Anglo-Boer War	第一次布尔战争
The first Battle of Bull Run	第一次奔牛河战役
The Iroquois Confederacy	易洛魁联盟
The Second Anglo-Boer War	第二次布尔战争
The second battle of Saratoga	第二次萨拉托加战斗

The Second Battle of Ypres	第二次伊普雷战役
The Second Congress	第二届大陆会议
Thermal reduction suit	隐热服
Thermal sight	热成像瞄具
Third Army	第三集团军
Thread Cap	（枪口的）螺纹帽
Threaded barrel	螺纹型枪管
Three band	三箍（步枪）
Three-lug	三凸耳
Tight Benchrest Tolerances	精确依托射击级别的紧密公差
Tirailleurs	提海耶散兵
Tokarev SVT38 semiautomatic rifle	托卡列夫SVT38半自动步枪
Tolerance	公差
Tomahawk	印第安战斧
Touch hole	点火孔
Trench warfare	堑壕战
Tripod	三脚架
Truppendienst	《军务》
Tubular-magazine	管状弹仓
Turned down bolt	下弯式枪栓拉柄
Turrets for elevation and windage	射角调节旋钮和风偏调节旋钮
Two-piece leather sling	两段式皮制枪带
Ultima Ratio	终极手段
Under-lever	起落杆
Unertl	尤那托
Unmanned aerial vehicle	无人机
Unteroffizier	德军军士
Urban overwatch	掩护射击
US Army	美国陆军
Varmint Rifle	狐鼠步枪
Vehicle commander	战车车长
Veiled hood	蒙面兜帽

Very-low-drag bullet	超低阻子弹
Viet Cong	越共
Vision splitter	视觉分光镜
Volley fire	齐射
Voltigeur	沃提谢散兵
Wallis & Wallis	沃利斯拍卖行
War Department	（英国）战争部
War Illustrated	《战争图解》
War of attrition	消耗战
War on Terror	反恐战争
War stock reserve	战争物资储备库
Warner & Swasey	华纳-斯瓦西
Warping	变形（或翘曲）
Warrant officer	准尉
Warsaw Pact	华约组织
Watch tower	瞭望塔
Waypoint	航点
Weaver	韦弗
Webistan	韦比斯坦图片社
Weight-locked	重力闭锁式
Western Front	西线
White Platoon	白排
Winchester Model 70	温彻斯特M70步枪
Windage	风偏
Wire EDM Machined	电火花线切割加工
Wooden cheek-piece	木制腮托
Woodland Cultural Center	加拿大安大略省伍德兰德文化中心
Woolwich Arsenal	伍利奇兵工厂
Zeiss Zeilvier 4x scope	蔡司-蔡尔菲尔4倍瞄准镜
Zero	归零校正
Zero distance	归零距离